NÃO HÁ PLANETA B

Blucher

MIKE BERNERS-LEE

NÃO HÁ PLANETA B

UM MANUAL PARA EVITAR O FIM DO MUNDO

Tradução

Marcelo Barbão

Não há planeta B: um manual para evitar o fim do mundo

This translation of *There Is No Planet B: A Handbook for the Make or Break Years* is published by arrangement with Cambridge University Press.

Imagem da capa: iStockphoto

Publisher Edgard Blücher
Editor Eduardo Blücher
Coordenação editorial Bonie Santos
Produção editorial Isabel Silva e Luana Negraes
Preparação de texto Cristine Akemi
Diagramação Negrito Produção Editorial
Revisão de texto Maurício Katayama
Capa Leandro Cunha

Blucher

Rua Pedroso Alvarenga, 1245, 4º andar
04531-934 – São Paulo – SP – Brasil
Tel.: 55 11 3078-5366
contato@blucher.com.br
www.blucher.com.br

Segundo o Novo Acordo Ortográfico, conforme 5. ed. do *Vocabulário Ortográfico da Língua Portuguesa*, Academia Brasileira de Letras, março de 2009.

Dados Internacionais de Catalogação
na Publicação (CIP)
Angélica Ilacqua CRB-8/7057

Berners-Lee, Mike

Não há planeta B : um manual para evitar o fim do mundo / Mike Berners-Lee ; tradução Marcelo Barbão. – São Paulo : Blucher, 2020.

334 p. il.

Bibliografia
ISBN 978-65-5506-014-0 (impresso)
ISBN 978-65-5506-015-7 (eletrônico)
Título original: *There's no Planet B: A Handbook for the Make or Break Years*

1. Meio ambiente. 2. Preservação ambiental. I. Título. II. Barbão, Marcelo.

20-0379 CDD 577

Índices para catálogo sistemático:
1. Meio ambiente

Como este livro está organizado?

Quase todo o livro foi escrito na forma de perguntas. Isso significa que você pode lê-lo de diferentes maneiras: pode mergulhar aleatoriamente, procurar tópicos no conteúdo ou no índice remissivo ou lê-lo de ponta a ponta no que eu espero que seja um fluxo lógico.

As primeiras seções tratam de desafios físicos, técnicos e científicos óbvios, passando por questões subjacentes mais profundas e, em seguida, para o terreno dos valores, da verdade, e finalmente, uma discussão das maneiras pelas quais devemos aprender a pensar para lidar com a nova era.

Na parte final, incluí um **breve vocabulário**. Isso deveria ser divertido e útil. Também me dá a chance de incluir algumas coisas que não entravam adequadamente em nenhum outro lugar, mas que merecem uma menção. Apresentar as coisas em ordem alfabética cria uma ordem totalmente nova com uma lógica aleatória. Espero que isso ajude a reforçar a ideia de que, embora a maior parte do livro seja contada em sequência, tudo se inter-relaciona tanto que precisamos manter esse todo em nossas cabeças ao mesmo tempo.

As **notas finais** devem ser lidas se você quiser um pouco mais de detalhes. Elas não são apenas referências. Muitas vezes, há coisas boas que mantive fora do texto principal simplesmente para ajudar o fluxo.

Finalmente, uma nota sobre a linguagem. Eu a mantive o mais simples e sem jargões possível porque espero que este livro seja lido, apreciado e usado por um público muito amplo.

Em memória da minha mãe

Conteúdo

Agradecimentos 17

Introdução 19

Bem-vindo a uma nova era 19
Um manual de tudo 21
Quando tudo é tão global, o que eu posso fazer? 23
Que valores sustentam este livro? 25
Qual pode ser nosso objetivo? 27
Não é a última palavra... 28

1. Comida 29

Quanta energia alimentar precisamos ingerir? 30
Quanta comida cultivamos no mundo? 30
O que acontece com os alimentos que cultivamos? 31
Levando em conta o superávit global, por que algumas pessoas estão desnutridas? 33
Por que não há mais pessoas explodindo por comer demais? 35

Quantas calorias recebemos dos animais? 35
Quanto os animais ajudam com o nosso suprimento de proteína? 36
Precisamos de animais para ferro, zinco ou vitamina A? 37
Quanto dos nossos antibióticos estamos dando aos animais? 39
Quanto desmatamento é causado pela soja? 40
Qual é a pegada de carbono da agricultura? 41
Quais são as pegadas de carbono de diferentes alimentos? 42
Eu deveria ser vegetariano ou vegano? 45
O que os mercados podem fazer em relação à carne e aos laticínios? 47
O que os restaurantes podem fazer? 48
O que os agricultores e os governos podem fazer? 48
Como uma plantação poderia evitar a produção de mais de meio bilhão de toneladas de CO_2e? 49
A comida local é melhor? 50
Onde se encaixa o peixe? 52
Quando um robalo não é um robalo? 53
Como podemos sustentar nossos peixes? 54
Que comida é desperdiçada, onde e como? 57
Como podemos diminuir o desperdício mundial? 60
Por que os supermercados não se importam mais com o desperdício? 62
Quando a comida não pode ser vendida ou comida, o que deveria ser feito com ela? 62
Quanta comida vai para o biocombustível? 64
De quantos agricultores o mundo precisa? 65
Como as novas tecnologias ajudam a alimentar o mundo? 66
Como podemos produzir comida suficiente para 9,7 bilhões de seres humanos em 2050? 67
Por que todos precisamos conhecer nossas redes de suprimento de comida? 69

Quais são os investimentos necessários para produzir comida na terra e no mar? 70
Resumo da ação alimentar: o que posso fazer e o que pode ser feito? 71

2. Mais sobre clima e ambiente 73
Quais são as catorze coisas que todo político precisa saber sobre a mudança climática? 73
Quais são as estatísticas da biodiversidade? E por que isso importa? 76
O que é acidificação do oceano e por que isso importa? 77
Quanto plástico existe no mundo? 78
É melhor queimar o combustível fóssil ou transformá-lo em plástico? 80

3. Energia 81
Quanto usamos? 82
Como o nosso uso mudou com o tempo? 83
Para que usamos? 84
Onde conseguimos? 85
Os combustíveis fósseis são muito ruins? 87
Quanta energia vem do Sol? 89
A energia do Sol pode ser aproveitada? 89
Quanta energia solar podemos conseguir? 90
Quais países têm mais luz solar? 92
Quais países têm menos sol por pessoa? 93
E quando o sol não está brilhando? 94
A energia eólica é realmente útil? 96
Quais países têm mais vento por pessoa? 97
Por que o sol é melhor que a chuva? 98
A energia nuclear é ruim? 99
A fusão resolveria tudo? 101
Os biocombustíveis são uma bobagem? 101

Deveríamos usar o *fracking* (gás fraturado)? 103
Mais energias renováveis significa menos combustível fóssil? 105
Qual é o problema com a eficiência energética? 106
Por causa desse problema, o que a eficiência pode fazer por nós? 108
Por que limpar nossa eletricidade é apenas a parte fácil da transição dos combustíveis fósseis? 109
Como podemos manter o combustível no solo? 111
Quem tem mais combustível fóssil e como vão lidar com isso? 114
Vamos precisar retirar o carbono do ar? 116
Quanta energia vamos usar em 2100? 118
A quantidade de energia pode realmente ser suficiente algum dia? 119
Resumo da solução energética 120
Energia: o que posso fazer? 122

4. Viagem e transporte **125**
Qual a quantidade de viagens que fazemos hoje? 125
Quanto vamos querer viajar no futuro? 126
Quantos quilômetros de viagem podemos conseguir de 1 m^2 de terra? 127
Como podemos resolver o transporte urbano? 130
O transporte compartilhado melhora ou piora a vida? 131
Devo comprar um carro elétrico? 132
Com que urgência eu deveria abandonar meu carro a diesel? 133
Os carros autônomos poderiam ser um desastre? Ou algo brilhante? 136
Como podemos voar em um mundo de baixo carbono? 137
Devo voar? 139
As reuniões virtuais economizam energia e carbono? 140
Os barcos são muito ruins? E eles podem ser eletrificados? 141
Bicicletas elétricas ou a pedal? 143
Quando poderemos emigrar para outro planeta? 144

5. Crescimento, dinheiro e métricas 147

Que tipos de crescimento podem ser saudáveis no Antropoceno? 148

Por que o PIB é uma métrica inadequada? 152

Como nossas métricas precisam mudar? 153

Quais métricas precisamos levar a sério? 155

Quais métricas precisam perder importância? 155

O livre mercado pode lidar com os desafios do Antropoceno? 157

O que é melhor, a economia de mercado ou a economia planejada? 158

O que é a teoria do gotejamento e por que ela é perigosa? 159

Por que a distribuição de riqueza pode importar mais do que nunca? 160

Como a riqueza do mundo é distribuída? 161

Por que a maioria dos norte-americanos é bem mais pobre que a maioria dos italianos? 162

Como a distribuição da riqueza está mudando? 164

Quando a riqueza é distribuída como a energia em um gás? (E quando não é?) 164

Como a riqueza humana pode se tornar mais parecida com a energia de um gás? 167

Em que devemos investir? 170

Como esses investimentos essenciais podem ser financiados? 172

Por que o imposto certo nos ajuda? 172

Precisamos de um preço para o carbono? 175

Qual será o preço do carbono? 177

Como devo gastar meu dinheiro? 177

6. Pessoas e trabalho 179

Tudo se resume à população? 179

O que posso fazer para ajudar a população? 180

Quando um "emprego" é uma coisa boa? 181

Que parte de uma pessoa deve se dedicar ao trabalho? 183

Por que alguém trabalharia se já tivesse o salário do cidadão? 184
Quais são as chances de que eu termine na prisão? 185

7. Negócios e tecnologia **189**
Quando é bom que uma organização exista? 189
Como as empresas podem pensar o mundo? 190
Como uma empresa pode pensar de forma sistêmica? 191
O que é uma meta baseada na ciência? 196
O que há de especial quando as metas baseadas na ciência são aplicadas à cadeia de suprimentos? 196
Impulsionamos o crescimento da tecnologia ou ela nos impulsiona? 198
Como podemos assumir o controle da tecnologia? 199

8. Valores, verdade e confiança **201**
Qual é a base de evidências para escolher alguns valores em detrimento de outros? 201
Quais valores precisamos que sejam as novas normas culturais globais? 203
Podemos mudar deliberadamente nossos valores? 204
O que faz nossos valores mudarem? 205
Existe algo como "verdade" ou "fatos"? 208
A "verdade" é pessoal? 209
Por que a dedicação à "verdade" é mais importante do que nunca? 210
O que é uma cultura da verdade? 210
É possível ter uma cultura mais verdadeira? 211
O que eu posso fazer para promover uma cultura da verdade? 211
O que os jornalistas podem fazer para promover a verdade? 212
O que os políticos podem fazer? 213
Como posso descobrir em quem e em que confiar? 213
Quais são alguns dos maus motivos para confiar? 215

Como posso saber se devo confiar em alguma coisa deste livro? 216

9. Conclusão: Habilidades de pensamento para o mundo de hoje **219**

Precisamos de quais novas formas de pensar no século XXI? 219

Como as habilidades de pensamento do século XXI podem ser desenvolvidas? 225

Onde estão a religião e a espiritualidade em tudo isso? 226

Que perguntas estavam faltando? Que respostas estavam erradas? 228

Resumo do quadro geral **229**

O que posso fazer? Resumo **233**

Apêndice: Fundamentos da mudança climática **235**

Breve vocabulário **249**

Notas sobre unidades **285**

Notas finais **289**

Índice remissivo **323**

Agradecimentos

Um pequeno exército de pessoas me ajudou a encontrar dados, criar gráficos, editar textos e fornecer ideias. Muito obrigado a Sam Allen, Kez Baskerville-Muscutt, Kirsty Blair, Sarah Donaldson, Kate Fearnyough, Lucas Gent, Cara Kennelly, Moe Kuchemann, Cordelia Lang e Rosie Watson.

Agradeço também pelos conselhos, comentários e incentivo a Myles Allen, Liz Davey, Pooran Desai, Robin Frost, Magnus George, Chris Goodall, Chris Halliwell, Phil Latham, Tom Mayo, Jonathan Rowson, Stewart Wallis, Nina Whitby e Gary White. Trabalhei junto com Nick Hewitt nos documentos sobre alimentos que são centrais para a primeira seção, com a ajuda de algumas pessoas do exército listado acima.

A Universidade de Lancaster tem sido um fabuloso caldeirão de ideias interdisciplinares. Agradeço especialmente a todos do Institute for Social Futures e a todos que apresentaram suas ideias nos eventos Global Futures, onde quase todos os temas deste livro foram discutidos.

Agradecimentos a Matt Lloyd e a todos da CUP pela confiança no conceito, paciência e, é claro, pela ótima edição.

Todos os erros são meus.

Três abrigos me deixaram escapar do barulho e da pressa, e foram fundamentais para me dar perspectiva. Um deles está num canto do meu jardim. Outro é uma caixa de metal *off-grid*s em Colonsay, minha ilha escocesa favorita. O terceiro é o inesquecível Sunrise, na costa oeste de Cúmbria, cuja chave foi gentilmente emprestada por Chris e Elaine Lane.

Acima de tudo, como sempre, obrigado a Liz, Bill e Rosie por suportar todo o processo e a preocupação mal-humorada do pai.

---

* Literalmente "fora da rede", refere-se a lugares, casas, comunidades que não estão conectadas à rede elétrica principal do país, com o uso de qualquer outro sistema de energia existente, como solar, eólico etc. Também é usado para denominar um estilo de vida independente e autossustentável de alguns ou vários serviços públicos. [N.T.]

Introdução

Bem-vindo a uma nova era

Quase todos os anos desde o início dos registros, nossa espécie teve mais energia à disposição do que no ano anterior. Nos últimos 50 anos, a taxa de crescimento foi em média de 2,4% ao ano, mais do que triplicando no total durante esse período. No século anterior, era mais de 1% ao ano, e à medida que vamos mais fundo na história a taxa de crescimento parece mais baixa, mas, mesmo assim, positiva, mais ou menos. Estamos cada vez mais poderosos, não apenas aumentando nosso suprimento de energia, mas usando-o com mais eficiência e criatividade. Ao fazer isso, afetamos cada vez mais nosso mundo, a partir de uma mistura de acidente e design. Os poderes restauradores do nosso planeta, enquanto isso, permaneceram basicamente os mesmos, então o equilíbrio de poder está mudando – e agora chegou ao limite. Ao longo da história, as culturas dominantes trataram o planeta como um lugar grande e robusto, em comparação com tudo o que poderíamos colocar nele – e essa abordagem, em geral, não teve grandes consequências.

Mas, em algum ponto das últimas décadas, as coisas mudaram. Podemos discutir exatamente quando, mas digamos que isso aconteceu recentemente. Cerca de 100 anos atrás, na Primeira Guerra Mundial, não poderíamos ter destruído todo o planeta, mesmo se tentássemos. Mas 50 anos atrás, especialmente com a energia nuclear, ficou claro que poderíamos destruir tudo totalmente se cometêssemos erros grandes o suficiente. Hoje, não precisamos cometer nenhum erro; se NÃO nos esforçarmos bastante, destruiremos todo o ambiente. E daqui a 50 anos, se as tendências de uso de energia continuarem, o mundo ficará ainda mais frágil em comparação com nosso poder cada vez maior.

Para outra perspectiva sobre o crescimento da energia humana, pense em 24 de dezembro de 2004, quando a Ásia sofreu um tsunami que matou 230.000 pessoas. Foi um grande desastre natural de que a maioria das pessoas lendo este livro se lembrará. A energia liberada por aquela onda era equivalente a 24 horas do consumo humano global de energia na época. Há 150 anos, a humanidade levaria cerca de um mês para adquirir e usar a mesma quantidade de energia. Hoje só demora 18 horas.[1]

A síndrome de "muita gente, pequeno planeta" tem um nome que nos será útil; o **Antropoceno**. Eu o uso simplesmente como significado da época em que a influência humana é a fonte dominante de mudança no ecossistema.

Nossa chegada a esse "Antropoceno" foi como um experimento de titulação de pH. No laboratório, o ácido pode ser pingado em um frasco de solução alcalina. Durante muito tempo, não há mudança de cor porque o alcalino ainda domina e, de repente, mais uma gota e o equilíbrio muda. O frasco se torna ácido, o indicador muda de azul para vermelho e o mundo dentro do frasco torna-se um lugar totalmente diferente. Em nosso experimento global, adicionamos cada vez mais poder humano à mistura, mas há milênios o poder restaurador do planeta ainda dominava. Embora tenhamos exterminado outras espécies, em geral conseguimos nos dar bem tratando o mundo como um grande e robusto playground. De repente, é frágil. O playground vai quebrar, a menos que alteremos drasticamente a maneira como brincamos nele. E esse experimento de titulação em particular também é louco, porque enquanto no laboratório de ciências quanto mais próximo você acha que está do ponto de equilíbrio, mais lentamente adiciona o ácido, nós estamos adicionando nosso poder cada vez mais rápido.

No passado, os humanos sempre foram capazes de se expandir à medida que se desenvolviam, mas de repente, agora e pelo menos no futuro próximo, não poderemos. Essa é uma grande mudança. Mesmo para aqueles que estão começando a ver as restrições do planeta como temporárias (e eu descartarei isso mais tarde), o físico Stephen Hawking colocou assim: "Não estabeleceremos colônias autossustentáveis no espaço por pelo menos cem anos, por isso temos que ter muito cuidado nesse meio-tempo".[2]

Não há Planeta B.[3]

Um manual de tudo

Este é um livro sobre o panorama geral da vida em nosso pequeno planeta. É um guia prático baseado em evidências para as escolhas estilo tudo ou nada que enfrentamos agora. Trata-se de aproveitar a chance para viver melhor do que nunca e enfrentar a ameaça de viver pior ou não viver. É sobre a diferença que qualquer um de nós pode fazer, apesar da natureza global dos desafios.

Alguns anos atrás, todo o meu trabalho se concentrava na mudança climática. Isso não acontecia porque apenas a mudança climática importava, mas porque na época parecia uma simplificação útil e prática tratar esse componente do desafio do Antropoceno em relativo isolamento do resto da rica sopa das questões ambientais, políticas, econômicas, tecnológicas, científicas e sociais do dia. Mas ficou cada vez mais claro para mim, de uma maneira inevitável, que a mudança climática tinha de ser tratada como um desafio multidisciplinar.

Também ficou cada vez mais claro que, embora a mudança climática apresente um problema ambiental tangível, não é o único e não será o último. Tivemos décadas de alertas sobre a mudança climática. Mas perdemos esse tempo com nossa negação, primeiro do problema em si e depois da natureza da solução necessária e com a maneira indescritivelmente desajeitada como avançamos em direção ao tipo de acordo global que poderia realmente ter ajudado. No Antropoceno, não podemos confiar em todos os desafios que nos dão tantos avisos. É melhor praticarmos nossa governança global, porque precisamos responder a algo tão intangível quanto a mudança climática em uma escala de tempo muito menor. Qual exatamente? Essa é a questão; ainda não sabemos. Uma das principais coisas que precisamos entender é o quanto não sabemos.

Chamei esta obra de manual porque se destina a informar a tomada de decisões em todos os níveis, de indivíduo aos governos. As dicas do dia a dia estão misturadas com mensagens para formuladores de políticas, eleitores e líderes empresariais. Algumas se relacionam com o que eu chamaria de "cuidados intensivos" das coisas; como podemos gerenciar os desafios conhecidos e tangíveis, por exemplo, mudança climática, segurança alimentar e biodiversidade. Misturadas a isso, e inseparáveis, estão as questões subjacentes mais profundas de como podemos antecipar e enfrentar melhor esses tipos de desafios; questões de "saúde global a longo prazo".

Espero que você goste de fatos, estatísticas e análises que forçam a perspectiva, algumas das quais certamente vão nos obrigar a pensar na maneira como vivemos e nas oportunidades de melhorar.

Tratei de quase tudo de uma só vez, simplesmente porque nenhuma outra abordagem serve. Já não funciona olhar questões técnicas de alimentos, energia ou mudança climática separadamente umas das outras ou de questões de valores, economia ou as maneiras pelas quais pensamos. Todas essas coisas estão inevitavelmente entrelaçadas para que a abordagem tradicional "um pedaço de cada vez" seja adequada. Devemos analisar todos esses problemas complexos simultaneamente e usar uma variedade de disciplinas ou lentes.

Para este livro, isso significa que passaremos do quadro geral para o específico e voltaremos novamente, e de uma disciplina para a próxima, conforme a necessidade. Espero que seja um passeio interessante.

Em mais de uma centena de palestras, workshops e seminários, certamente já me fizeram todas as perguntas possíveis: "Quem deveria liderar isso?"; "Os seres humanos são fundamentalmente egoístas demais para lidar com a mudança climática?"; "Se eu não voar, outra pessoa não voará no meu lugar?"; "Qual é o sentido de fazer a minha parte quando sou apenas um pontinho entre sete bilhões?"; "Temos que interromper o crescimento econômico?"; "Tudo se resume à população?"; "Por que eu deveria me preocupar quando todos sabemos que já era?"; e assim por diante. Senti um júbilo ingênuo ao ver as liberdades e oportunidades simples que um mundo de baixo carbono poderia ter. E, ao escrever *The Burning Question* com Duncan Clark, lutei contra a tristeza que surgiu ao contemplar profundamente, dia após dia, a que distância quase todos pareciam estar de entender o que passamos a ver como o essencial da mudança climática, sem falar no fato de confrontar a questão adequadamente.

E, desde então, vi passos pequenos, mas reais, que dão muito mais motivos para esperança. Refleti e brinquei com os dilemas e hipocrisias do meu próprio estilo de vida. Senti-me tolo com a futilidade de não voar e a culpa por fazer isso. Amei o ciclismo e a desculpa de chegar desalinhado ao trabalho e também fiquei preocupado com os ferimentos na cabeça do meu amigo depois que ele caiu da bicicleta indo para casa. Será que, até agora, todos os maiores dilemas e conflitos do mundo já se passaram na minha cabeça? Claro, eu sei que isso não é verdade. Mas vamos apenas dizer que pensei bastante, conversei e criei sentido. Vasculhei o cérebro de muitas pessoas inteligentes. E agora, com a ajuda da maior colaboração possível, é hora de colocar tudo isso em um livro.

Este livro é sobre como podemos fazer a transição para um novo modo de vida que funcione para nós e se encaixe em nosso novo contexto – uma maneira de operar que não esmagará este lugar e nos permitirá prosperar apesar de nosso poder.

Quando tudo é tão global, o que eu posso fazer?

Esta é uma das questões cruciais do nosso tempo.

Enquanto nosso poder coletivo tem aumentado, o mesmo acontece com a população, e cada um de nós está se tornando uma parte cada vez menor do todo. É fácil sentir-se como uma mancha ou uma formiga na trajetória imparável do tempo da humanidade no planeta Terra. Pode ser tentador pensar que, gostemos ou não de para onde estamos indo, qualquer um de nós tem pouca influência sobre isso.

É uma preocupação válida. Como veremos mais adiante, no nível do sistema global, existem poderosos mecanismos de feedback em ação que até agora foram imunes à maioria dos esforços feitos não apenas por indivíduos, mas por organizações e até países. No momento, a humanidade pode ser vista como escrava de uma interação dinâmica de crescente energia, eficiência e tecnologia, uma trajetória persistente cuja ampla tendência até agora demonstramos pouca ou talvez nenhuma capacidade de influenciar. Para dar apenas um exemplo, é uma verdade gritante que a soma de toda a ação climática do mundo até agora causou pouco ou até zero impacto detectável no aumento das emissões globais. Cada vez mais energia e tecnologia pode ter nos trazido muitas coisas boas até agora, mas, de repente, tornou-se perigoso continuar no mesmo caminho sem maiores controles. E, para conseguir isso, nossa espécie precisará elevar e mudar o jogo.

Precisamos urgentemente de novos métodos de soluções de problemas diferentes dos que foram aperfeiçoados nos dias em que a natureza dos problemas era bem mais simples. Mas mudar a maneira como pensamos não é simples, porque estamos lidando com hábitos há muito encrustados ao longo dos séculos.

Uma maneira de ver isso é dizer que precisamos reequilibrar nossa evolução. Nosso brilho tecnológico nos levou a uma situação em que precisamos evoluir rapidamente de outras maneiras também. A vida pode ser melhor do que nunca, mas, a menos que possamos equilibrar nossa genialidade técnica com o desenvolvimento de algumas habilidades de pensamento muito diferentes e complementares, isso não acontecerá.

O nosso fracasso em tomar as rédeas até agora é uma prova de que somos impotentes para fazer qualquer coisa que afete as coisas no nível do sistema global? Acho que não, mas neste livro vou levar essa pergunta a sério. Vamos explorar a dinâmica do grande sistema e perguntar o que nos dizem sobre como o indivíduo pode realmente ser útil. Acho que cada um de nós pode ter muito mais impacto do que a maioria das pessoas supõe, mas precisamos ser muito mais inteligentes para entender que tipo de coisa faz diferença e qual não. Precisamos pensar além do efeito imediato e direto de nossas ações e perguntar mais sobre as ondas que estão criando e como as ações de uma pessoa, empresa ou país podem se multiplicar, em vez de serem abafadas ou contrabalançadas pelo resto do sistema.

Embora alguns dos meus instintos sejam contrários a dizer a alguém o que fazer, este livro contém muitas sugestões. Fiz isso porque é muito fácil pensar que não há nada que possamos fazer e quero que todos vejam como não é assim. Muitas vezes, minhas sugestões são muito simples. E não se preocupe: este não é um guia de estilo de vida para pessoas perfeitas; estou longe de ser uma dessas pessoas e também não espero que você seja assim. Mas, como eu, você se importa um pouco e está interessado em saber mais sobre o que faz sentido em todas as escalas, do pessoal ao global. Então, espero que encontre aqui algumas coisas que possa usar.

Que valores sustentam este livro?

Esse tópico crítico de valores possui uma seção própria no final do livro, onde examinaremos, de um ponto de vista puramente prático, que valores podem ou não nos ajudar a prosperar nos próximos cem anos. Mas, por enquanto, apenas observarei alguns daqueles que sustentam o livro. Se você não puder viver com eles, ou outros parecidos, fará pouco sentido continuar lendo – então pelo menos não o fiz perder tempo.

Escrevi da perspectiva de que todas as pessoas têm igual valor intrínseco como seres humanos. Rico, pobre, negro, branco, americano, europeu, africano, chinês, sírio, muçulmano, budista, cristão, ateu – todos têm o mesmo valor intrínseco. Para muitos, isso pode parecer óbvio demais e nem vale a pena escrever, mas muitas vezes os valores por trás das ideias não são explicitados, embora as implicações sejam geralmente enormes para a economia, a política alimentar, a política climática e quase tudo o que você possa imaginar que prospera no Antropoceno. Para ser bem claro, o mesmo princípio de valor igual inerente a todos os seres humanos é universal. Aplica-se a todos os líderes mundiais, divulgadores de notícias reais e falsas, trabalhadores incansáveis, esquerdistas, direitistas, bilionários, indigentes, seus próprios filhos, os filhos das outras pessoas e até o funcionário do call center que liga para você durante seu jantar com sua família para tentar convencê-lo a entrar com um processo por um acidente que nunca aconteceu. O valor inerente de uma pessoa é independente de suas circunstâncias ou das escolhas que fizeram em suas vidas ou que fizeram por elas.

No que diz respeito a outras formas de vida, elas também merecem um lugar – por sua própria experiência sensível, não apenas pela razão prática de que os seres humanos precisam delas para alimentação e remédios. Meu filho me perguntou sobre o valor relativo de um piolho e de um embrião humano do mesmo tamanho. Não posso responder a essa pergunta. Digamos apenas, para os propósitos deste livro, que todas as formas de vida são importantes.

Vou tentar permanecer consistente com esses valores o tempo todo, mas não será fácil, pois muito do que acontece, tanto na vida cotidiana quanto na política, está realmente em forte contradição com esse princípio simples. E, para ficar claro, você não precisa se esforçar tanto para descobrir que boa parte da minha vida também entra em conflito com esses valores – não sou nenhum santo, assim como qualquer outra pessoa.

Se você concorda amplamente com esses valores em princípio, vamos explorar algumas implicações. Isso significa que, embora você possa querer coisas boas para o seu próprio país, não deseja isso às custas de outros países. Se você deseja que seu país seja "grande" ou até "grande de novo", tome cuidado para não criar isso às custas da "grandeza" de qualquer outro país. Isso significa que, se você quer o melhor para os seus filhos, a maneira como faz isso não é às custas dos filhos de outras pessoas. Significa que, se você estiver no hospital tentando garantir que seus pais idosos não morram de maneira inevitável, não está tentando garantir que eles recebam o melhor atendimento se isso ocorrer desproporcionamente, à custa de recursos para outras pessoas que também precisam (e isso é um desafio – eu já passei por essa situação). Significa, por exemplo, que, se você tivesse a chance de votar se seu país deveria ou não estar na UE, estaria pensando não apenas em seus próprios interesses, mas também nos interesses de todo o país e nos interesses de toda a UE e do mundo em geral. Isso significa que, quando você vai às compras, o que compra não é apenas o produto em si, mas também todo um conjunto de implicações para todos os envolvidos na produção. Esse é o material oculto, quase totalmente ignorado pela indústria da publicidade, com o qual precisamos encontrar uma maneira de sintonizar.

Qual pode ser nosso objetivo?

É possível ter uma visão universal que coloque o barco de quase todo mundo para flutuar? Embora a ideia de limitar a mudança climática pareça ser, essencialmente, uma maneira de limitar os danos, ela não consegue animar a maioria das pessoas. Na maioria das vezes, é enquadrada principalmente como a necessidade de renunciar às coisas de que gostamos. E como os humanos – todos nós – detestam pensar em algo desagradável, é difícil resistir à tentação de não ouvir. Gostemos ou não, é assim que nossa psicologia funciona. Fantasias inacreditáveis sobre o futuro também não funcionam – criam uma sensação de que o que vale a pena ter é impossível.

Felizmente, há muito espaço para melhorias realistas que valem a empolgação. Até agora, não conseguimos exatamente otimizar a qualidade da experiência humana. Lidar com os grandes problemas nos dá a chance de reorganizar as coisas para melhor. Como não passamos tempo suficiente imaginando bons futuros, acabamos no caminho de sempre, apenas porque ainda não pensamos adequadamente em algo melhor.

Não quero exagerar nas prescrições, porque todos vemos as coisas de maneira diferente (ainda bem), mas aqui está minha tentativa de esboçar o que acho que podemos almejar e a maioria de nós pode querer. Não estou prevendo a perfeição, mas, quanto mais nos aproximarmos, melhor será a vida, e até tentar seguir nessa direção deveria ser uma boa experiência.

Aqui vai. Este livro é voltado para um futuro nesse sentido.

O ar está mais fresco. A vida é mais saudável, mais longa, mais relaxada, mais divertida e mais emocionante. Nossas dietas são variadas, saborosas e saudáveis. Muitos de nós saem o quanto querem, social e fisicamente. Viajar é mais fácil – mas passamos menos tempo em trânsito. Nós nos sentimos mais livres para viver a vida da maneira que parece mais significativa para cada um no momento, em negociação com o direito igual de outras pessoas de fazer o mesmo. Há menos violência em todos os níveis. As cidades são vibrantes, enquanto o campo está repleto de vida selvagem. Nossos empregos são mais interessantes e as pressões são mais autoimpostas. Esperamos, insistimos e obtemos padrões mais altos de confiança e verdade, na

política, na mídia e, de fato, em toda parte. Estamos mais bem conectados às pessoas ao nosso redor e ao nosso sentido de comunidade global. Dedicamos mais tempo e atenção aos outros e percebemos e gostamos mais do que está acontecendo ao nosso redor. Podemos competir uns com os outros por diversão, mas, onde realmente importa, colaboramos mais do que nunca.

É claro que, dentro disso, ainda há muito a ser feito, e uma enorme variedade de maneiras como exatamente cada um de nós viverá nisso. Por favor, sinta-se à vontade para adicionar detalhes e talvez pensar sobre onde você quer se encaixar na vida no Planeta A.

Não é a última palavra...

Grande parte deste livro é sobre apresentar evidências que falam por si, mas, onde fiz interpretações, espero que você ache que elas fazem sentido. Claro, não espero ter escrito a palavra final sobre nenhum assunto; tudo o que ofereço são esboços aproximados, aguardando melhorias. Espero que sejam um ponto de partida sensato. Se eu tiver escrito algo errado, espero que você perceba. Espero que os debates aconteçam, pois são muito necessários. Ficarei encantado com quem rejeitar qualquer coisa que escrevi em favor de algo melhor, e, onde você achar que perdi alguns pedaços, espero que preencha as lacunas para que, no final, seu entendimento seja melhor que o meu. Envie comentários construtivos e melhorias para Mike@TheresNoPlanetB.net. Por mais falhas que minha tentativa apresente, estou confiante de que é melhor ter um esboço de tudo de uma só vez do que ver as coisas através de apenas uma lente de cada vez, por mais perfeitas que sejam as visões.[4]

Se você usa o Twitter, usar a hashtag #NoPlanetB é uma maneira de compartilhar ideias.

1. Comida

Como a humanidade é alimentada agora e como podemos fazer isso melhor no futuro. O que pode ser feito e o que todos podem fazer?

Vamos começar nosso tour do panorama geral analisando o sistema alimentar global, já que os alimentos são a fonte original de energia para os seres humanos e ainda são tão essenciais como sempre foram.

Nossa terra e nosso mar precisam ser gerenciados de várias perspectivas diferentes ao mesmo tempo. Precisamos alimentar uma população em crescimento com uma dieta saudável, saborosa e de baixo carbono. Mas precisamos conseguir isso preservando ou melhorando a biodiversidade que está atualmente sofrendo uma hemorragia, e apesar das reduções na fertilidade da terra que podemos estar causando, principalmente pela mudança climática. Também precisamos evitar uma crise iminente de antibióticos e uma explosão da poluição plástica que nos atingiu nos últimos 50 anos e agora está conosco para sempre, até onde sabemos. Como se tudo isso não bastasse, mesmo que ainda não saibamos como fazer, está ficando cada vez mais claro que precisaremos que a terra desempenhe um papel na devolução do carbono ao solo. Ah, sim, e também precisamos dela para ter espaço para viver e para recreação.

E essas são apenas as considerações centradas no ser humano. Quantos leitores vão me considerar um hippie se eu mencionar novamente que os animais também são importantes como seres sencientes?

Felizmente, apesar de toda a complexidade hedionda, acontece que algumas análises relativamente simples deixam muito claras algumas coisas importantes. Se você é um formulador de políticas alimentares, um produtor, um varejista ou apenas alguém que come comida, aqui estão algumas mensagens importantes que acho que todo mundo precisa saber. Elas dizem muito sobre o que todos podemos fazer para ajudar.

Quanta energia alimentar precisamos ingerir?

Cerca de 5% de toda a energia humana ainda é consumida da maneira mais tradicional de todas: através de nossas bocas. Em média, precisamos de 2.350 kcal por dia, mas na verdade comemos cerca de 180 kcal a mais do que isso.[1]

O requisito médio de 2.350 calorias por dia leva em consideração as diferentes idades, gêneros, tamanhos e estilos de vida da população mundial. Equivalem a 114 watts. Como comparação, uma TV grande de plasma precisa de uma quantidade semelhante de energia e uma chaleira elétrica gasta cerca de 15 vezes mais quando está ligada.[2]

Quanta comida cultivamos no mundo?

Em nível global, cultivamos 5.940 kcal por pessoa por dia. Isso é quase duas vezes e meia as 2.350 kcal por dia que a pessoa média precisa comer para ser saudável.

Com essas estatísticas, você pensaria que o planeta Terra deveria ser o local da comida em abundância.

As variações regionais são enormes. A América do Norte cultiva oito vezes mais do que sua exigência calórica. Na Europa e na América Latina, os alimentos cultivados são "apenas" quatro vezes o que os humanos precisam comer. Mas a África subsaariana cultiva apenas uma vez e meia as calorias necessárias.

Você pode perguntar: por que alguém passa fome e o que os norte-americanos fazem com todas as suas calorias?

Para encontrar as respostas para essas perguntas, precisamos dar uma boa olhada na jornada do campo ao garfo.

O que acontece com os alimentos que cultivamos?

Cerca de 1.320 kcal são perdidas ou desperdiçadas, 810 kcal vão para biocombustíveis e 1.740 kcal são dadas a animais.

(Mas os comedores de carne podem relaxar e continuar lendo. Você não precisa ser 100% vegetariano ou vegano, a menos que queira.)

Este gráfico simples elimina a complexidade do sistema global de alimentos e terras para nos proporcionar uma surpreendente e essencial perspectiva.[3] Todos os números estão em calorias por pessoa por dia. Pensei que já sabia muito sobre alimentação sustentável por me dedicar ao assunto por mais de uma década, mas analisar esses números da forma correta pela primeira vez recentemente foi uma revelação.

A seguir, descreveremos o que acontece com as 5.940 kcal cultivadas por pessoa todo dia. Logo no começo da viagem do campo ao estômago, há dois tipos de desperdício; 340 kcal nem são colhidos. Isso pode acontecer por padrões de qualidade ultraexigentes nos países desenvolvidos ou abundância onde o suprimento excede a demanda comercial e a comida acaba sendo deixada no solo, por mais chocante que isso possa parecer. A maioria, no entanto, é culpa de ineficiências na colheita, e, ainda que haja espaço para melhorias, é impossível erradicar completamente a perda de colheita. Outras 330 kcal são perdidas no armazenamento. Isso é um problema principalmente nos países mais pobres e geralmente é causado simplesmente por falta de um contêiner seco e selado. Há uma grande margem para reduzir essa perda.

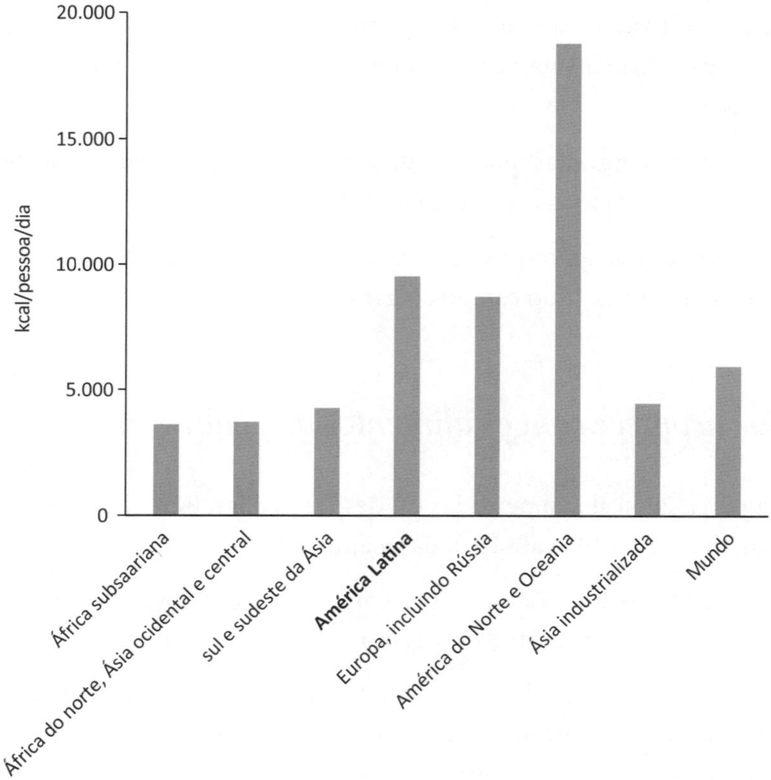

Figura 1.1 Comida vegetal apta para humanos por dia em diferentes regiões do mundo.

Mesmo após esses estágios, ainda existem 5.270 kcal, que são alocadas de quatro maneiras principais.

Uma pequena quantidade, 130 kcal, é replantada. É uma boa ideia porque significa que também podemos comer no próximo ano. E 810 kcal vão para outros usos que não são alimento, principalmente biocombustíveis. Os animais comem incríveis 1.740 kcal. Isso ainda deixa 2.520 kcal de matéria vegetal para alimentação humana.

Depois disso, existem algumas perdas relativamente pequenas na distribuição e no processamento de alimentos, e as famílias desperdiçam outra boa parte. No final, incluindo a carne e os laticínios, o ser humano médio consome 2.530 kcal, o que é 180 kcal a mais do que a pessoa média precisa para uma dieta saudável.

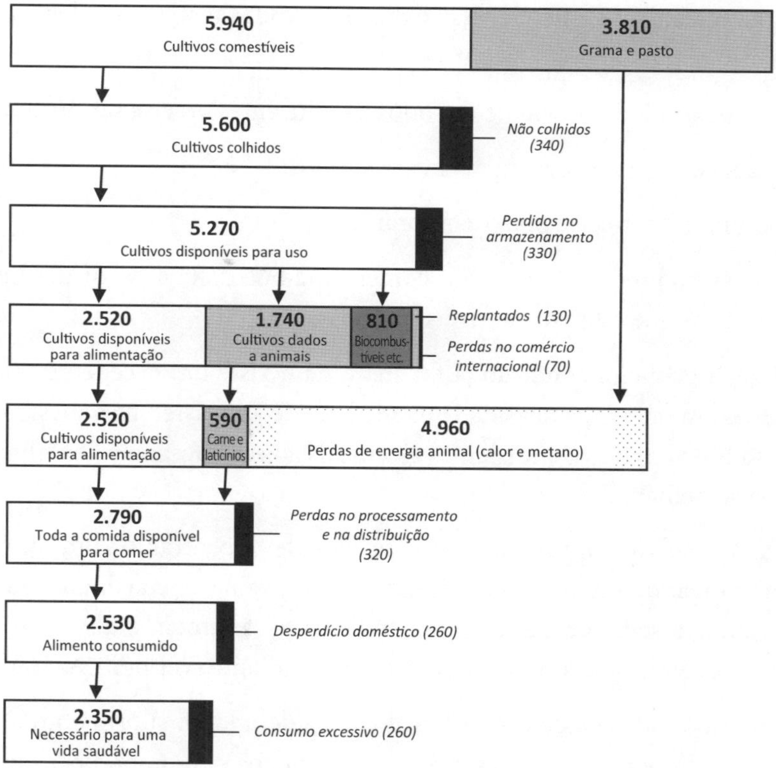

Figura 1.2 A comida do mundo em sua jornada do campo ao estômago. Os números estão em kcal/pessoa/dia.[4]

Levando em conta o superávit global, por que algumas pessoas estão desnutridas?

Quando isso acontece, é quase sempre porque elas não podem pagar por uma dieta saudável ou não a escolhem.

Embora exista um consumo líquido excessivo significativo em nível global, cerca de 800 milhões de pessoas ficam desnutridas (sem calorias suficientes) e mais dois bilhões sofrem com algum tipo de "fome oculta" na forma de deficiência de proteínas ou micronutrientes essenciais, mais comumente ferro, zinco, vitamina A ou iodo.[5]

Uma maneira de entender isso é que, para todos terem uma dieta saudável, quatro coisas precisam acontecer:

(1) uma quantidade suficiente de todos os nutrientes precisa ser produzida;

(2) é necessário transporte para chegar a todos;

(3) todo mundo precisa poder comprar; e

(4) as pessoas precisam optar por comer uma boa dieta a partir das opções acessíveis que estão disponíveis para elas.

Hoje, a primeira condição já foi atendida. Existe um excedente calórico de 14%. Com outras pessoas da Universidade de Lancaster, fiz a mesma análise para todos os outros nutrientes essenciais ao ser humano e descobri uma história semelhante.[6]

As cadeias de suprimentos são capazes de encontrar o caminho para qualquer lugar do mundo que possa pagar e que valha a pena financeiramente. Portanto, a segunda e a terceira condições se resumem à distribuição de riqueza, que veremos com mais detalhes mais adiante (ver pp. 159-169).

Juntando todos os quatro critérios e considerando o suprimento e a população atuais, existem apenas dois fatores críticos para uma dieta saudável para todos: tudo se resume a dinheiro e escolha. A desigualdade é a principal razão pela qual alguém hoje não tem acesso a uma dieta saudável. Sem resolver isso, parece altamente provável que sempre haverá fome, independente do que acontecer com o suprimento total. Para ficar claro, quando examinarmos a distribuição de riqueza, descobriremos que o problema está relacionado à riqueza relativa, não à absoluta.

A escolha é, obviamente, uma questão complexa, combinando educação, cultura, saúde mental e gosto pessoal.

É importante ressaltar que hoje ninguém morre de fome por falta de comida em nível global. Os problemas atuais são a respeito da maneira como é compartilhada a abundância de nutrição.

Por que não há mais pessoas explodindo por comer demais?

Felizmente, corpos com excesso de peso são menos eficientes. Caso contrário, muitos explodiriam.

Se todo o excesso de consumo líquido de 180 kcal por dia fosse convertido em peso corporal extra, a pessoa média estaria ganhando peso a uma média de cerca de 16 kg por ano.[7] Isso seria desastroso em apenas alguns anos. Felizmente, à medida que o corpo fica acima do peso, fica menos eficiente e queima mais energia para fazer as mesmas atividades diárias.

No entanto, se todos os seres humanos tivessem um peso saudável e comessem apenas o que precisassem para mantê-lo, isso liberaria comida para um bilhão ou mais das bocas extras que estão vindo em nosso caminho.[8] Claramente, haveria outros benefícios de bem-estar em paralelo. Mais fácil falar do que fazer, eu sei.[9]

Passamos agora a uma análise mais atenta do papel dos animais, que sai do mapa global de fluxos de calorias dos alimentos como motivo de preocupação.

Quantas calorias recebemos dos animais?

Os animais contribuem com 590 kcal para a cadeia alimentar humana como carne e laticínios. MAS eles comem 1.740 kcal por pessoa por dia de alimentos que poderiam ser comidos pelos humanos, além de 3.810 kcal de grama e pastagem.

O animal médio de fazenda converte apenas 10% das calorias que consome em carnes e laticínios. O resto é usado para fazer coisas como se aquecer, caminhar, arrotar metano e criar esterco. Enquanto mais de dois terços de todos os alimentos para animais de fazenda são capim e pasto, que não podem ser consumidos diretamente por nós, os cultivos comestíveis para humanos que servem para alimentá-los representam mais de três quartos das necessidades calóricas de toda a população humana.

Não podemos comer capim e pasto, mas parte da terra atualmente dedicada à sua produção poderia ser usada para lavouras e parte do restante poderia ser muito útil para a biodiversidade.

Em termos de eficiência, duas regras se aplicam. Em primeiro lugar, a taxa de conversão é melhor quando você não mata o animal, mas consome seus ovos ou leite. Em segundo lugar, se o animal não precisar se aquecer, se movimentar ou viver muito tempo, então menos energia será desperdiçada. Portanto, a eficiência da conversão é particularmente baixa para carne bovina (normalmente ~ 3%), mas mais alta para ovos e leite (~ 18%). Óbvia e inadequadamente, essa análise ignorou qualquer consideração de um animal como ser senciente.

Quanto os animais ajudam com o nosso suprimento de proteína?

Eles não ajudam. Os animais de criação do mundo destroem quase três quartos da proteína que ingerem, a maioria da qual vem na forma de alimentos comestíveis para humanos.

O ser humano médio precisa de cerca de 50 g de proteína por dia para uma dieta saudável e esse é um argumento que às vezes é usado para defender a crescente indústria mundial de carnes e laticínios.

As proteínas podem ser rastreadas do campo para o garfo da mesma maneira que as calorias. Quando fazemos isso, descobrimos que alguns mitos podem ser destruídos. Em primeiro lugar, teríamos muito mais proteínas se não alimentássemos os animais com proteínas vegetais comestíveis para humanos. Em segundo lugar, o mundo tem um excedente ainda maior de proteína do que calorias. Este último ponto é dificultado pelo fato de ser um pouco mais difícil distribuir as proteínas uniformemente do que as calorias. As calorias, ao contrário das proteínas, são autorreguladoras em certo grau. Se uma pessoa ingere regularmente o dobro das calorias de que precisa, ela tem problemas de saúde em muito pouco tempo, enquanto você pode fazer o mesmo com proteínas e nem saber que isso está acontecendo.

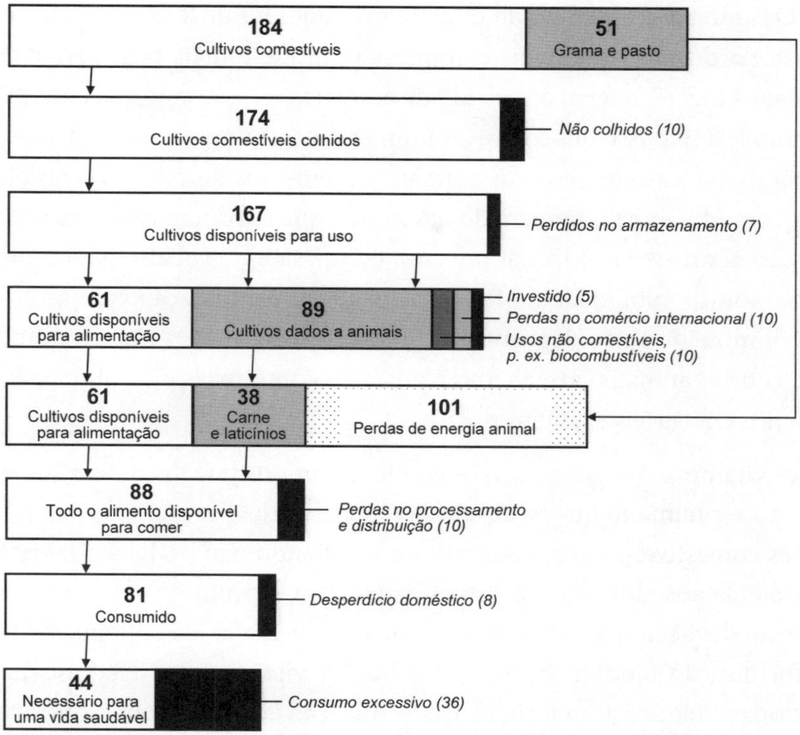

Figura 1.3 A jornada da proteína do mundo do campo para o estômago.[10] Os números estão em g de proteína/pessoa/dia.

De fato, os animais não podem criar os aminoácidos que compõem as proteínas. São capazes apenas de armazená-los ou destruí-los.

Precisamos de animais para ferro, zinco ou vitamina A?

Não. Os animais reduzem o suprimento de ferro e zinco, enquanto 100 g de batata-doce fornecem toda a vitamina A necessária para o dia.[11]

Junto com as proteínas, a escassez desses três nutrientes é a principal causa da "fome oculta", um termo usado para descrever qualquer falta de nutrientes além de calorias.[12]

Os animais acabam sendo destruidores líquidos de ferro e zinco, embora a história do ferro seja mais complicada porque é mais fácil para os seres humanos digerir o ferro adquirido de animais, por isso vale mais por grama. Mesmo levando isso em conta, os animais esgotam nosso acesso a esses dois minerais. No caso do ferro, os animais comem mais de dez vezes em plantações comestíveis pelo homem do que aquilo que retornam em carnes e laticínios, e, mesmo se você aplicar um fator conservador de quatro para o aumento da biodisponibilidade do ferro da carne em comparação com as plantas, eles diminuem nosso suprimento. Enquanto isso, menos de um quinto do zinco que os animais extraem das plantações comestíveis para humanos volta para nós em carnes e laticínios.

A vitamina A é um pouco diferente. É um dos poucos nutrientes essenciais ao ser humano que os animais criam mais do que consomem em plantações comestíveis. Portanto, no passado, quando não podia ser fabricada e adicionada aos alimentos, a necessidade dessa vitamina poderia ser um argumento legítimo para mais aves e laticínios na dieta. No entanto, o advento da fortificação mudou bastante as coisas. A vitamina A é fácil e barata de adicionar a óleos e até a farinha, e a fortificação é rotineira em muitos países, incluindo o Reino Unido e os EUA. Curiosamente, a China seria um dos poucos países a ter um superávit líquido mesmo sem fortificação ou carne e laticínios, graças ao seu suprimento de batata-doce. Se você está preocupado com a vitamina A em sua própria dieta, apenas 100 g desse vegetal delicioso oferecem incríveis 709 mcg (em comparação com uma ingestão diária recomendada de 700 a 900 mcg). E, como viaja bem em barcos, a batata-doce faz parte de uma dieta sustentável onde quer que você viva. Embora não tão espetaculares, cenouras, azeitonas e a maioria dos vegetais de folhas verdes também são muito bons.[13] Finalmente, se nenhuma dessas soluções servir para você, tomar uma pílula é um último recurso simples e barato.

Como regra geral, os produtos de origem animal não são uma solução do século XXI para preocupações com micronutrientes, exceto talvez em partes do mundo que se encontrem fora da economia global de alimentos e sem acesso a cuidados de saúde adequados. Para essas áreas, ainda é verdade dizer que, na ausência de acesso a uma dieta variada ou suplementos e fortificações, um pouco de carne pode ser uma maneira simples de recuperar o atraso em uma variedade de micronutrientes essenciais. No entanto, essas circunstâncias não se aplicarão no geral àqueles que têm acesso a este livro.

Quanto dos nossos antibióticos estamos dando aos animais?

Estima-se que dois terços de todos os antibióticos,[14] 63.151 toneladas por ano, de fato,[15] sejam devorados por animais – e parte disso chega até nós através da carne e do leite.

Um dos argumentos mais poderosos para os benefícios da tecnologia moderna é o aumento da saúde e da expectativa de vida que a maioria de nós pode usufruir. O colapso dos antibióticos jogaria muito pelo ralo. E esse momento parece perto. A corrida entre o aumento da resistência e o desenvolvimento de alternativas de próxima geração parece estar indo mal, com consequências extremamente desagradáveis e talvez iminentes. (Isso me parece especialmente real porque, sem eles nos últimos cinco anos, eu poderia ter morrido, também de uma maneira muito desagradável, meus pais teriam morrido com certeza, e há uma chance muito grande de que minha filha teria de amputar a perna ou algo pior.) Se você precisar seriamente de um antibiótico, a ideia de um mundo sem eles se transforma de um conceito distante em um pesadelo vívido.

Os animais recebem antibióticos principalmente para estimular o crescimento e prevenir (em vez de curar) doenças. A quantidade empregada no mundo todo está aumentando rapidamente, à medida que as dietas nos países em desenvolvimento estão mudando para a direção errada e as práticas agrícolas estão se intensificando. O resultado é que os animais estão desenvolvendo cepas resistentes e passando esses vírus para nós. No entanto, não podemos culpar apenas os agricultores, porque grande parte do consumo humano de antibióticos também é desnecessário.

O que posso fazer e o que pode ser feito?

A Organização Mundial da Saúde oferece conselhos básicos para todos.[16] Aqui estão alguns pontos-chave, além do meu próprio comentário sobre dieta.

- Não tome antibióticos a menos que precise e, quando o fizer, siga as instruções.
- Reduza a carne e os laticínios provenientes de fazendas que usam antibióticos de forma rotineira para prevenção em vez de cura (e é bastante seguro assumir o pior, a menos que você tenha certeza). Os critérios "orgânicos" incluem restrições ao uso de antibióticos.[17]
- Tenha uma boa higiene e mantenha as vacinas atualizadas para evitar infecções em primeiro lugar.
- Os agricultores não devem usá-los para estimular o crescimento ou prevenir doenças e devem aplicar vacinas e boa higiene na fazenda para prevenir doenças.

Quanto desmatamento é causado pela soja?

Não culpe a soja! O problema surge quando ela é consumida por vacas e ovelhas.

Grama a grama, um grão de soja tem quase todos os mesmos nutrientes essenciais que a carne bovina ou de cordeiro. Mas, quando você alimenta a vaca ou a ovelha com soja, recebe apenas um décimo do peso de volta com a carne. É um desastre para a nutrição humana. A má reputação que a soja possui por derrubar árvores é um equívoco.

O segundo mito sobre a soja é que não tem um gosto bom. É gostosa, sob a forma de bebida, tofu ou simplesmente como grão.

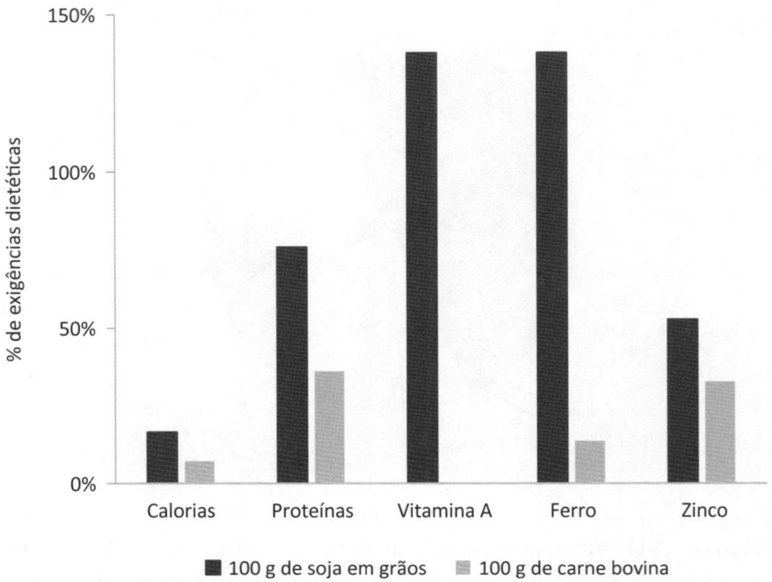

Figura 1.4 O teor calórico, de proteínas e de micronutrientes de 100 g de soja em grãos e 100 g de carne bovina, em termos de porcentagem de ingestão diária recomendada de nutrientes.

Qual é a pegada de carbono da agricultura?

Somando 23% do total global, as emissões relacionadas a alimentos e terra são importantes demais para serem ignoradas.[18]

A maioria das pessoas que se preocupa profundamente com a mudança climática parece estar tão exausta tentando garantir que deixemos o combustível fóssil no solo que não tem muita energia para olhar para comida e terra. É compreensível, mas insatisfatório, já que as emissões dos alimentos e da terra são suficientes por si só para causar problemas climáticos. Eles são a pobre relação esquecida no debate sobre a mudança climática.

Em números gerais, a pegada de gases de efeito estufa da espécie humana é de 50 bilhões de toneladas de equivalente a dióxido de carbono por ano, das quais cerca de 23% são provenientes dos alimentos e da terra. A maior fonte de CO_2 da agricultura é o desmatamento, sendo que a maior parte está

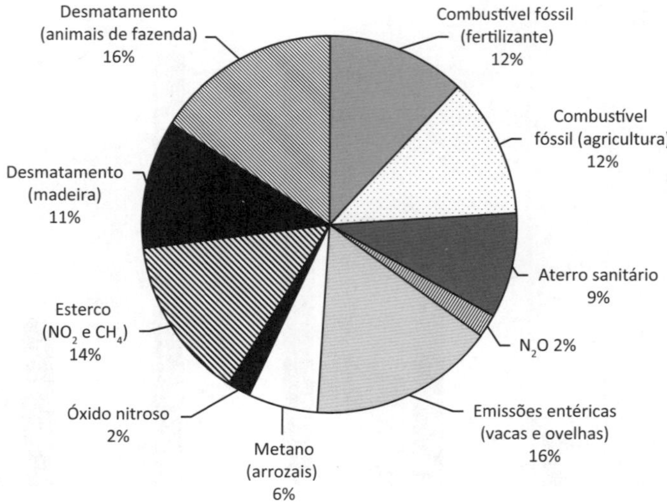

Figura 1.5 Detalhamento da contribuição de 23% causada pela comida e agricultura à pegada de gases de efeito estufa (GEE) dos seres humanos.

vinculada à produção de carne, mas alguns à exploração de madeira. Quando as árvores são cortadas, perdemos não apenas o carbono armazenado na madeira, mas, o que é mais importante, durante alguns anos também perdemos a maior parte do carbono armazenado no solo. Os combustíveis fósseis usados na fabricação de fertilizantes, para o uso dos equipamentos agrícolas e no transporte são um ator relativamente pequeno. Mas, além do CO_2, a maior parte do metano do mundo pode ser atribuída a alimentos e terras, e as maiores fontes são emissões entéricas (vacas, ovelhas e cabras ruminando e arrotando), arrozais inundados e alimentos podres em aterros mal administrados. Cerca de dois terços de todo o óxido nitroso também podem ser atribuídos aos alimentos.

Quais são as pegadas de carbono de diferentes alimentos?

Os gráficos a seguir foram adaptados de uma enorme meta-análise dos impactos ambientais de mais de 38 mil fazendas.[19]

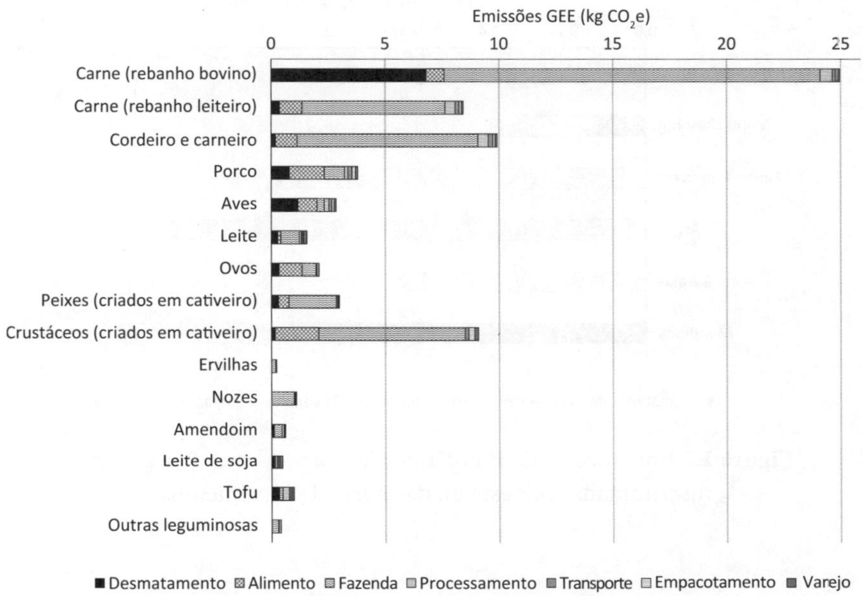

Figura 1.6 A pegada de GEE de fontes comuns de proteínas por 50 g de proteína, discriminadas por estágio da cadeia de suprimentos.

A pessoa média precisa de cerca de 50 g de proteína por dia para uma dieta saudável, e o gráfico mostra a pegada de carbono de algumas das diferentes maneiras de obtê-las. Carne de bovino e cordeiro têm o maior impacto porque eles ruminam (arrotam metano). A carne bovina também costuma ter um desmatamento considerável associado, quando a terra é desmatada para produção de ração e pasto. Os laticínios têm impacto menor que as carnes, porque é mais "eficiente" manter o animal vivo como produtor de proteína do que matá-lo. Das carnes, as galinhas são mais eficientes que os animais maiores. Elas crescem rapidamente, especialmente se você enchê-las de antibióticos, e não desperdiçam muita energia andando por aí ou se aquecendo se você as mantiver em um espaço interno lotado (ver quadro). Observe a mudança no uso da terra resultante da alimentação animal para a maioria das carnes e laticínios. Observe também o impacto drasticamente menor de todas as fontes de proteínas vegetais.

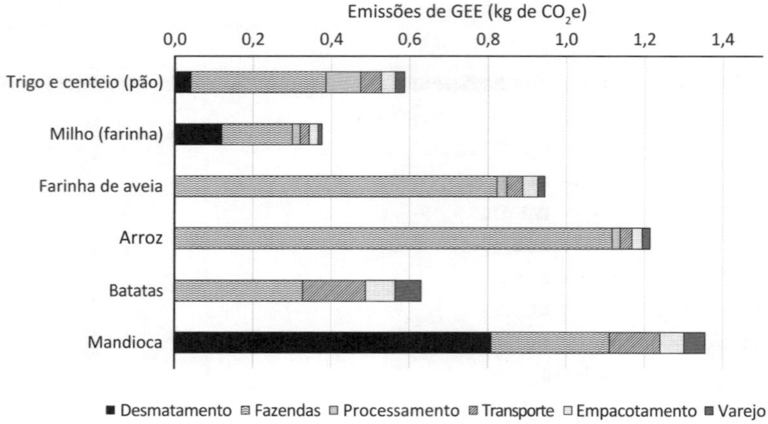

Figura 1.7 Emissões de GEE por 1.000 kcal de carboidratos básicos, discriminadas por estágio da cadeia de suprimentos.

Todos os carboidratos básicos são relativamente de baixo carbono, mas o arroz é o que apresenta o pior resultado (ver a próxima pergunta). O milho se sai melhor porque é um fotossintetizador especialmente eficiente. Observe o desmatamento associado à mandioca, a boa parte da produção de milho e um pouco ao trigo.

Frango é a melhor carne?

Julgando pelas suas emissões, o frango pode ser considerado a carne mais "ecológica", talvez a melhor opção para o onívoro que se importa. No entanto, apesar das credenciais de carbono relativamente boas, a criação de aves apresenta uma série de outros problemas para o ambiente local e global.

Frangos de corte (aqueles criados especificamente pela carne) foram criados para crescer muito rapidamente, e isso leva a muitas preocupações com o bem-estar, incluindo deformações esqueléticas e defeitos cardíacos congênitos. Colocar o maior número possível de aves em um celeiro incentiva a propagação de doenças; portanto, as aves são tratadas com muitos antibióticos, contribuindo potencialmente para aumentar a resistência microbiana às drogas. Certamente, a maneira mais ética de criar galinhas é ao ar livre e de forma solta, e vários impactos ambientais surgiram nos últimos anos, à medida que a demanda e a legislação para aves criadas ao ar livre aumentaram.

Mais notavelmente, a poluição. O cocô de galinha está cheio de nutrientes, principalmente fosfatos. Criar centenas ou milhares dessas aves ao ar livre resulta em muito cocô, que pode ser levado para fazendas e pastos após a chuva e inundações. Os nutrientes enriquecem as vias navegáveis locais e o suprimento de água, provocando a proliferação de algas prejudiciais. As galinhas são frequentemente alimentadas com soja, proveniente do exterior e associada ao desmatamento e outras práticas agrícolas prejudiciais.[20]

Eu deveria ser vegetariano ou vegano?

Boa ideia! O menor consumo de carne e laticínios é essencial para o suprimento de alimentos, a mudança climática e a biodiversidade. Mas nenhum de nós precisa abandonar totalmente a carne, a menos que queira.

Parte da carne e laticínios do mundo ainda vem de animais alimentados com capim. E parte dessa grama é cultivada em terras impróprias para a colheita. Embora seja verdade que parte desse espaço poderia ser mais bem utilizado para outros fins ambientais, como captura de carbono e biodiversidade, não devemos descartar o papel que os animais podem desempenhar na transformação de produtos que não podemos digerir em alimentos que podemos. Os animais podem aumentar a variedade e a saúde de nossas dietas, mas há uma necessidade inegável de uma redução para talvez metade do consumo médio global atual de carne e laticínios. Isso significa que precisaremos ver cortes muito mais profundos do que 50% no consumo de carne na maioria dos países mais ricos. Isso significa reverter a atual tendência global em direção a mais carne, a qual a Organização das Nações Unidas para Alimentação e Agricultura prevê que levará a um aumento de 23% em carnes e laticínios consumidos por pessoa até 2050.

Como as taxas de conversão de alimentos são mais altas para laticínios do que para carne, embora uma mudança para o consumo de menos carne e laticínios seja a mudança alimentar mais útil, a troca de carne por laticínios também é útil.

A primeira notícia realmente boa é que a maioria dos carnívoros poderia fazer essas duas transições de maneira a melhorar não apenas a saúde, mas também a variedade de suas dietas. É apenas uma visão pessoal, mas, em um concurso de sabores e texturas, não é verdade que o *haggis*ss vegano detona a versão tradicional? Uma segunda boa notícia é que, enquanto escrevo, o veganismo está ganhando força em muitos países ricos, fornecendo exemplos perfeitos para a classe média do mundo.

Cortar o consumo de carne e laticínios também é o melhor lugar para começar quando se trata de cortar o carbono em nossos alimentos (estou usando o carbono como uma abreviação de gases de efeito estufa). Já escrevi muito sobre as emissões de gases do efeito estufa antes, principalmente no meu primeiro livro, *How Bad Are Bananas? The Carbon Footprint of Everything*, que agora eu descaradamente divulgo, juntamente com alguns trabalhos acadêmicos sobre carbono e dieta.[21] Para resumir tudo isso, a principal prioridade é reduzir os animais ruminantes: vacas e ovelhas.

Não há necessidade de extremismo aqui, apenas moderação e ampliação de opções. Se todos que tiverem essa escolha perguntarem: "Vamos comer carne, leguminosas, feijão ou ovos hoje à noite?" da mesma maneira aberta que poderiam perguntar: "Vamos comer macarrão, batata ou arroz?", essa mudança por si só poderia gerar espaço suficiente em todo o sistema para alimentar a população de 2050, ao mesmo tempo que permitiria que mais terra fosse dedicada à biodiversidade e também, se quiséssemos, liberaria um pouco mais de terra para biocombustível (ver p. 64 e "Os biocombustíveis são uma bobagem?", p. 101).

---

* Prato tradicional escocês feito com as vísceras da ovelha e farinha de aveia. Muito parecido com a buchada de bode nordestina. [N.T.]

Para se e quando você comer carne: como vimos, alguns tipos geram mais impacto que outros, mas todos têm um impacto climático maior do que as alternativas baseadas em vegetais. Vemos uma hierarquia de pegadas de carbono com leguminosas, grãos e soja como líderes claros de baixo carbono, laticínios e aves como vice-campeões e carnes vermelhas no pior lugar.

O que os mercados podem fazer em relação à carne e aos laticínios?

Fazer com que as alternativas à carne e aos laticínios sejam deliciosas e tentadoras.

Existe um mito generalizado de que os supermercados são forçados a vender o que o cliente deseja comprar e, portanto, não têm controle sobre o que colocam nas prateleiras. Isso é claramente um absurdo. Os supermercados têm muita prática em orientar os clientes em direção ao produto com a maior margem de lucro. Há mais de uma década que trabalho com um varejista de alimentos que entende completamente a influência que eles podem ter. Não são uma empresa que se mostra radical e certamente sofrem menos pressão comercial do que os grandes supermercados com os quais competem. Mas eles entendem que às vezes é possível fazer com que os alimentos mais sustentáveis pareçam mais atraentes para a compra. Muito do meu trabalho para eles tem sido incentivá-los a fazer isso com mais frequência. Às vezes, eles me lembram realidades comerciais que acham que esqueci. Mas de vez em quando encontramos uma nova área para melhorar; empurrando legumes da estação, fazendo as alternativas à carne parecerem deliciosas, um folheto de Natal cheio de opções vegetarianas, uma nova gama de flores sazonais locais para substituir importações menos sustentáveis, conselhos sobre o uso de sobras... Ainda há áreas importantes nas quais gostaria de ver mais progresso, mas no geral a mudança que vi foi significativa e genuína.

A maior área para qualquer supermercado trabalhar é a proporção de carnes e laticínios em relação às alternativas em seu mix de vendas. Como vimos, mesmo na carne e nos laticínios, há uma hierarquia de impactos, com a carne bovina claramente posicionada na extremidade de alto impacto (e o queijo não muito atrás).

O que os restaurantes podem fazer?

Se um cliente escolhe um prato vegetariano ou vegano, ele realmente espera apreciá-lo tanto quanto se tivesse escolhido carne. Parece óbvio demais para valer a pena escrever, mas claramente essa mensagem ainda não foi universalmente compreendida. Os restaurantes devem aumentar a variedade de pratos vegetarianos/veganos e torná-los pelo menos tão deliciosos, tentadores e inspiradores quanto qualquer outra coisa que vendem.

O que os agricultores e os governos podem fazer?

Há muitos fatores a serem levados em consideração. Além da produção nutricional, da biodiversidade e das mudanças climáticas, existem questões importantes, incluindo criação de animais, meios de subsistência, comunidades e tradições. Onde eu moro, existem até discussões sobre ovelhas como atrações turísticas. Essas perspectivas precisam ser consideradas simultaneamente com mente aberta, transparência, respeito pelas evidências e pelas pessoas envolvidas.

A ciência deixou algumas coisas claras. O mundo precisa de menos animais de criação e muito menos ração animal baseada em cultivos. Precisamos ter mais cuidado com fertilizantes e antibióticos. Algumas terras são impróprias para outra coisa além da biodiversidade ou do pasto e, ao elaborar o que fazer com isso, devemos ter em mente que o pasto pode prejudicar a biodiversidade além do solo (a ideia de que o tipo certo de criação de animais pode aumentar o armazenamento de carbono no solo é menos clara).

Também fica evidente que fazer a coisa certa exige mais trabalho e, portanto, empregos do que o necessário para simplesmente maximizar a produção no curto prazo. É preciso cuidado, habilidade e esforço para cuidar da terra adequadamente. Portanto, um sistema sustentável de alimentos e terras oferece uma enorme oportunidade líquida de subsistência. Isso certamente deve ser uma boa notícia para os agricultores e suas comunidades.

Embora exista espaço para os agricultores tentarem melhorar a sustentabilidade onde puderem, os incentivos e subsídios certos tornarão isso muito mais fácil. Agricultores, cientistas e governos precisam trabalhar juntos de forma sensata para que isso aconteça.

Como uma plantação poderia evitar a produção de mais de meio bilhão de toneladas de CO_2e?

Mais de 1% da pegada total de GEE do mundo poderia ser eliminada simplesmente melhorando a maneira como o arroz é geralmente cultivado.

Esta é uma grande história que ninguém conta. Não tem nada a ver com o combustível fóssil usado por tratores, caminhões, barcos ou qualquer outra parte da cadeia de suprimentos. Especificamente, o que é necessário é um uso mais criterioso de fertilizantes e não inundar os arrozais.[22] O metano do arrozal representa cerca de 6% de todas as emissões de gases de efeito estufa da cadeia de suprimento de alimentos. Vi fotos de rios na China verde-claros pelo excesso de fertilizante; o rendimento provavelmente está sofrendo pelo excesso de aplicação. Parece simples, mas, até que o problema receba mais visibilidade, é difícil progredir. Estou procurando um fornecedor sustentável de arroz para os supermercados Booths há alguns anos. Está se mostrando estranhamente difícil. O Consórcio de Arroz Sustentável parecia promissor, mas acontece que, embora quisessem que a Booths os financiasse, eles não podem realmente mostrar nenhuma produção sustentável em nenhum lugar. No momento, o arroz é, entre todos os carboidratos básicos, o que produz mais gases de efeito estufa – mais que o dobro dos outros.

Uma nota final para ter uma perspectiva: apesar de todo o espaço para melhorar, um prato vegetariano de arroz ainda conta como uma refeição relativamente sustentável.

O que posso fazer?

No momento, compre arroz com uma frequência um pouco menor do que o normal, até encontrar um fornecedor mais sustentável. Quando encontrá-lo, avise-me em Mike@TheresNoPlanetB.net. Conte a seus amigos e seus mercados. Certifique-se de que as pessoas com quem você fala entendam o problema.

O que os mercados podem fazer?

Encontrar uma fonte sustentável de arroz e a divulgar.

O que os agricultores podem fazer?

Usar fertilizantes com moderação – o que também pode economizar dinheiro. Não inunde o arrozal. Comercialize suas credenciais de sustentabilidade para aumentar as vendas.

A comida local é melhor?

Só às vezes. O transporte é geralmente um pequeno componente da pegada de carbono dos alimentos.

Viajar é geralmente apenas uma pequena parte da pegada de carbono dos alimentos. No meu último estudo para a Booths, a cadeia de supermercados do Reino Unido, o transporte foi responsável por apenas 6% da pegada de carbono de todos os produtos no final.[23] O grande negócio de gases de efeito estufa está na agricultura (ver "Qual é a pegada de carbono da agricultura?", p. 41).

O transporte de alimentos realmente se torna um grande problema quando as coisas são colocadas em um avião. Exemplos britânicos podem incluir uvas e bagas da Califórnia, atum fresco do Oceano Índico, minilegumes da África e, talvez o pior de todos, aspargos do Peru. (Não é possível comer flores, mas muitas delas também viajam de avião, portanto a mesma regra se aplica.)

Por outro lado, colocar comida em um barco, mesmo que do outro lado do mundo, garante um suprimento de comida relativamente sustentável. O que acaba sendo uma demanda de energia de transporte bastante pequena permite, em troca, um fluxo importante de nutrientes de lugares com muito sol e terra fértil para lugares de alta densidade populacional que não conseguem atender às suas próprias necessidades alimentares. Nem algumas centenas de quilômetros são um desastre, embora quanto menos, melhor, especialmente quando se trata de coisas pesadas, como cerveja. Portanto, um copo da sua cervejaria local provavelmente supera qualquer outra alternativa, a não ser que, como às vezes acontece no Reino Unido, ela saia de um armazém no outro extremo do país para chegar até você. Os tomates locais cultivados em uma estufa com uso intensivo de energia no inverno podem ser muitas vezes menos sustentáveis do que a alternativa enviada de uma parte mais ensolarada do mundo. (E, no caso das flores, criá-las fora de estação em uma estufa não é melhor do que colocá-las em um avião.)

Não há lugar para alimentos transportados de forma aérea no século XXI.

Para resumir, no mundo sustentável simplesmente não haverá comida transportada por via aérea. Enquanto isso, você pode ajudar, evitando-a onde puder e, tendo feito isso, pode relaxar bastante sobre a questão dos quilômetros percorridos pelo alimento, talvez usando esse argumento apenas como mais um motivo para desfrutar de uma cerveja local em vez de outra produzida a milhares de quilômetros de distância.

Para saber se algo esteve em um avião, verifique o país de origem e questione-se se ele tem a longevidade necessária para sobreviver a uma viagem de navio, trem ou caminhão. Bananas, maçãs e laranjas geralmente podem sobreviver, enquanto morangos, uvas e aspargos geralmente não. Se algo é cultivado localmente, mas fora de estação, deve ter sido em estufas, o que pode ser tão ruim quanto voar. Um exemplo no Reino Unido seriam morangos escoceses em janeiro.

(Não dá para resistir a uma rápida propaganda aqui: você pode encontrar muito mais sobre isso no meu primeiro livro, *How Bad Are Bananas?*)

Infelizmente, se você apenas observar as coisas de um ponto de vista local e de curto prazo, as monoculturas e a pecuária intensiva, dependentes de fertilizantes, pesticidas e muitos antibióticos (ver p. 39), podem ser boas e até oferecer rendimentos mais altos. Portanto, a biodiversidade nos dá outro exemplo, como se isso fosse necessário, da inadequação do livre mercado para lidar com os desafios do Antropoceno.

Parabéns por ter lido tantas más notícias, em vez de se afastar. Tendo enfrentado algumas realidades difíceis, agora é hora de analisarmos o que pode ser feito com a nossa comida e terra para resolver as coisas.

Onde se encaixa o peixe?

O mundo captura ou cria 80 milhões de toneladas de peixe por ano. Isso é cerca de 12 kg por pessoa por ano ou 30 g por pessoa por dia. Esse processo poderia ser sustentável, se realizado com cuidado.

A indústria da pesca varia de canoas de aldeia a enormes arrastões no mar, tripulados por escravos e saqueando os mares da maneira que for mais lucrativa, reabastecendo e transferindo o que capturaram no mar para evitar toda forma de controle.[24] Aproximadamente metade de toda a produção é de arrastão e criação em cativeiros industrializados, enquanto a outra metade é de pesca manual em pequena escala. Há cerca de 10 milhões de toneladas de capturas acessórias por ano (4 g por pessoa por dia) – esse é o material que é capturado por engano e jogado de volta, provavelmente morto, ao mar. Atualmente, a pequena pesca fornece uma importante fonte de nutrientes essenciais (zinco, ferro e cálcio, além de proteínas)[25] em muitas partes mais pobres do mundo. O acesso a esse suprimento depende, em primeiro lugar, de que a pesca em pequena escala não seja atropelada pela pesca de arrastão industrial, e também de que o peixe local não entre no mercado global, momento em que os pobres do mundo não conseguem mais comprá-lo. Em terceiro lugar, é provável que as mudanças climáticas alterem os padrões de migração e as áreas de habitat de alguns peixes,[26] com sérias consequências para certas comunidades.

Todos os estoques de peixes no mundo estão sob enorme pressão. O Marine Stewardship Council estima que atualmente 90% dos estoques mundiais de peixes são totalmente ou superexplorados.[27] Portanto, apesar de todas as credenciais de carbono relativamente baixas dos peixes, não há margem para aumentar a oferta total, e talvez o mundo deveria reduzir o consumo. Mesmo sem redução, aqueles que vivem em partes mais ricas do mundo precisam pensar cuidadosamente em quem fica sem comer peixe para que eles possam consumi-los.

Criá-los é a solução? Infelizmente, os peixes criados em cativeiro são apenas animais de criação que nadam e, no momento em que fazemos isso, incorremos em todos os problemas associados à maior parte da criação animal do mundo; a alimentação de peixes não é mais nutricionalmente eficiente do que dar alimentos humanos aos animais; peixes criados são frequentemente tratados com antibióticos e produtos químicos poluentes; a superlotação pode ser semelhante à encontrada em fazendas industriais. Embora um peixe selvagem capturado de maneira sustentável possa ser considerado um bônus nutricional sustentável, o peixe criado não pode.

O Marine Stewardship Council (MSC) certifica marcas de peixes sustentáveis, mas sua credibilidade pode não ser tão alta quanto se poderia esperar. Aqui está o gancho (haha). No fim das contas, é uma organização "com fins lucrativos" que gera, por exemplo, 10 milhões de libras com a certificação de uma grande peixaria (ver p. 213 para obter minhas diretrizes sobre como descobrir quem pode ser confiável). Enquanto escrevo isso, o MSC parece estar à beira de certificar peixarias que praticam pesca com vara e linha em um dia e depois usam os mesmos barcos para fazer arrastão indiscriminadamente no seguinte.[28]

Quando um robalo não é um robalo?

Quando se trata de uma merluza-negra da Patagônia – renomeada para robalo chileno para fins promocionais.

O preço e a popularidade do peixe parecem ter pouco a ver com sabor ou conteúdo nutricional e tudo a ver com marketing. Para dar apenas um exemplo, a merluza-negra da Patagônia não era consumida até que um comerciante de peixe da Califórnia começou a vendê-lo como a iguaria recém-descoberta do robalo chileno no final dos anos 1970,[29] elevando o preço para mais de £ 60/$ 85 por quilo. Nem é um robalo! Infelizmente, o resultado de toda a popularidade é que os estoques desse peixe outrora abundante, encontrado no fundo do mar (com isso quero dizer algo entre 300 m e mais de 3,5 km de profundidade) no Oceano Antártico, e capaz de crescer até mais de 2 m de comprimento e pesar 100 kg, agora estão ameaçadoramente baixos. E são necessários 45 anos para substituir um peixe de 45 anos. Acredita-se que mais de 80% do robalo chileno, que já foi a merluza-negra da Patagônia, chega a nós por meio da pesca não regulamentada.

Outro exemplo dos muitos peixes que foram renomeados para torná-los mais familiares aos consumidores é a mudança da estranha "Witch" para a deliciosa "Torbay Sole", conhecida como solhão no Brasil. Da mesma forma, o sombrio "Slimehead" tornou-se o exótico "Orange Roughy".

É bom que possamos ser persuadidos a gostar de qualquer coisa que esteja disponível, mas não se a moda resultante levar à dizimação dos estoques.

Como podemos sustentar nossos peixes?

O que posso fazer?

Aqui estão quatro diretrizes que eu acho sensatas para os não vegetarianos.

- ***Trate o peixe como um agrado.*** A média global de 30 g por pessoa por dia seria sustentável apenas com grandes melhorias nas práticas de pesca e transparência existentes. Mesmo assim, a maioria ainda teria que comer menos para permitir que aqueles que dependem dele como nutrição principal tenham o que precisam. Portanto, 30 g por dia seriam duas pequenas refeições de peixe por semana ou uma grande.
- ***Encontre um vendedor de peixe que seja convincente*** sobre a origem do peixe e como eles sabem que a escravidão, as capturas acessórias e a pesca excessiva são todas minimizadas e, em segundo lugar, possa aconselhá-lo sobre as opções sustentáveis do dia. Especificamente, o Sustainable Food Trust[30] sugere perguntas nas seguintes linhas:

* "Pode sugerir um peixe para mim hoje? Quero tentar algo diferente, algo de origem sustentável e ética!"
* "Você pode me contar como e onde é criado ou capturado?"
* "Por que você compra desta fazenda ou comerciante em particular?"
* "Quais são as questões ambientais e éticas a serem consideradas com esse tipo específico de peixe?"
* "Como as estações afetam o peixe que eu deveria comer agora?"

- ***Esteja aberto a diferentes espécies,*** incluindo variedades obscuras e desconhecidas das quais você nunca ouviu falar. Isso provavelmente também tornará sua dieta mais interessante. Se puder, compre de alguém que possa lhe dizer qual a melhor forma de cozinhá-lo.
- ***Não deixe que o preço ou o marketing seja prova de qualidade,*** porque provavelmente não é. Mas, igualmente, esteja preparado para pagar mais por esse agrado ético e sustentável.
- ***Anote os rótulos de sustentabilidade, mas trate-os com cautela.*** Por exemplo, "Dolphin Friendly" é um arenque vermelho como qualquer atum da variedade Skipjack, pois não nada e nunca nadou ao lado de golfinhos. O rótulo "Pole and Line" provavelmente ainda vale alguma coisa. Infelizmente, não existem rótulos eficazes para informar a quantidade de escravidão que você está apoiando.
- Apesar de todos os problemas com o MSC, seu *Good Fish Guide*[31] ainda pode destacar algumas das espécies a serem evitadas.

O que os mercados podem fazer?

Conheça suas cadeias de suprimentos. Use fontes sustentáveis e informe a seus clientes o que você está fazendo. Preste atenção às diretrizes de sustentabilidade do Marine Stewardship Council, mas vá mais fundo. Evite as piores marcas e não tenha medo de boicotar fornecedores à luz de novas descobertas, mesmo que sejam nomes conhecidos.

- Varie seu estoque de peixes de acordo com a disponibilidade sustentável e instrua seus clientes sobre um sabor de peixe mais interessante e abrangente. Conte por que você está fazendo isso.
- Evite frete aéreo. Se você precisa de peixes do outro lado do mundo, congelar adequadamente e colocar em um barco é claramente a melhor opção.
- Por fim, ajude seus clientes a entender que o peixe é um recurso valioso e limitado. Verifique se o seu pessoal de vendas pode dar boas respostas às perguntas dos clientes listadas anteriormente.

O que os governos podem fazer?

- Garanta que a pesca em suas águas seja feita de maneira sustentável. É mais fácil falar do que fazer se houver piratas e disputas de fronteiras, mas esse é o desafio.
- Se o peixe é uma fonte importante de nutrição para o seu povo, não o deixe entrar no mercado global se sua própria população não puder pagar por esses preços.
- Fiscalize a indústria, eliminando o tráfico de escravos da melhor maneira possível.

O que os pescadores podem fazer?

Isso é óbvio demais para mencionar?

- Não faça pesca predatória.
- Certifique-se de que tudo o que você pesca é comido.
- Venda localmente onde puder.
- Não tenha um navio com escravos.
- Respeite as leis.

Agora, vamos dar uma olhada no desperdício, o segundo maior problema que salta dos mapas globais de fluxo de calorias e proteínas.

Que comida é desperdiçada, onde e como?

Das 1.320 kcal desperdiçadas por pessoa por dia, 48% são cereais. Isso significa calorias suficientes para alimentar todos na China e na América. Quase dois terços de todas as perdas ocorrem na colheita ou logo depois, no armazenamento.

Após a mudança na dieta para comer pouca carne e laticínios, reduzir o desperdício é provavelmente a próxima maneira mais importante de garantir que haja nutrição suficiente para mudarmos a situação.

Tabela 1.1 As proporções de todas as calorias desperdiçadas, por região, tipo de alimento e situação na viagem do campo à boca

Regiões/Estágio do desperdício	Colheita	Pós-colheita	Processamento	Distribuição	Consumo	**Total**
África	4%	4%	1%	1%	<1%	**10%**
Américas	9%	2%	1%	1%	9%	**22%**
Ásia	17%	21%	3%	7%	5%	**51%**
Europa	4%	3%	1%	1%	6%	**15%**
Global	**34%**	**30%**	**5%**	**10%**	**20%**	**100%**

Grupos de alimentos/ Estágio do desperdício	Colheita	Pós-colheita	Processamento	Distribuição	Consumo	**Total**
Cereais	15%	17%	<1%	3%	13%	**48%**
Raízes e tubérculos	3%	4%	<1%	1%	1%	**9%**
Oleaginosas e leguminosas	13%	8%	<1%	1%	1%	**23%**
Frutas e vegetais	3%	1%	<1%	2%	2%	**9%**
Carne	<1%	<1%	2%	2%	2%	**5%**
Peixe e frutos do mar	<1%	<1%	1%	1%	<1%	**2%**
Leite	<1%	<1%	2%	1%	1%	**4%**
Todos os alimentos	**34%**	**30%**	**5%**	**10%**	**20%**	**100%**

É tentador ficar furioso com o desperdício em todos os lugares que o vemos. Isso é bom na medida em que for possível, mas, se formos sérios sobre realizar melhorias, devemos examinar de perto quanto é gerado e onde. Só então podemos começar a priorizar. As estatísticas de desperdício são frequentemente citadas em toneladas, o que não nos ajuda, pois confere a 1 kg de melancia o mesmo significado que a 1 kg quilo de carne ou queijo descar-

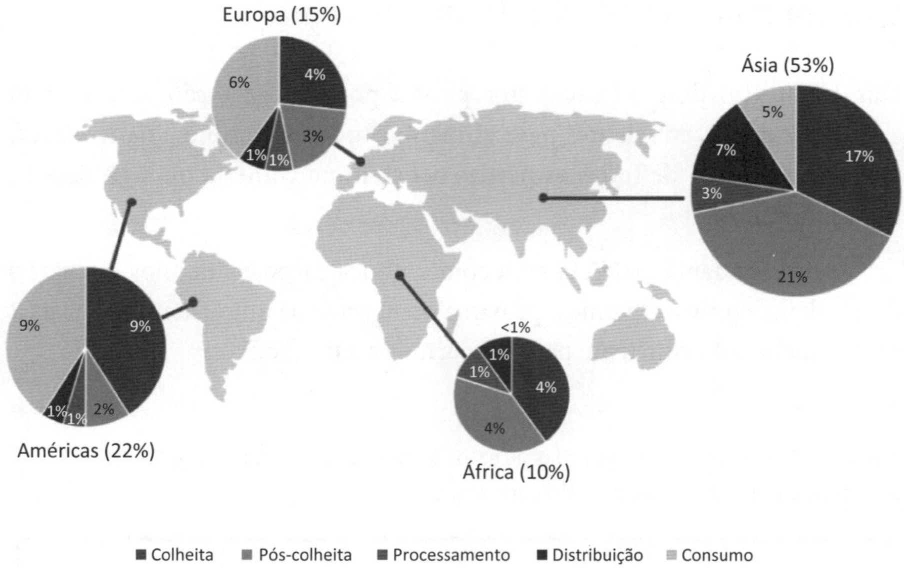

Figura 1.8 Onde e como o alimento é desperdiçado (Oceania não está incluída, mas é responsável por <1%)?

tados. Então, vou falar sobre desperdício em termos de calorias perdidas (as proteínas também importam muito, mas a história é bem parecida).[32]

Os consumidores representam 20% de todo o desperdício de alimentos, dos quais três quartos são provenientes de um quarto da população mundial que vive na Europa e nas Américas. O que é ainda mais sério, mas menos visível, é que 34% de todas as calorias desperdiçadas ocorrem no estágio de colheita e 30% durante o armazenamento. Mais da metade de todo o desperdício acontece na Ásia, onde as maiores perdas são em armazenamento (21% de todo o desperdício mundial), colheita (17%) e distribuição (7%).

Cada região tem diferentes problemas de desperdício. Na Europa, domina o desperdício doméstico e de restaurantes. Nas Américas, os níveis de desperdício do consumidor são semelhantes aos da Europa, mas as perdas na colheita são maiores. Na Ásia e na África, a maioria das perdas ocorre durante a colheita e o armazenamento subsequente, e não no nível doméstico; os problemas aqui estão nas indústrias de alimentos, e não nos consumidores descuidados.

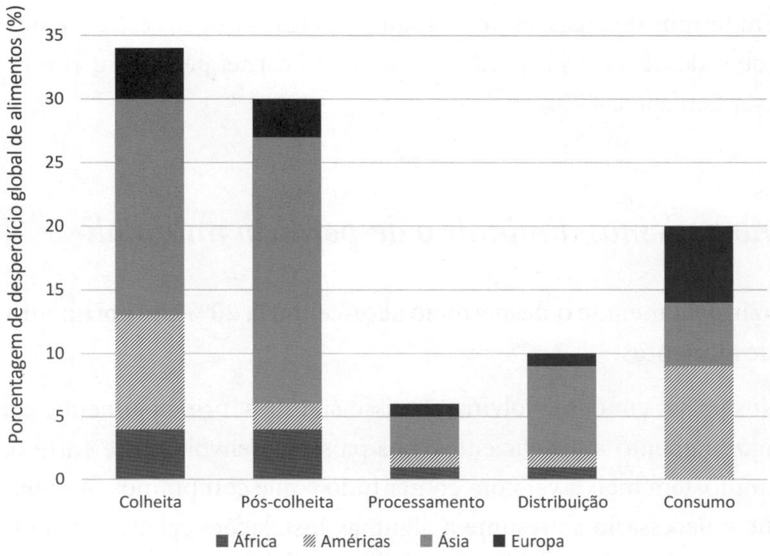

Figura 1.9 Desperdício global de comida por região e estágio no processo.

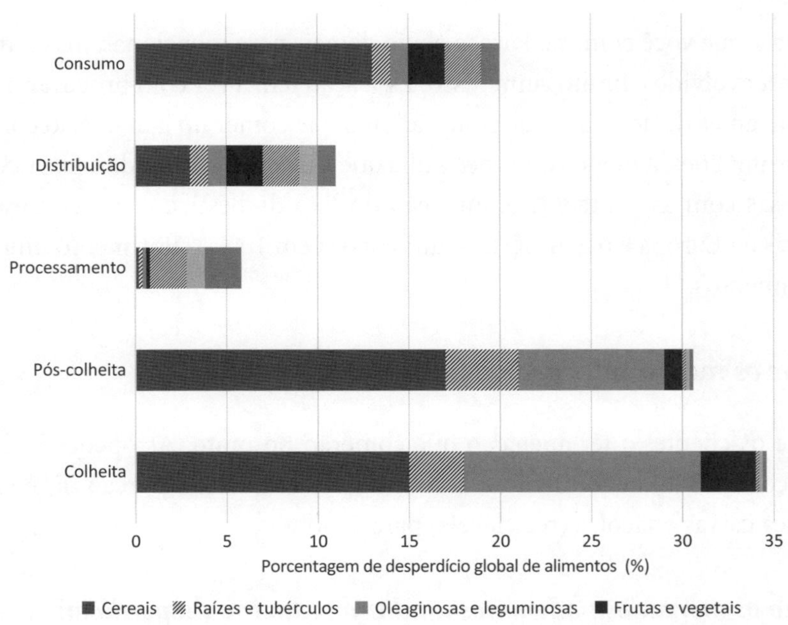

Figura 1.10 Desperdício global de alimentos por tipo de comida e estágio do processo. Os cereais são responsáveis por 48% de todas as calorias perdidas. Carne, peixe e laticínios juntos representam 9%.

Em termos de quais alimentos são desperdiçados, os cereais representam 48% de todas as calorias perdidas, enquanto carne, peixe e laticínios juntos representam apenas 9%.

Como podemos diminuir o desperdício mundial?

Reduzir pela metade o desperdício acrescentaria 20% ao suprimento mundial de alimentos.

Nos países em desenvolvimento, isso significa, principalmente, colheitas e armazenamento mais eficientes; nos países desenvolvidos e entre os ricos do mundo, tem mais a ver com comer tudo o que compramos. A maior parte do que é necessário se resume a algumas instalações relativamente simples nos países mais pobres e a algumas mudanças culturais nos países mais ricos.

O que posso fazer?

Coma o que você compra. Parece óbvio demais para mencionar, mas o mundo desenvolvido é muito ruim nisso. Essa ação tem a ver com procurar na geladeira antes de decidir o que comprar ou o que comer no jantar. Não compre em promoções, a menos que você saiba que vai comer. Aprenda a fazer coisas gostosas com as sobras. A eliminação do lixo doméstico e de restaurantes apenas na Europa e nas Américas aumentaria em 10% o suprimento mundial de alimentos.

O que os restaurantes podem fazer?

Ajude os clientes a ter apenas o que comerão no prato. As opções incluem serviços de autoatendimento e escolhas no tamanho da porção. E, é claro, ofereça caixas e sacolas (recicláveis) para as sobras.

Como os mercados podem nos ajudar a reduzir o desperdício?

A maior coisa que um mercado pode fazer para ajudar é incentivar seus clientes a reduzir o desperdício. Fazer isso também significa ser um bom modelo.

Os supermercados precisam ajudar as pessoas a comprar apenas o que comerão. Para alguns gerentes, isso parece suicídio comercial, mas é preciso ganhar a confiança do cliente, além de maior capacidade de viver consigo mesmo. Além de uma gestão de estoque e descontos mais eficiente, eis algumas das coisas que vi experimentadas com sucesso na Booths, minha rede de supermercados semilocal:

- compre um e leve outro de graça da próxima vez;
- vender frutas e vegetais a granel, para que as pessoas possam comprar exatamente a quantidade necessária;
- treine a equipe da rotisserie para ajudar pessoas solteiras a comprar porções individuais;
- venda uma boa variedade de produtos para preservar as sobras;
- promova menus para as sobras – especialmente depois do Natal (ou outros feriados).

Reduzir ainda mais seu próprio desperdício é um bom exemplo, e os clientes ficam chateados, com razão, quando uma loja joga fora os alimentos em vez de doá-los.

Enquanto escrevo isso, estou compartilhando o escritório com um estagiário, Sam, que faz um favor ao seu supermercado local na maioria das semanas, aliviando a consciência deles ao vasculhar as latas de lixo deles em busca de comida. Periodicamente, ele vem trabalhar com uma mochila cheia de itens aleatórios de que seus colegas não dão conta. Entre nós, fazemos o possível para garantir que tudo chegue a bocas humanas de alguma forma. Às vezes, o escritório parece um banco de alimentos, exceto que, em vez de estar direcionado a quem realmente precisa, são as pessoas de meia-idade, como eu, que acabam comendo mais bolo do que seria recomendável. A dificuldade para o supermercado é que, quando um produto está perto do fim de sua vida útil e não pode ser vendido, mesmo que por 10% do preço original, também é muito difícil doar. Sam traz apenas alimentos de baixo risco e eles parecem estar bem, então todos nos sentimos seguros, mas o supermercado precisa ter mais cuidado. O resultado é que não há tempo para distribuí-los por meio de bancos de alimentos reais. Uma maneira de contornar isso poderia ser congelar rapidamente as coisas antes da data de validade, mas, para que isso funcione, o supermercado precisa ser cuidadoso o suficiente para suportar tanto o custo quanto o aborrecimento extras, em comparação com jogar no lixo.

Por que os supermercados não se importam mais com o desperdício?

Eles já se importam muito porque é muito caro para eles. Um supermercado bem administrado perderá menos de 0,5% de seus alimentos, enquanto uma residência média europeia desperdiça quase um quarto dos alimentos que compra.

Algumas das fontes de desperdício mais famosas são, na verdade, as menos significativas. Os varejistas da Europa e da América, por exemplo, já são altamente incentivados a não jogar fora os alimentos porque isso é muito caro. Pelas mesmas razões, os níveis de desperdícios nas fábricas também são bastante baixos. Portanto, embora seja verdade que os supermercados não devem jogar coisas no lixo que poderiam doar aos bancos de alimentos, e embora seja importante que sejam vistos como modelos, também precisamos reconhecer que essa é uma pequena parte do problema total de resíduos. Finalmente, em perspectiva, lembre-se de que o desperdício é um problema menor do que o aumento do nível de carne e laticínios na dieta global.

Quando a comida não pode ser vendida ou comida, o que deveria ser feito com ela?

Doe todos os alimentos humanos para seres humanos sempre que puder. Evite aterros sanitários. Tenha cuidado com a compostagem do jardim. Não fique muito animado com outras opções.

Tendo feito todo o possível para levar toda a comida até o caixa, o supermercado ainda pode acabar com alguns itens que não consegue vender.

O gráfico da Figura 1.11 está baseado em algumas pesquisas recentes que fizemos na Universidade de Lancaster para ajudar os varejistas do Reino Unido a entender suas opções.[33] Descreve como cada caminho de descarte é bom para mitigar os resíduos a partir da perspectiva dos gases de efeito estufa: 100% indica que o problema foi completamente resolvido, 0% representa não ter mitigado nada do problema e números negativos indicam caminhos de descarte que realmente pioram as coisas, criando ainda mais emissões.

Mitigação de emissões (%)	Pão	Queijo	Frutas e vegetais	Peixe	Carne	Média de alimentos
Doados	100%	100%	100%	100%	100%	100%
Dados como alimento aos animais	24%	7%	1%	41%	5%	6%
Digestão anaeróbica	20%	4%	5%	19%	4%	6%
Compostagem	3%	1%	−1%	5%	1%	1%
Incinerados	11%	2%	−2%	1%	1%	1%
Aterro (gás capturado para eletricidade)	−44%	−7%	−12%	−26%	−7%	−10%
Aterro (gás capturado, mas queimado)	−61%	−10%	−16%	−36%	10%	−14%
Aterro (sem captura de gás)	−227%	−37%	−61%	−136%	−36%	−53%

Figura 1.11 Economia na pegada de gases de efeito estufa de alimentos como resultado de diferentes opções de descarte. Todas as soluções são ruins, exceto a doação para consumo humano.

A primeira coisa que precisamos ver é que encontrar uma maneira de doar os alimentos para que sejam comidos pelos humanos é a solução perfeita e a única que deveria ser considerada satisfatória. Você gasta um pouco de transporte extra levando-os a um banco de alimentos, por exemplo, mas o impacto disso acaba sendo insignificante.

Todas as opções de aterros sanitários pioram tudo ao gerar metano, um gás de efeito estufa muito poderoso que é impossível de capturar completamente. Alguns aterros sanitários vazam mais metano do que outros.

No meio do caminho, há várias soluções que parecem boas, mas cujo sucesso é amplamente limitado a não piorar as coisas. Pão e peixe normalmente têm baixas pegadas de carbono em comparação com seu conteúdo calórico, e isso significa que há um pouco mais de benefícios do que dá-los de comida aos animais, ou queimá-los ou digeri-los anaerobicamente para gerar eletricidade.

O que posso fazer?

As famílias podem usar muitas das mesmas alternativas. Dê sua comida a um amigo ou vizinho se não conseguir consumi-la. Se as coisas que você joga na lixeira vão para o aterro sanitário ou não, provavelmente dependerá da sua autoridade local. Onde eu moro, em geral, os alimentos no lixo comum das "latas cinza" acabam sendo transformados em combustível por incineradores.

Uma nota de cautela é que a compostagem do seu jardim precisa ser revolvida com frequência suficiente para que apodreça aerobicamente (ou seja, com acesso a oxigênio), em vez de anaerobicamente – o que é mais ou menos como ter o pior tipo de aterro sanitário no seu próprio quintal arrotando metano.

Depois dos animais e do desperdício, a terceira coisa na lista de grandes questões alimentares que aparecem nos mapas globais de fluxo de nutrientes alimentares é o biocombustível.

Quanta comida vai para o biocombustível?

A resposta é 810 kcal por pessoa, por dia. É o mesmo que uma pizza marguerita de 25 centímetros (brotinho) todos os dias para todas as pessoas no mundo.[35] Cria combustível suficiente para que todos possam dirigir menos de 1 km em um carro tradicional a gasolina.

Após a alimentação e o desperdício de animais, o biocombustível parece ser a terceira maior causa de perda do suprimento humano de alimentos.

Se formos precisos, o número aqui é para todos os "usos não alimentares" e também inclui cosméticos, produtos farmacêuticos, tintas, plásticos e todo tipo de material. Mas é principalmente biocombustível. Veremos mais adiante que os biocombustíveis são uma maluquice (p. 101). Trigo suficiente para suprir a necessidade calórica diária de uma pessoa por um dia é suficiente para abastecer um carro a gasolina pequeno, como o meu Citroen C1, por apenas 2,5 km. Se o biocombustível para carros se tornasse popular, poderia levar a muita fome. Precisamos ver isso como uma loucura no momento em que nos movemos para o mundo de baixo carbono. Para explicar a ameaça, um preço de carbono alto o suficiente para manter o combustível fóssil no solo significaria que, em um livre mercado, o trigo seria mais lucrativo se direcionado ao biocombustível do que à boca humana.

De quantos agricultores o mundo precisa?

Mais do que o 1,3 bilhão que temos agora. A boa notícia é que não faltam pessoas no mundo.

O número de pessoas que trabalham em nossa terra hoje está caindo. Mas em 2050 haverá cerca de um bilhão a mais em idade de trabalhar. À medida que a população subir para nove, dez e 11 bilhões, manter todos ocupados pode se tornar cada vez mais desafiador. No entanto, como custa dinheiro empregar pessoas, o livre mercado garante que grande parte de nossa agricultura seja destinada a minimizar o número de agricultores por quilômetro quadrado. Apesar de toda a nossa tecnologia, ainda é preciso cuidado e atenção pessoal para cultivar alimentos de maneira produtiva, ambiental e até bonita - e isso deve certamente ser uma das maneiras mais inerentemente positivas como uma pessoa poderia passar seu tempo no planeta. Portanto, precisamos de intervenções de cima para baixo a fim de incentivar que mais pessoas trabalhem em nossa terra.

O livre mercado do neoliberalismo, como veremos ao longo do livro, acaba sendo incapaz de oferecer o que precisamos.

Governos: como o livre mercado não pode cuidar da terra, em grande parte depende de você fazer as coisas funcionarem corretamente. Você precisa incentivar as coisas certas e estabelecer programas de subsídios para implantar um sistema agrícola sustentável.

Como as novas tecnologias ajudam a alimentar o mundo?

Como vimos, com mudanças sociais suficientes e redução de desperdícios, e sem efeitos adversos das mudanças climáticas, nenhuma nova tecnologia seria necessária. Mas, se aplicado com sensibilidade, isso pode tornar a vida consideravelmente mais fácil.

Em outras palavras, a menos que a mudança climática reduza muito a produtividade da terra, não é correto dizer que precisamos de novas tecnologias para sobreviver, mas também não é correto dizer que a tecnologia sozinha resolverá o problema. E também veremos daqui a algumas páginas que não há lugar para nenhuma tecnologia que atrapalhe a mudança para um sistema agrícola mais biodiverso. Por outro lado, se a mudança climática reduzir os rendimentos ou a população passar dos 9,7 bilhões, serão necessárias medidas adicionais.

Uma série de tecnologias emergentes, desde modificação genética até carne de laboratório ou uso de energia solar para irrigação, são possíveis. Todas elas precisam ser aplicadas com sensibilidade; sem ela algumas das possibilidades da minha lista evocam imagens de pesadelo. Elas podem até permitir que lidemos com uma recusa global de cortar a produção de carne e laticínios. O ponto essencial a ser compreendido sobre as tecnologias emergentes é que, embora possam ser úteis se usadas de maneiras que sejam simpáticas às pessoas e ao planeta, elas não criarão por si mesmas um mundo em que todos tenham o suficiente ou em que a biodiversidade seja preservada ou no qual nosso relacionamento essencial com a natureza seja restaurado. No entanto, entre as principais tecnologias úteis estão:

- Cultivo de plantas internamente: existe uma realidade muito pouco romântica de que a maneira mais eficiente de cultivar alimentos será abrigá-los em blocos de torre especiais para plantas, às vezes chamados de fazendas verticais, com iluminação alimentada por painéis solares e todas as informações nutricionais cuidadosamente otimizadas com monitoramento de alta tecnologia e os mais recentes algoritmos.

- Carne de laboratório: embora esse conceito não seja mais atraente do que o cultivo de plantas internamente, pode oferecer uma melhoria considerável em grande parte da indústria de carne atual.[36] Potencialmente saboroso, eficiente e humano.
- Tecnologias da água: maneiras de fazer crescer mais com menos, usando energia verde para irrigação e dessalinização. Resumindo: comida dos desertos. O grafeno promete um enorme avanço na eficiência da dessalinização, enquanto a revolução solar fornece a energia.
- O desenvolvimento de tipos de arroz que são capazes de um tipo de fotossíntese mais eficiente, conforme implantado pelo milho. (Às vezes chamada de fotossíntese C4 em vez de C3.) A Fundação Gates está investindo 14 milhões de libras nisso.[37]
- Modificação genética: aplicada com cuidado e disponível livremente, poderia ajudar com rendimentos mais altos, melhor conteúdo nutricional e menores emissões de gases de efeito estufa, menor consumo de água e melhor resistência climática.
- Estão surgindo aplicativos de redução de resíduos que conectam rapidamente alimentos que precisam ser consumidos com pessoas que precisam deles.

Ainda mais simples que as novas soluções de alta tecnologia é a propagação de boas práticas bem estabelecidas, como o uso criterioso de fertilizantes e a redução nas inundações de arrozais.

Como podemos produzir comida suficiente para 9,7 bilhões de seres humanos em 2050?

Como vimos, as prioridades são (1) reduzir a quantidade de alimentos comestíveis para humanos dada como ração a animais, (2) cortar o desperdício, (3) manter os biocombustíveis sob controle e (4) aplicação sensível de novas tecnologias.

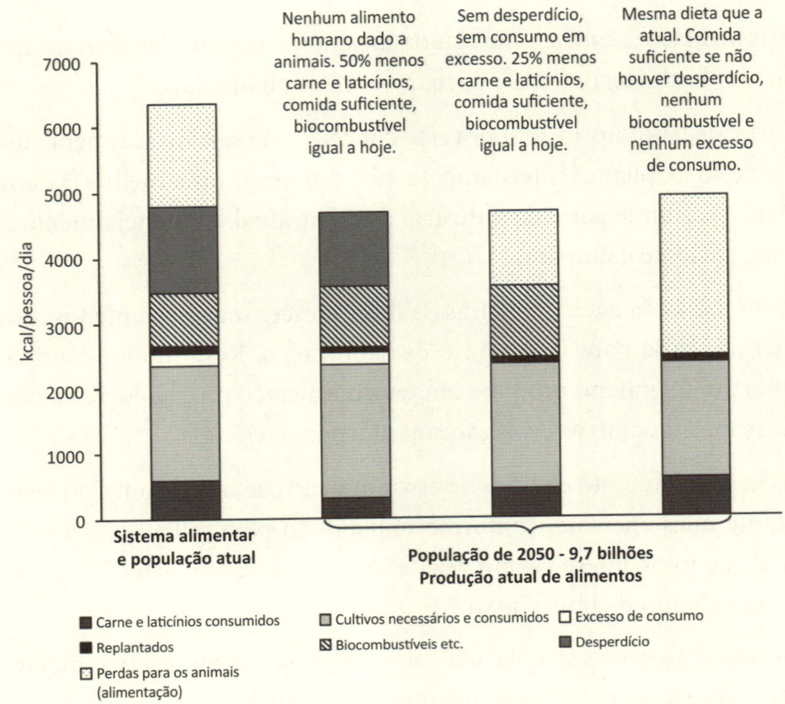

Figura 1.12 Cenários alimentares para 2050. Em 2050, podemos tranquilamente alimentar 9,7 bilhões de pessoas se reduzirmos pela metade o desperdício e reduzirmos em 80% a quantidade de alimentos humanos que damos aos animais. Isso fará com que a quantidade de carne e laticínios por pessoa caia para cerca de metade da média global de hoje. Por outro lado, se o consumo de carne e laticínios per capita permanecer o mesmo, estaremos em déficit.

O gráfico mostra alguns cenários para 2050, com base exatamente na mesma produção agrícola que temos hoje.[38] Mostra o que acontece quando a população sobe para 9,7 bilhões (como previsto para 2050)[39] e como poderíamos sobreviver sob diferentes níveis de consumo de carne e laticínios, e de desperdício. Em cada cenário, observe que a parte dos biocombustíveis não precisa ser usada para esse fim – isso pode ser lido como uma medida de capacidade não utilizada no sistema para liberar terras para outros fins ambientais, incluindo biodiversidade e sequestro de carbono.

Embora este gráfico analise o suprimento total de alimentos, devemos lembrar que mesmo os suprimentos mais abundantes ainda podem ser acumulados pelos ricos, para negar aos pobres.

Por que todos precisamos conhecer nossas redes de suprimento de comida?

O conhecimento da cadeia de suprimentos tem a ver com a valorização do que está por trás da nossa comida, tanto quanto pensamos sobre sua aparência, gosto e custo. Em nossas mentes, a história de um produto precisa fazer parte do próprio produto. Embora listado aqui como uma ação relacionada à alimentação, agora que estamos no Antropoceno, esse princípio essencial se aplica a tudo em que gastamos dinheiro.

Conhecer suas cadeias de suprimentos significa entender as implicações para as pessoas e para o planeta. Quais produtos e marcas, em quais épocas do ano e de quais países, estão em sintonia com um mundo sustentável e com baixo carbono? Quais cadeias de suprimentos estão reduzindo a desigualdade? Saiba se os alimentos foram transportados por via aérea, cultivados em estufa ou sob luz solar natural. Se é difícil encontrar essa informação, peça. Se você é proprietário de um restaurante ou empresa, compartilhe suas ações e seu conhecimento da cadeia de suprimentos com seus clientes.

Além de entender mais, os compradores de alimentos para supermercados precisam ter um entendimento detalhado dos problemas em sua área, e seus gerentes precisam tornar isso possível. As questões específicas são diferentes para cada tipo de produto; portanto, os compradores precisam considerá-las centrais para seu trabalho. Para alguns, será sobre condições de trabalho e remuneração. Para outros, sobre o uso de fertilizantes. Ou desmatamento. Ou transporte aéreo. Ou alternativas à carne. Ou tudo isso e muito mais.

Para profissionais da área de alimentos e consumidores comuns, tudo em que gastamos dinheiro é um investimento em um tipo de futuro ou em outro (ver p. 170). Todos precisamos investir nosso dinheiro nas cadeias de suprimentos que queremos que prosperem. Pergunte onde, em última análise, vai parar o dinheiro que você está gastando. Quem ficará mais rico e em que eles investirão? Comprar comida é um ato poderoso.

Quais são os investimentos necessários para produzir comida na terra e no mar?

Precisamos de investimentos em esquemas que mantenham nossas florestas e cultivem alimentos de maneira sustentável. E precisamos de pesquisas sobre as práticas agrícolas que podem colocar o carbono de volta ao solo e, mais amplamente, sobre as implicações de diferentes práticas agrícolas no solo e na biodiversidade.

O que não precisamos é de pesquisa e desenvolvimento de técnicas para aumentar a produtividade em detrimento da biodiversidade.

Muitas das melhorias necessárias não deveriam exigir investimentos de bilhões de dólares. O mais importante será uma mudança surpreendentemente simples na dieta, para um menor consumo de carne e laticínios, com foco especial na redução da carne bovina. Isso reduzirá acentuadamente os gases de efeito estufa, melhorará a produção nutricional de nossa terra e, com o alívio da pressão da terra, será essencial para conter o desmatamento. O investimento líquido em infraestrutura exigida seria quase nada ou até menos que isso! Também precisamos reduzir o desperdício em toda a cadeia alimentar, mas, novamente, as exigências na infraestrutura não são grandes.

No entanto, existem duas áreas críticas para as quais é necessário investimento. A primeira é a pesquisa. Ainda não sabemos o suficiente sobre o impacto de diferentes práticas aráveis no meio ambiente e, em particular, quais sistemas agrícolas armazenam ou liberam carbono e em que quantidades. É necessário pesquisa sobre como plantar de forma eficiente, incentivando a biodiversidade. Existem alternativas promissoras à carne que precisam ser mais pesquisadas. Também precisamos entender como a terra pode ser usada para criar os hidrocarbonetos líquidos que quase certamente precisaremos se continuarmos com a aviação no mundo de baixo carbono.

A segunda área crítica de investimento são os agricultores. Precisamos entender que as melhores maneiras de lidar com nossa terra não são as mais baratas. Realizar um trabalho realmente bom de produção de alimentos, redução de emissões e promoção da biodiversidade requer cuidados e atenção. Exige muita gente. A boa notícia é que temos mais recursos do que nunca e em breve teremos pelo menos mais dois bilhões. Nos últimos dois séculos, procuramos minimizar o número de pessoas que trabalham na terra. Isso é loucura, dada a abundância de poder humano. Deveríamos procurar empregar mais pessoas para fazer um trabalho melhor e mais cuidadoso no tratamento da nossa terra e no cultivo de nossa comida. Precisamos investir nos agricultores e subsidiá-los para que façam a coisa certa. O dinheiro para isso pode ser disponibilizado eliminando o subsídio profundamente inútil dos combustíveis fósseis, desinvestindo neles e, melhor ainda, aplicando impostos de verdade.

Resumo da ação alimentar: o que posso fazer e o que pode ser feito?

No nível global, aqui estão as cinco coisas que mais ajudarão:

- Mudança na tendência da dieta de carne e laticínios de mais para menos.
- Limites ao biocombustível de primeira e segunda geração (para aliviar a pressão do sistema agrícola e permitir o desenvolvimento de práticas agrícolas que apoiem a biodiversidade).
- Melhor direcionamento e eficiência de fertilizantes, pesticidas e água.
- Eliminação de fosfatos dos detergentes.
- Maior estabelecimento de áreas protegidas em terra, mar e água doce.[40]

No nível pessoal, aqui estão as coisas simples que todos podem fazer:

- Compre e coma alimentos de maneira a permitir um sistema agrícola com biodiversidade. Mais uma vez, isso nos leva a um menor consumo de carne e laticínios, especialmente menos carne de vaca e cordeiro, e menos desperdício. Mantenha um consumo modesto de peixe e sempre de fontes sustentáveis (ver pp. 54-55).
- Conheça suas cadeias de suprimentos e compre alimentos dos que você mais gostar. Dessa forma, você pode minimizar o carbono, os antibióticos, o desmatamento e a escravidão incorporados em sua refeição. Maximize a biodiversidade e a qualidade do emprego que estão por trás de cada bocado (Leia sobre o investimento na p. 170).

2. Mais sobre clima e ambiente

Nosso passeio pelo sistema alimentar já nos levou a grandes desafios ambientais. Mas, antes de prosseguirmos com a análise de nosso suprimento de energia, precisamos analisar a mudança climática de maneira mais ampla, junto com alguns outros grandes problemas que são rapidamente abordados aqui, mas que realmente merecem livros inteiros só para eles.

Esta seção pode parecer cheia de más notícias, mas não a abandone. Eu a deixei curta, mas temos que olhar essas realidades bem nos olhos para, quando passarmos às oportunidades e soluções que aparecerão mais adiante neste livro, sabermos exatamente o que é necessário.

Quais são as catorze coisas que todo político precisa saber sobre a mudança climática?

Por "precisa saber", quero dizer que quem não entender todas essas catorze coisas é inadequado para um cargo político. No apêndice, dou mais detalhes.

(1) **A ciência atual nos diz que um aumento da temperatura global de 2 °C parece muito arriscado, mas 1,5 °C não é muito melhor.** Os acordos de Paris disseram isso. Todos os países influentes do mundo concordaram. Desde então, Trump recuou, mas todos os outros se mantiveram firmes.

(2) **O aumento de temperatura que experimentamos será aproximadamente proporcional à quantidade total de carbono que já queimamos.** Isso nos dá uma "cota acumulativa de carbono", a maior parte da qual já gastamos.

(3) **As emissões de dióxido de carbono, o gás de efeito estufa mais importante, cresceram exponencialmente por 160 anos.** Sempre há altos e baixos entre os anos individuais e houve um certo abalo na Grande Depressão e nas guerras mundiais, seguidos por uma recuperação que pode ser explicada de várias maneiras. Mas estes são apenas ruídos contra uma tendência notavelmente estável a longo prazo, de crescimento de 1,8% ao ano.

(4) **Ainda não reduzimos essa curva de carbono.** Mesmo levando em consideração os dados mais recentes, há pouca ou nenhuma evidência de que a curva de carbono tenha se alterado em resposta a qualquer conversa e ação sobre mudança climática até agora. Gulp! (Enfrentar essa realidade nos dá uma chance muito maior de lidar com o problema. Essa dura observação nos diz muito sobre a natureza da solução que precisamos colocar em prática.)

(5) **Na taxa atual de emissões de carbono, o restante da cota disponível viável de carbono tanto para um aumento de 1,5 °C quanto para 2 °C está diminuindo rapidamente – apesar de algumas boas notícias recentes das modelagens de carbono.** No momento, estamos prontos para ultrapassar a cota de 1,5 °C em algum momento entre 2030 e 2040.

(6) **Leva muito tempo para frear completamente.** A temperatura não vai parar de subir enquanto as emissões líquidas não chegarem a zero.

(7) **Quase todo o combustível retirado do solo é queimado – portanto, ele precisa permanecer enterrado.**

(8) **Por causa dos efeitos rebote, que geralmente são ignorados, encobertos ou não totalmente compreendidos, algumas das principais ações que muitas pessoas assumem que ajudarão não fizeram nada – e, sozi-**

nhas, nunca ajudarão. Isso inclui praticamente todas as novas tecnologias e melhorias de eficiência.

(9) **As energias renováveis em crescimento, embora essenciais, não serão suficientes para lidar com as mudanças climáticas.** Precisamente por causa dos efeitos rebote e do apetite humano permanente por mais energia.

(10) **Portanto, precisamos urgentemente de um acordo global viável para deixar o combustível no chão.** As ações fragmentadas são absorvidas no nível global do sistema pelas empresas que estão empurrando as emissões para a parte de baixo das cadeias de suprimentos, os países "terceirizando" seu carbono e as muitas maneiras pelas quais as emissões simplesmente migram para outras partes do sistema global.

(11) **Também precisamos gerenciar outros gases de efeito estufa** (ver o capítulo 1).

(12) **A extração e a queima de combustíveis fósseis devem se tornar muito caras, ilegais ou as duas coisas,** a menos que se possa pensar em outra possibilidade de restrição global.

(13) **Esse acordo precisará ser adotado por todos.** Em teoria, pode ser possível forçar algumas partes interessadas a aceitar um acordo que as leve à pobreza, mas, no geral, o mundo inteiro terá que aceitar e ajudar a fazer isso funcionar. Não importa que pareça algo muito difícil, admitir o desafio é um primeiro passo essencial para enfrentá-lo.

(14) **Também precisaremos retirar carbono da atmosfera – mesmo que não esteja claro se ainda sabemos como fazer isso.** Isso ocorre simplesmente porque já estamos expostos a tantos riscos devido à nossa falha em tomar medidas efetivas até agora.

Todos esses 14 pontos podem exigir um pouco de digestão. Sinta-se livre para fazer uma pausa aqui e refletir. Há mais detalhes sobre cada um no apêndice.

Não é como se a mudança climática fosse a única consideração ambiental. Vamos verificar alguns dos outros desafios gigantes, sendo que nem todos estão sendo bem divulgados.

Quais são as estatísticas da biodiversidade? E por que isso importa?

Em terra e no mar, sabemos que vamos ter problemas. A atual mistura de desmatamento, monoculturas, pastagem em excesso, pesca em excesso e emissão de inúmeras toxinas, plásticos e outros poluentes precisa mudar. Mas com que rapidez, e quanto precisamos realmente nos importar com isso?

*** **Aviso: leitores com bom senso podem achar o próximo parágrafo assustador. Gostaria de evitá-lo, mas não posso.** ***

Ninguém sabe quantas espécies diferentes existem nem com que rapidez estão sendo exterminadas, mas temos estimativas. Provavelmente existem entre 5 e 10 milhões de espécies diferentes se incluirmos todos os tipos de plantas, animais, fungos e todo o resto, até organismos unicelulares.[1] Sabemos que os maiores animais terrestres desapareceram há cerca de 10.000 anos e parece que atualmente estamos perdendo as espécies remanescentes entre 0,01% e 0,1% ao ano.[2] Portanto, se fossem 10 milhões de espécies, isso significaria entre 1.000 e 10.000 perdas por ano. Excluindo o material microscópico, em 2017, havia uma estimativa de 25.000 espécies listadas como "ameaçadas", sendo que eram 11.000 na virada do milênio.[3] E, entre as que restam, as populações estão caindo. Uma pesquisa da WWF com quase 4.000 espécies encontrou uma redução maciça de 58% desde 1970,[4] enquanto um estudo com insetos voadores constatou um declínio assustador de 75% em apenas 27 anos.[5] Gulp!

Se você analisasse a vida de um ponto de vista puramente funcional e centrado nos humanos (o que eu não faço), não seria fácil provar a necessidade absoluta de toda a biodiversidade atual. Poderia ser tentador pensar que menos moscas tornariam a vida mais confortável para os seres humanos, e o número de tigres e ursos polares pode até parecer irrelevante para nossas vidas cotidianas. Talvez o ecossistema poderia sobreviver sendo um pouco mais reduzido, e ainda suprir todas as necessidades da humanidade. Que maneira desesperadamente triste de ver o mundo. Mas, se a adotássemos, a coisa mais fácil a fazer seria correr o risco, certo? No entanto, uma avaliação cuidadosa das evidências deixa muito claro que esses riscos seriam enormes. No mínimo, podemos esperar queda na produtividade de colheitas, animais e peixes, bem como perda de resistência contra doenças.[6] E se de repente percebêssemos que fomos longe demais? Não há como voltar atrás na extinção.

O que é acidificação do oceano e por que isso importa?

Causada por CO_2 e potencialmente tão ruim quanto a mudança climática.

Descrita por Jane Lubchenco, ex-chefe da Administração Nacional Oceânica e Atmosférica dos EUA, como a gêmea igualmente má do aquecimento global,[7] isso estranhamente recebe menos de 5% da cobertura da mudança climática. A história básica é que o CO_2 da queima de combustíveis fósseis chega ao oceano e a acidificação resultante reduz a capacidade da vida marinha de produzir conchas e esqueletos.[8] Qualquer espécie que seja atingida transmite a dor a todos aqueles que gostam de comê-la. Thomas Lovejoy (ex-conselheiro chefe de biodiversidade do Banco Mundial) descreveu assim: "é como puxar o tapete da cadeia alimentar marinha"[9] e o resultado potencial é o colapso catastrófico da vida marinha. Quando isso acontecer, será quase certamente muito difícil de reverter. Nossa perda de frutos do mar seria apenas uma das enormes consequências.

Por que isso não obtém a divulgação de que desfruta a mudança climática? Provavelmente porque todo mundo está tão exausto debatendo a mudança climática que fica sem energia. E talvez porque os impactos possam parecer ainda mais abstratos do que a ideia de mudança climática, que, pelo menos, inclui coisas que podemos imaginar, como inundações e colapso das geleiras. Ficamos exaustos com más notícias e problemas. Felizmente, a solução para esse problema surge quando lidamos com a mudança climática, portanto, seu efeito sobre o nosso pensamento pode ser principalmente o dobro da motivação para atuar.

O que pode ser feito e o que eu posso fazer?

Da mesma forma que no caso da mudança climática, no nível individual, a ação é reduzir nossa pegada de carbono e fazer todo o possível para criar as condições culturais e políticas com as quais o mundo pode deixar o combustível no solo. As ações políticas também são as mesmas que para a parte do CO_2 na redução das emissões globais de gases de efeito estufa, mas é importante ter em mente que, para captura e armazenamento de carbono, é essencial que qualquer carbono armazenado debaixo da água não possa vazar de volta ao oceano.

Quanto plástico existe no mundo?

Cerca de 9 bilhões de toneladas foram produzidas até agora.[10] Destes, 5,4 bilhões de toneladas foram jogados em aterros ou espalhados por terra e mar. Se tudo fosse filme plástico, seria mais do que suficiente para envolver todo o planeta.[11]

Figura 2.1 Se todo o plástico descartado do mundo fosse filme plástico, seria mais do que suficiente para envolver todo o planeta.

O mundo agora está produzindo mais de 400 milhões de toneladas do material a cada ano. De todo o plástico produzido, menos de um terço ainda está em uso, menos de um décimo foi queimado e apenas 7% foram recicla-

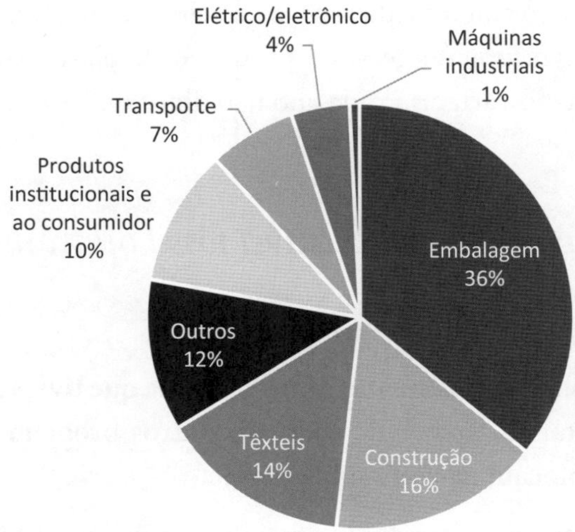

Figura 2.2 Produção global de plásticos de acordo com o setor industrial em 2015 (%). Mais de um terço do plástico produzido em 2015 foi usado em embalagens.

dos. Cerca de 60% se tornou lixo. Quando é depositado em aterros sanitários, pelo menos você pode argumentar que o carbono está voltando ao solo de onde veio e ao qual pertencia o tempo todo. Do ponto de vista da mudança climática, esse poderia ser o melhor ponto final. Estima-se que 4 a 12 milhões de toneladas por ano terminam no mar,[12] onde aparece nas praias mais remotas do mundo, no fundo do oceano e no estômago dos pássaros. Às vezes, volta à nossa cadeia alimentar, onde pode ser encontrado, por exemplo, em um terço dos peixes capturados no Reino Unido.[13] Um dos aspectos mais deprimentes da destruição cega do mundo natural pela humanidade deve ser a percepção de que esses pequenos pedaços de plástico estarão aqui para sempre, mais ou menos. Daqui a milhares de anos, um microscópio em uma praia limpa ainda encontrará os pequenos grãos de areia multicoloridos artificiais que temos impensadamente produzido somente nas últimas décadas. Nenhuma limpeza resolverá isso.[14] E a quantidade no oceano deverá triplicar na próxima década, de cerca de 50 milhões de toneladas para cerca de 150 milhões.[15]

Mais de um terço de todo o nosso plástico é usado em embalagens descartáveis. Olhando para o lado positivo, as taxas de reciclagem passaram de uma média histórica de apenas 9% para quase 20% hoje. Mas, olhando para o lado negativo, isso ainda é ridículo e o crescimento nas taxas de reciclagem cai muito pelo crescimento geral da produção de plástico, de modo que a quantidade que é descartada a cada ano não diminui.[16]

É melhor queimar o combustível fóssil ou transformá-lo em plástico?

A escolha de Hobson! Idealmente, o melhor seria que tivesse ficado no solo. Os aterros sanitários, apesar de todos os outros problemas que causam, pelo menos o colocam de volta sob a terra.

Se apenas um ano da produção atual de petróleo fosse transformada em plástico, quase dobraria a quantidade total que existe no mundo.[17] Isso parece uma ideia maluca, mas já existem sinais de empresas de petróleo que desejam vender mais de seus produtos para fábricas de plásticos, à medida que o mundo começa a lidar com a necessidade de não queimar combustíveis fósseis. Por mais grave que seja a mudança climática, passar de CO_2 a resíduos plásticos é ainda pior. Portanto, se você conhece alguém que está propondo essa estratégia de negócios, chame-a pelo que é – veneno.[18]

3. Energia

O panorama geral da energia agora e no futuro. Um passeio pelas fontes de energia, os aspectos práticos da transição e o desafio subjacente mais profundo para os seres humanos.

Tendo examinado a comida, o clima e o meio ambiente, passamos agora ao restante do nosso sistema energético, com os quais ele está inevitavelmente entrelaçado. É o nosso suprimento de energia que nos dá a capacidade de mudar nosso planeta para o bem e para o mal. Enquanto uma fração significativa desse suprimento ainda é consumida por via oral e outro percentual é proveniente do biocombustível, a maioria de nossas emissões de energia e de gases de efeito estufa vem dos combustíveis fósseis.

Primeiro, vamos voltar para trás e ter a perspectiva geral; descrever quanta energia usamos, de onde vem e o que fazemos com ela. Então vamos ver o que pode ser feito daqui para a frente. O mais urgente, é claro, a "terapia intensiva" do desafio energético, é lidar com a mudança climática. No nível técnico, encontraremos soluções encorajadoras e viáveis. Mas também teremos que desmascarar algumas das ideias populares que não funcionarão, sendo que uma ou duas delas são profundamente perigosas.

Passaremos a examinar algumas das dinâmicas subjacentes do crescimento de energia cuja compreensão é essencial. Elas ainda não são compreendidas ou são escondidas pela grande maioria dos políticos, tornando-os inadequados para seus cargos. Esclarecer essas coisas básicas será extremamente útil para analisar tanto os cuidados intensivos quanto a saúde de longo prazo para as pessoas e o planeta.

Aqui vai!

Quanto usamos?

Os seres humanos usam cerca de 1/7000 (ou 0,014%) da energia que atinge a área terrestre da Terra. Cada pessoa usa em média 59 kWh por dia.[1] Isso equivale a cerca de 6 litros de gasolina, ou o suficiente para dirigir um carro a gasolina bastante eficiente por cerca de 110 km.

Por outro lado, na forma de eletricidade, o uso diário de energia de uma pessoa comum pode alimentar um carro elétrico de tamanho semelhante por cerca de 450 km, ou cada pessoa poderia ter uma torradeira *e* uma chaleira elétrica ligadas de forma permanente; 59 kWh de combustível para avião são suficientes para talvez 160 km de voo por passageiro. Sob a forma de comida humana, seria suficiente para fornecer a 22 pessoas todas as calorias necessárias para um dia.

Meu número total inclui toda a madeira que é queimada para conseguir calor, bem como os alimentos que ingerimos. É importante incluir o último na equação energética porque, como vimos, os sistemas energéticos alimentar e não alimentar estão cada vez mais entrelaçados pelo uso da terra.

Obviamente, nem todos usamos a mesma quantidade de energia. O europeu médio usa quase o dobro por ano da média global, o norte-americano médio usa quase quatro vezes mais, enquanto o africano médio usa apenas cerca de um quinto. Alguém dormindo em uma casa sem aquecimento está produzindo apenas cerca de 3% da média global,[2] enquanto alguém viajando sozinho em um jato particular estará produzindo cerca de 1.000 vezes a média.

Como o nosso uso mudou com o tempo?

Ele sempre cresceu. E a *taxa* de crescimento também aumentou. Hoje usamos mais de três vezes mais energia do que há 50 anos.

Quase todos os anos usamos mais energia do que no ano anterior. Pode haver quedas de curto prazo, mas a tendência geral vem ocorrendo pelo menos desde que os egípcios usavam o poder humano (escravo) para construir pirâmides, e provavelmente por muito tempo antes disso. O fato é que, quanto mais energia temos, mais podemos empregá-la para obter mais energia e para inventar maneiras mais eficientes e diferentes de usá-la e adquiri-la. O crescimento da energia, a inovação e as melhorias de eficiência sempre andaram de mãos dadas. Elas estão correndo junto como um time, ganhando velocidade. Mencionei na introdução que é esse crescente uso de energia que nos fez aterrissar, recente e acidentalmente, no Antropoceno – a era em que somos grandes e poderosos em comparação com nosso planeta frágil, e em que de repente precisamos viver de uma maneira completamente diferente, se não quisermos que as coisas deem muito errado.

Com o tempo, a taxa de crescimento também aumentou de forma constante. Séculos atrás, deve ter sido uma média de uma pequena fração de 1% ao ano. Entre 200 e 50 anos atrás, a média passou a cerca de 1% e, nos últimos 50 anos, cresceu para 2,4% ao ano.

De vez em quando, ao longo da história, novas fontes de energia entram em cena; madeira, depois carvão, depois petróleo, depois gás e, em pequenas quantidades, hidrelétrica, nuclear, eólica e solar. Uma rápida olhada no gráfico mostra que a chegada de uma nova fonte de energia geralmente não levou ao declínio de outras fontes. Usamos a nova fonte de energia para aumentar, em vez de substituir, a antiga. A exceção é uma pequena queda no uso da madeira como combustível. Agora, com todos os olhos voltados para as energias renováveis, precisamos ter cuidado com essa simples observação.

(Se você focar os anos mais recentes, há evidências de uma queda na tendência de crescimento. A média nos últimos dez anos tem sido em torno de 1,6% e nos últimos cinco anos houve uma queda para 1,3%. Segundo a BP, 2016 teve apenas 1% de crescimento. Algumas pessoas ficam empolgadas

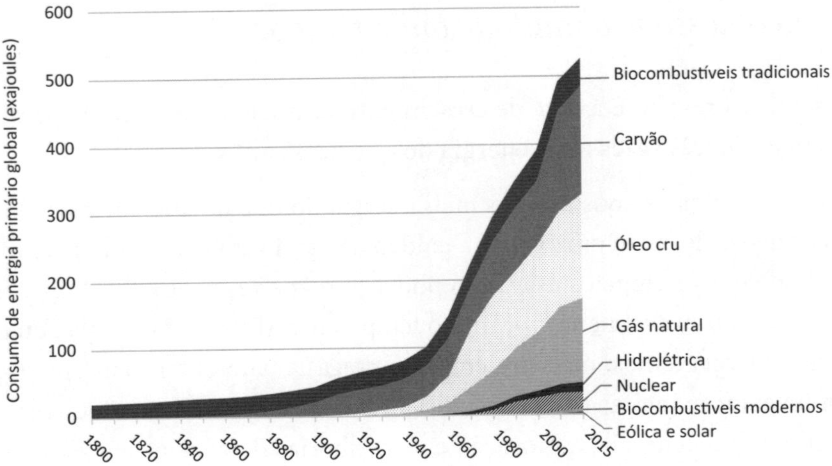

Figura 3.1 Consumo de energia primária global, 1800-2015. O aumento do uso de energia humana desde 1800, com novas fontes aumentando em vez de substituir as antigas.

com isso, mas eu trato essa informação com cautela por razões que explicarei em algumas páginas, quando examinarmos o uso futuro de energia. Por enquanto, digamos que sempre haverá altos e baixos no curto prazo.)

Para que usamos?

Cerca de 5% são alimentos usados para dar energia a corpos humanos e 38% são gastos no transporte de pessoas e coisas em viagens de todas as escalas. O resto é dividido igualmente entre uso doméstico e comercial.

O uso doméstico, cerca de 28%, também inclui cozinhar alimentos, nos aquecer e, cada vez mais, nos refrescar. Uma boa parte dos 16% de uso industrial também é dedicada à produção e preparação de alimentos, ao fornecimento de infraestrutura de transporte e veículos e à criação e manutenção de casas, incluindo todos os seus aparelhos de cozinhar e aquecer. Então, de um jeito ou de outro, comer, se locomover e se aquecer ainda são responsáveis pela grande maioria do uso de energia humana, exatamente como aconteceu ao longo dos milênios. Os números são baseados em estatísticas do Reino Unido.[3]

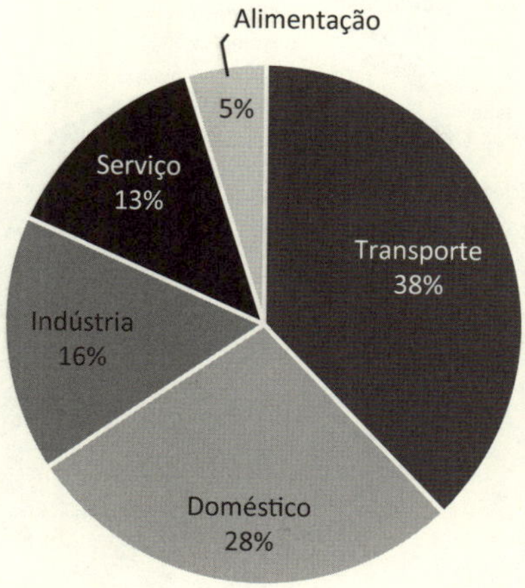

Figura 3.2 Energia do Reino Unido de acordo com o uso final.

Onde conseguimos?

83% são provenientes de combustíveis fósseis. A energia nuclear fornece menos de 2%. As fontes de energia renovável representam quase 4%, dos quais dois terços são de hidrelétricas.[4]

Além da fatia fina que vem do combustível nuclear e de uma pequena onda de força das marés (que você poderia dizer que vem da Lua), nosso suprimento de energia se origina do sol. A maior parte foi capturada por plantas há muito tempo e estabelecida como o estoque de combustíveis fósseis que estamos explorando agora em velocidade cada vez maior. Um sexto do suprimento de energia atual vem da luz solar moderna, seja através de plantas, vento, chuva ou painéis solares. Por meio da fotossíntese, as plantas podem capturar entre 1% e 2% da luz solar que cai sobre elas, e podemos usar parte dessa energia como alimento, madeira e biocombustíveis modernos.

Um painel fotovoltaico é muito melhor do que uma planta capturando a energia do sol. Mesmo um painel barato pode aproveitar 16%, enquanto uma versão mais eficiente (mas mais cara) pode obter 22%. Num futuro relativamente próximo, pode até ser possível chegar a cerca de 40%. O sol aquece a terra e o mar, fazendo com que o ar se expanda, flua e evapore a água, levando

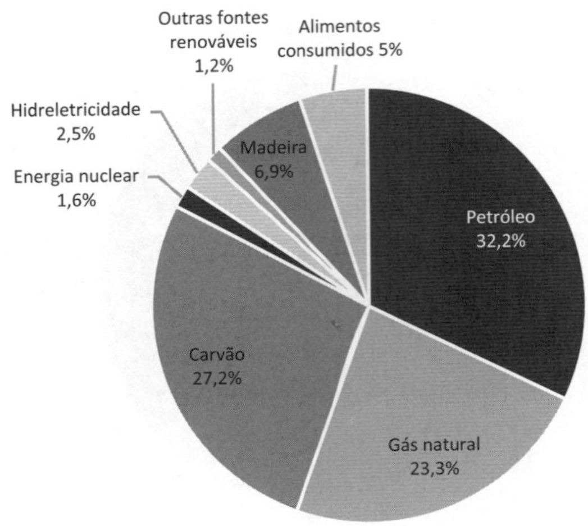

Figura 3.3 Suprimento de energia da espécie humana de 18,6 TW em 2017, incluindo alimentos consumidos. Isso significa 2,5 kW por pessoa (ou 59 quilowatt-hora por pessoa por dia).

à chuva e à neve. Dessa maneira, uma pequena proporção da energia do sol é transformada em energia eólica e aquática. Por sua vez, capturamos uma pequena proporção disso usando turbinas eólicas e hidrelétricas.

Por que as fontes renováveis parecem ser ainda menores no meu gráfico do que em alguns outros gráficos?

Meus números sobre energias renováveis e nucleares são menores do que você vê às vezes, simplesmente porque não as multipliquei por um fator de 2,6. Por que alguém faria isso? A ideia é que são necessários 2,6 kWh de combustível fóssil para gerar 1 kWh de eletricidade, porque todas as usinas são ineficientes. Por esse motivo, a aplicação do fator de correção seria razoável se todo o combustível fóssil fosse usado para produzir eletricidade. No entanto, não é. Embora todas as renováveis da mistura energética atual possam ser pensadas como substitutos aos combustíveis fósseis em usinas, quando as fontes renováveis se tornarem uma parte maior do nosso suprimento, esse deixará de ser o caso. Teremos que começar a usar energia solar e eólica para aquecimento. Para esse fim, um kWh de eletricidade não fornece mais calor que um kWh de combustível fóssil. Se eu tivesse aplicado a correção, como, por exemplo, a BP faz em sua revisão anual da energia mundial, você veria a nuclear em 5%, hidrelétrica em 6,5% e outras renováveis parecendo um pouco menos patéticas, em torno de 3%.[5]

Tendo visto o que usamos e de onde obtemos, é hora de dar uma olhada rápida no maior problema com o suprimento de energia atual...

Os combustíveis fósseis são muito ruins?

Temos uma enorme dívida de gratidão com o carvão, petróleo e gás, mas agora precisamos urgentemente parar de tirá-los do solo.

O combustível fóssil nos levou a muitas das coisas boas da sociedade moderna, e talvez a mais importante seja a melhora da saúde e da expectativa de vida. Mas agora está claro que as emissões de carbono da queima do material são um grande problema e **precisamos eliminar o combustível fóssil o mais rápido possível.**

No apêndice I entrei em mais detalhes descrevendo as 14 coisas que acho que todo mundo precisa saber sobre a mudança climática. Mantive os detalhes fora do fluxo principal porque aqui quero entrar diretamente nas perguntas de acompanhamento. Quero olhar de forma mais ampla para outras coisas além da mudança climática, mais fundo em uma questão ainda maior da qual a mudança climática é apenas um sintoma e, de forma mais prática,

Resumo super-rápido das evidências contra os combustíveis fósseis

Pesquisas extensivas e detalhadas de um número muito grande de cientistas nos dizem incontestavelmente que as emissões da queima de combustíveis fósseis são a maior causa da mudança climática induzida pelo homem e que isso está em vias de se tornar algo muito perigoso para os seres humanos em algum momento deste século – e ninguém sabe exatamente quando ou até que ponto pode ser perigoso. Como leva muito tempo para desacelerar e reverter as causas da mudança climática, são necessárias ações décadas antes dos sintomas graves. Apesar de muitos anos de debate sobre a necessidade de fazer isso, agora ainda estamos acelerando a taxa na qual bombeamos gases de efeito estufa para a atmosfera. O duramente conquistado Acordo de Paris de 2015 sobre mudança climática viu quase todos os países do mundo (incluindo os EUA antes de Trump) concordando que eram necessárias ações urgentes. Este marco simples e importante demorou muito tempo, mas ainda está muito aquém de garantir que as ações necessárias ocorram. Precisamos eliminar a queima de combustíveis fósseis rapidamente e substituí-la por recursos limpos ou "renováveis".

Ver o apêndice, p. 235, para as 14 coisas que todos precisam saber sobre a mudança climática.

para ver como a humanidade pode encontrar seu caminho através de águas desconhecidas e o que poderíamos fazer para ajudar. Dito isto, ainda pode valer a pena voltar um pouco e verificar se você está atualizado sobre todos os pontos listados, porque eles são essenciais, fascinantes e pouco conhecidos. Tentei montar um resumo conciso. Se você tiver escolha, não vote em nenhum político que não esteja pensando nos 14 pontos da minha lista.

Agora que vimos que o combustível fóssil precisa desaparecer, é melhor dar uma olhada nas alternativas. Algumas são incríveis, outras são limitadas e há aquelas que são inúteis ou pior que isso.

Quanta energia vem do Sol?

A todo momento, há uma enorme quantidade, 16.300 kW, de energia solar chegando à superfície da Terra para todas as pessoas no mundo.[6] É o suficiente para cada um de nós ferver uma piscina olímpica todos os dias.[7]

A maior parte dessa energia cai no mar, onde está fora do alcance dos seres humanos. Menos de um terço atinge a área terrestre da Terra. Isso ainda é cerca de duas mil vezes mais do que usamos e o suficiente para cada pessoa no planeta usar permanentemente 2.700 chaleiras elétricas o tempo todo, ou cerca de dez vezes a energia necessária para manter a população global permanentemente em voo.[8] Muita energia, você pensaria, não apenas para nós, mas para uma abundância de outras plantas e animais.

A energia do Sol pode ser aproveitada?

Os painéis solares que cobrem menos de 0,1% da superfície total da terra (uma área de 367 km por 367 km) poderiam atender às necessidades atuais de energia.[9]

Embora atualmente forneça menos de 1% do suprimento de energia humana, vale a pena se entusiasmar com a energia fotovoltaica. Essa tecnologia está atingindo um estágio de desenvolvimento que as pessoas consideram importante de um modo muito mais rápido do que o previsto, mesmo poucos anos atrás. A taxa de crescimento da energia solar atingiu em média 50% ao ano na última década.[10] Ela tem o potencial de mais do que atender às necessidades atuais de energia, permitindo que deixemos o combustível fóssil no solo, se quisermos fazer isso. Minhas somas de área terrestre foram baseadas em painéis solares baratos com apenas 16% de eficiência, embora os painéis de maior qualidade atinjam 22% e outros melhores, com taxas de talvez até 40%, serão uma possibilidade dentro de algumas décadas.[11] Minhas somas também deixaram de lado, por enquanto, uma série de dificuldades técnicas que acompanham a energia solar, das quais o armazenamento, a transmissão de longa distância e o desafio de como substituir o combustível de aviação talvez sejam as mais difíceis. Examinaremos esses desafios e descobriremos que são todos superáveis. Também não há escassez previsível de materiais necessários para a criação dos painéis, nem problemas ambientais que impeçam sua construção. Embora a energia solar seja melhor em algumas partes do mundo do que em outras, a abundância geral de energia solar significa que a maioria dos lugares deveria ter o suficiente por enquanto. A disponibilidade de outras fontes de energia sustentáveis, como a eólica e a hidrelétrica, é mais uma ajuda para muitos lugares, como o Reino Unido e a Holanda, que têm grandes populações e pouca luz do Sol (mais sobre isso adiante).

Se pudéssemos manter a taxa de instalação elevada, poderíamos atender a todas as necessidades energéticas atuais em apenas 30 anos. O preço da energia solar também diminuiu, cerca de 20% toda vez que a taxa de instalação dobra, e isso pode continuar por muito tempo.[12] O problema é que, à medida que a escala aumenta, fica muito mais difícil manter a taxa de crescimento. Já está começando a cair para cerca de 30% ao ano. Isso ainda é enorme, mas a tendência de queda não é boa. Os céticos da bala de prata solar apontam que as transições energéticas do passado – de animais para carvão, de vapor para motores de combustão interna e assim por diante – demoraram muito tempo.[13] O contra-argumento é que nunca houve um imperativo reconhecido mundialmente para se fazer uma troca rápida de energia em prol da humanidade, sem mencionar muitas outras espécies. Isso deve ser capaz de fazer a diferença, certo? Claramente, nós, humanos, somos capazes de alguma influência deliberada?!

Quanta energia solar podemos conseguir?

Se o crescimento de 2,4% da energia continuar, em 300 anos precisaremos de painéis solares para cobrir cada centímetro de massa terrestre. Isso não

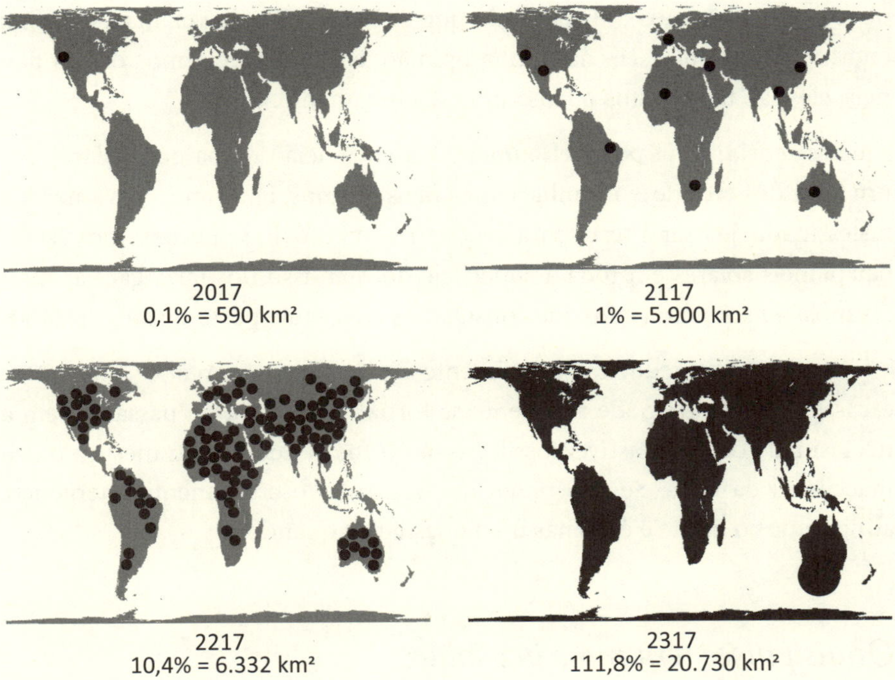

Figura 3.4 A proporção do mundo que precisaria ser coberta por painéis solares se continuar a tendência atual de crescimento de energia. Os pontos pretos estão em escala.

deixaria nenhuma terra sobrando para plantas ou animais: nada de tomar banho de sol e apenas alimentos produzidos em laboratório disponíveis.

Tudo depende se conseguiremos, pela primeira vez na história, limitar deliberadamente nosso crescimento energético. Mais energia significa mais painéis solares. Se a tendência de longo prazo de aumentar nosso uso de energia em um fator de 10 a cada 100 anos continuar, isso significa que em 2117 precisaríamos de aproximadamente 1% de nossa área terrestre. Em 2217, precisaremos de 10% e, em 300 anos, precisaremos de painéis solares, com a eficiência atual, cobrindo quase todos os espaços de terra firme, não deixando nada para o cultivo de alimentos e nenhuma oportunidade para a luz solar cair na pele humana nem ser usada por outras espécies terrestres. Todas essas somas ignoram os espaços usuais entre os painéis que vemos hoje nas fazendas solares. Resumindo, ou restringimos nosso crescimento energético ou nos acostumamos a um mundo que se parecerá cada vez mais com um enorme painel solar. (E, na minha opinião, embora precisemos desses painéis, eles são tão bonitos quanto um estacionamento.)

Em teoria, seria possível aumentar a eficiência dos painéis solares por um fator de cerca de 3, e ganharíamos mais 50 anos, ignorando novamente a necessidade de usar a terra para produzir alimento. E, se pudéssemos estender painéis solares em toda a superfície do mar, isso nos faria ganhar mais 50 anos, ou seja, faria com que consigamos chegar até perto do ano de 2400.

Se pudermos reduzir o crescimento da demanda energética humana, a escassez de energia pode realmente se tornar uma coisa do passado, sem a necessidade de combustível fóssil, fissão ou fusão nuclear, ou mesmo o uso inaceitável da terra. Se não pudermos controlar o crescimento energético, atingiremos o limite e é apenas uma questão de quando.

Quais países têm mais luz solar?

Os cinco primeiros são Austrália, Rússia, China, Brasil e EUA, recebendo, entre eles, 36% de todo o sol que atinge a área terrestre do mundo.

No mapa, o tamanho dos países é proporcional à luz solar total; já quanto mais escura a sombra, mais sol por pessoa.[14]

É uma disputa acirrada entre os cinco primeiros. A Austrália vence por ter muito deserto, ficando em primeiro lugar com 7,5% de todo o sol, enquanto os EUA estão em quinto lugar com pouco mais de 6%. A Rússia faz parte do grupo, apesar de estar tão ao norte, por ser vasta; 50% maior que a China e duas vezes o tamanho dos EUA.

A luz solar total é uma medida útil, pois pode nos dar ideias sobre quem pode ser o maior produtor mundial de energia renovável e alimentos (que veremos com mais detalhes posteriormente). Mas existem complicações. É melhor o Brasil não usar a maior parte de suas terras para energia solar ou alimento, porque precisamos que mantenha sua floresta tropical. Grande parte do sol da Rússia brilha sobre terras congeladas, inúteis para a agricultura e que exigem muitos painéis solares, porque o Sol está muito baixo no céu. O

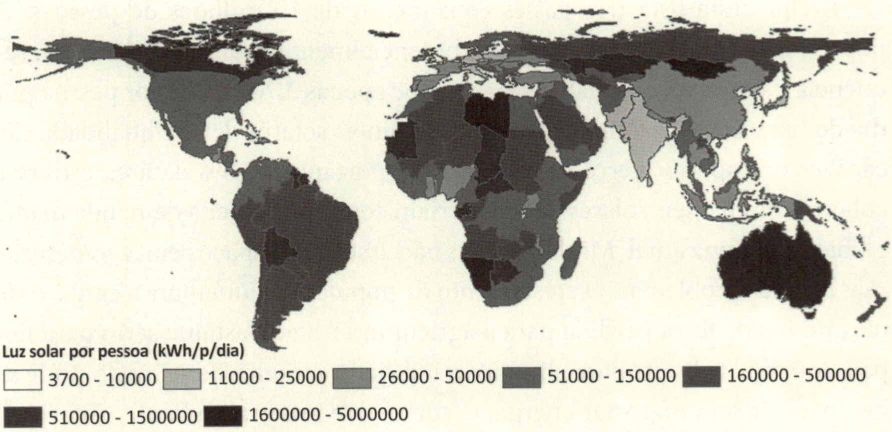

Figura 3.5 Mapa da luz solar. O tamanho de cada país é proporcional à luz solar: quanto mais escuro, mais luz solar por pessoa.

sol do deserto da Austrália parece perfeito para a energia fotovoltaica, mas não para a agricultura, neste momento.

A luz solar por pessoa nos dá uma impressão não da importância de um país no cenário global de energia e alimentos, mas da abundância relativa de energia que um país pode representar em um mundo de baixo carbono. A Austrália também se sai bem nessa medida, com 200 vezes mais luz solar por pessoa do que o Reino Unido. Dito assim, parece que seria do interesse estratégico até do governo mais neoliberal da Austrália pressionar com força por um mundo de baixo carbono. O que eles poderiam perder deixando o carvão no solo certamente será superado pela abundância de energia limpa.

No mapa, a África parece surpreendentemente enorme. Em geral, também parece encorajadoramente escura, embora o crescimento populacional pareça definido para deixá-la muito mais pálida.

Quais países têm menos sol por pessoa?

Os maiores perdedores na luz do Sol por pessoa são Bangladesh, Holanda, Coreia do Sul, Bélgica, Reino Unido, Ruanda e Japão.

Excluí desta lista três países com menos de 10 milhões de pessoas. A pobre Bangladesh não apenas será potencialmente inundada como consequência da mudança climática, mas recebe apenas 3.700 kWh por pessoa por dia de luz solar. Atualmente, mesmo os painéis solares de alta qualidade são capazes de capturar cerca de 20% do sol, portanto, se 8% da área estivesse coberta com painéis solares, eles poderiam conseguir obter a demanda média global de energia atual. Minhas somas não assumem espaços entre os painéis, mas há mais problemas. O crescimento da população aumentará a carga, e até mesmo 8% da terra perdida para a agricultura é algo bastante sério para um país com tantas bocas para alimentar. É difícil ver como Bangladesh pode se desenvolver sem importar energia e, como veremos mais adiante, alimentos – o que exige exportação de outra coisa se o país espera conseguir sobreviver.

O Reino Unido, lotado e bastante frio,ss também possui apenas duas vezes e meia a quantidade de luz solar per capita que Bangladesh, e sua população tem um estilo de vida afluente e com altos gastos de energia. Tem as vantagens de um maior potencial de vento, onda, maré e até um pouco de energia hidrelétrica na manga. Também possui energia nuclear (e esse debate chega em algumas páginas). A transição do Reino Unido para a energia de baixo carbono parece factível, mas, em comparação com muitos países, sua solução precisará envolver uma mistura interessante e complexa.

Em nosso mapa solar, a Índia está pálida porque tem muitas pessoas, embora o sol por pessoa seja três vezes maior que em Bangladesh e 10% melhor do que no Japão. A Europa como um todo parece pálida e magra.

E quando o sol não está brilhando?

Existem quatro soluções básicas:

(1) Armazene energia a partir de quando o sol estiver brilhando.

(2) Obtenha energia de outras fontes.

---

* Para constar, o Reino Unido ainda é um ótimo lugar para se viver, apesar do clima, do número de pessoas e, na minha opinião, de um senso equivocado do que é a democracia.

(3) **Faça a demanda corresponder à luz do sol.**

(4) **Transmita energia de outras partes do mundo, porque o sol está sempre brilhando em algum lugar.**

A intermitência da luz solar cria desafios para gerenciar, mas não problemas para entrar em pânico.

Para o armazenamento de curto prazo, a tecnologia e a capacidade das baterias estão se desenvolvendo rapidamente e, com isso, a ideia de usar as baterias tanto em carros e residências para lidar com o problema de uma demanda fora de sincronia com a geração de energia. As baterias podem ser fabricadas para caber em praticamente qualquer máquina, embora seu peso seja um problema monumental para barcos e aviões de longa distância, e sua fabricação requer uma extração considerável de recursos.[15] E até as melhores baterias se desgastam com o tempo. O armazenamento hidrelétrico tem uma contribuição importante, embora o potencial para melhorar seja limitado. A eletricidade de reposição é usada para bombear a subida da água e, em seguida, as bombas são acionadas inversamente como turbinas para gerar eletricidade no momento em que é necessário. O processo é eficiente e, uma vez construído, um esquema hidrelétrico é uma solução permanente que não exige quase nenhum recurso material para ser executado. Mas o escopo da hidrelétrica é severamente limitado pela capacidade dos lagos, e as tentativas de ampliá-lo com novas barragens geralmente são acompanhadas de um enorme ônus ambiental.

É possível converter a energia solar elétrica na forma altamente conveniente e permanente de hidrocarbonetos líquidos, prontos para usar na maioria dos carros e aviões atuais (poluentes). A eficiência é de cerca de 60%. Isso é uma grande perda, mas não é necessariamente um problema sério, a menos que esses hidrocarbonetos precisem ser convertidos novamente em eletricidade, incorrendo em mais perdas e levando o suprimento final de energia a apenas cerca de 20% do que era no começo.

O hidrogênio provavelmente oferece o potencial mais empolgante para o futuro do armazenamento ao resolver todos os problemas da geração intermitente de energia renovável. Podemos converter energia elétrica em combustível de hidrogênio com 80% de eficiência. Em seguida, ele pode ser armazenado pelo tempo que desejarmos antes de usá-lo para gerar cerca de 60% da eletricidade com a qual começamos. Não há um grande requisito para mais extração de materiais. O hidrogênio também é leve, aumentando seu potencial, pelo menos para o transporte a longa distância, embora seu volume apresente problemas.

Várias outras tecnologias de armazenamento estão a caminho, de flywheel (bateria inercial) a ar comprimido.[16]

Em termos de geração, quando o sol não está brilhando, vento, água e biocombustível com cautela têm papéis de apoio. A médio prazo, pode até haver uma forma limitada de um pouco de energia nuclear. Ver p. 99.

Em termos de demanda correspondente a horas de luz do sol, os carros podem carregar durante o dia, grandes operações de refrigeração podem entrar nos altos e baixos da rede, e o uso doméstico pode frequentemente se adaptar para evitar picos de demanda. A tecnologia inteligente para habilitar isso e as estruturas de preços para incentivá-la são possíveis, desde que comecemos.

Finalmente, voltando-se para o desafio da transmissão, a China está investindo em grandes linhas de transmissão para transportar a eletricidade de um extremo ao outro do país. Há perdas no caminho, mas é um exercício cada vez mais viável, embora a transmissão de locais à luz do dia para aqueles onde é noite signifique distâncias ainda maiores do que em toda a China.

No geral, as soluções que precisamos para o problema de intermitência e armazenamento estão indo muito bem. O fator crítico é o investimento.

A energia eólica é realmente útil?

Da energia solar que chega ao nosso planeta, cerca de 2% é convertida em energia eólica.[17]

E a maior parte desse vento é completamente inacessível por estar na altura dos aviões. Além disso, a maior parte do vento de baixa altitude está longe no mar, além do alcance que prevemos para os parques eólicos no mar. Mesmo para o vento de baixo nível nas águas terrestres e costeiras, uma série de restrições geográficas garante que apenas uma pequena parte possa ser aproveitada. Um parque eólico com mais de 10 km^2 pode gerar apenas cerca de 1 W por m^2 de terra. Isso ocorre por causa do limite da energia cinética disponível no ar[18] e porque, em um grande parque eólico, uma turbina reduz a velocidade do vento da seguinte. Mesmo em um local tempestuoso como o Reino Unido, embora a energia eólica seja uma ajuda, ela não pode ser a espinha dorsal da solução. Transformar o país inteiro em um enorme parque eólico geraria apenas 87 kWh por pessoa por dia.[19] Embora isso seja quase 50% a mais do que o uso médio global de energia nos dias de hoje, ainda é menor que a demanda atual de energia do Reino Unido. A propósito, neste cenário infeliz, estamos falando de turbinas em Richmond Park, Scafell Pike, no topo de St. Pauls, em toda parte. O Reino Unido já tem um forte lobby antieólico e até eu participaria se as coisas chegassem a esse ponto.

Quais países têm mais vento por pessoa?

Como vimos, o vento não tem nada parecido com o potencial da energia solar, mas ainda é capaz de uma contribuição útil. O próximo mapa tenta dar uma dica disso, observando a energia cinética do vento acima de cada país.[20] É uma medida muito grosseira e ignora a adequação do terreno, bem como as opções no mar.

De muitas maneiras, os mapas do sol e do vento se espelham, com os perdedores da energia solar por terem muita população perdendo no vento também. De forma encorajadora, a Europa, mesmo sem olhar para os ventos marítimos, que são abundantes por lá, parece maior e um pouco mais escura quando vista em termos de vento, e não de sol.

No geral, o vento pode se tornar uma parte significativa da mistura de energia, embora seja muito mais limitado que a energia solar e quase tão temperamental quanto. Alguns dos lugares com menos sol podem compensar parcialmente fazendo melhor uso do vento, e ajuda um pouco que os dias e meses com mais vento geralmente sejam os que têm menos luz solar.

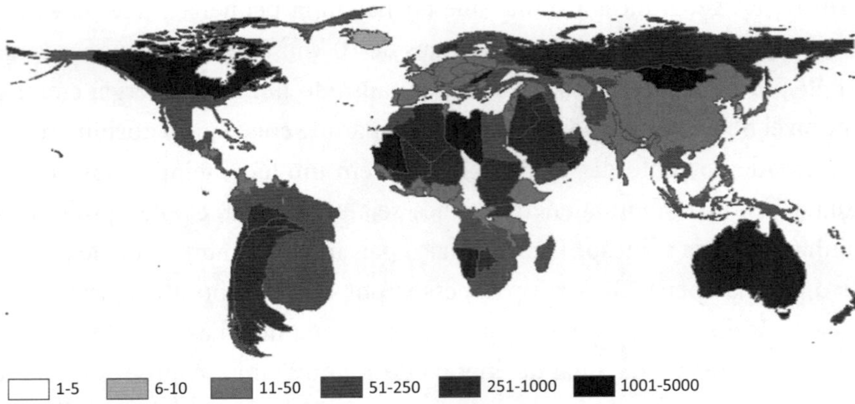

Figura 3.6 Mapa do vento: o tamanho de cada país é mostrado proporcionalmente à energia cinética total no vento acima de cada território, enquanto quanto mais escuro, mais energia eólica por pessoa. O vento marítimo não é considerado.

Por que o sol é melhor do que a chuva?

Mesmo que cada gota de chuva fosse empurrada através de uma turbina, capturando toda a energia potencial liberada em sua jornada de onde aterrissasse até o mar, a energia hidrelétrica apenas atenderia às necessidades atuais de energia.

O crescimento global em energia hidrelétrica não é impressionante, porque está começando a correr contra os limites físicos da geografia. Se descobrirmos quanta chuva existe em que altitude, poderemos obter uma estimativa razoável da energia potencial máxima teórica em todas as chuvas do mundo. Ou seja, é possível estimar a energia que poderíamos obter se cada gota de chuva passasse por uma turbina perfeitamente eficiente para capturar toda a energia disponível do ponto de aterrissagem até o nível do mar. Ela chega a algo entre dois terços e pouco mais de 100% do uso global de energia atual, dependendo de qual estimativa usamos.[21] Isso soa como se houvesse muito espaço para produzir mais energia hidrelétrica, até lembrarmos que a ideia de capturar toda a energia potencial de cada gota de chuva é totalmente irreal (felizmente, pois isso significaria acabar com todos os rios de montanha e até mesmo, se pensarmos bem, com todas as encostas). Em vez disso, digamos que 5% desse potencial lençol d'água poderia ser colocado em turbinas. Isso me parece o melhor que podemos conseguir, dadas as restrições geográficas e lembrando que as grandes represas geralmente têm um sério custo ambiental e social. E vamos supor que essas turbinas sejam 80% eficientes. Com base nisso, a produção global de hidrelétrica hoje, de 0,45 TW, já está em torno de dois terços do seu potencial máximo, ou talvez mais.[22]

Meus cálculos são incompletos, mas são sólidos o suficiente para mostrar que, embora a energia solar pareça quase ilimitada para este século, pelo menos, a hidrelétrica já está se aproximando do seu máximo. Poderíamos ver um aumento modesto, mas não um grande avanço.

A energia nuclear é ruim?

É. Mas os velhos argumentos dos dias da Guerra Fria precisam ser reexaminados à luz dos riscos da mudança climática e das melhorias de segurança. A análise confiável e imparcial é escassa, mas essencial para entendermos se existe um papel para a energia nuclear em nosso mix de oferta de energia de médio prazo.

Muita coisa mudou desde os debates polarizados da década de 1980. Do lado positivo, para os defensores da energia nuclear, nosso sistema de energia precisa de cuidados intensivos como nunca antes, e a indústria nuclear afirma ter se tornado muito mais segura.

No entanto, a vida média dos resíduos nucleares ainda é tão longa quanto sempre foi. Uma vez produzidos, ficam conosco por dezenas de milhares de anos. Continua existindo a possibilidade de um acidente realmente ruim ou de uma sabotagem deliberada, algo que pode assombrar o mundo inteiro quase indefinidamente. Já houve vários acidentes, e a capacidade crescente do terrorismo de causar danos é desconhecida. Não é uma proposta atraente.

Mas outra realidade é que estamos com muitos problemas com nosso suprimento de energia. O combustível fóssil realmente DEVE permanecer no solo. Por mais desagradável que seja, vamos dar uma olhada em alguns aspectos práticos. Embora a energia nuclear pareça muito cara em relação à energia solar, uma comparação direta de custos perde o ponto essencial de oferecer uma consistência de geração que nem a energia solar nem o vento podem igualar. O Reino Unido e o Japão são exemplos excelentes de países onde a luz solar per capita é relativamente baixa e o vento, a energia hidrelétrica e as ondas estão contribuindo no que pode acabar sendo um mistura de energia complexa e irregular que pode ser viável junto com uma base estável de energia nuclear.

Para avaliar isso adequadamente, é necessária uma análise bastante complexa de custos, benefícios, riscos, custos de oportunidade e prazos. Precisa ser feita por pessoas em quem podemos confiar. Elas precisam ser capazes de avaliar o lugar da energia nuclear em um contexto mais amplo. Precisamos saber que possuem a experiência, a informação e, criticamente, as motivações certas para poder fazer avaliações imparciais e inteligentes. Esse é o problema. A indústria nuclear não é confiável e, historicamente, há boas razões para isso. Em política e negócios, abundam os interesses particulares. No Reino Unido, atualmente, diferentes partes da mesma indústria nem sequer estão colaborando adequadamente entre si, menos ainda se unindo ao restante do cenário energético para explorar soluções integradas à luz de toda a gama de tecnologias emergentes. A questão nuclear é apenas um exemplo de por que há uma seção inteira sobre verdade e confiança mais adiante neste livro.

Mesmo deixando de lado os riscos, devemos manter nossas expectativas nucleares limitadas. Nas próximas décadas críticas, a energia nuclear teria de se esforçar para se expandir enormemente a partir de sua atual posição marginal de fornecer 1,6% da energia mundial. Atualmente, existem mais usinas atingindo a idade de aposentadoria do que as novas em fase de operação, e a construção de uma nova usina é uma questão muito maior do que a instalação de alguns milhões de painéis solares.

Qualquer pessoa que tenha uma postura antinuclear firme precisa ter um plano coerente para o futuro de baixo carbono sem ela. Da mesma forma, qualquer pessoa que defenda a energia nuclear precisa de um plano coerente de como ela ajuda o mundo sem carbono e precisa mostrar que isso não pode ser alcançado de uma maneira melhor por meio das fontes de energia renovável e das opções de armazenamento que analisamos.

A fusão resolveria tudo?

A resposta depende se você confiaria em nossa espécie com energia ilimitada.

Uma visão é que a fusão pode ser a grande bala de prata para acabar com os problemas energéticos da humanidade para sempre. Antes de compartilhar essa visão, tenha em mente que é a escala do nosso suprimento de energia que nos levou ao Antropoceno e todos os perigos que o acompanham. Mais energia para resolver o problema é como a "cura da ressaca" - uma cerveja no café da manhã para acabar com uma ressaca. Tentei isso apenas uma vez, há muito tempo, e não recomendo.

Felizmente, talvez ainda estejamos a alguns passos de conseguir que a fusão decole como fonte de energia. Não sabemos ao certo com que rapidez as coisas poderiam avançar, mas, de acordo com um grupo do MIT, poderia haver eletricidade de fusão alimentando a rede norte-americana em 2033.[23] Isso significa que, até então, teremos que lidar com o Antropoceno.

Os biocombustíveis são uma bobagem?

O trigo necessário para alimentar um Toyota Corolla com bioetanol por 1,8 km poderia alimentar uma pessoa por um dia.

É uma troca com um preço muito alto entre comida e combustível. O que estou descrevendo aqui é o chamado biocombustível de "primeira geração" - na qual culturas comestíveis são usadas para produzir hidrocarbonetos líquidos. Nos EUA, muito mais calorias são usadas dessa maneira do que seria necessário para alimentar toda a população.[24] Se conseguirmos descobrir como produzir combustível líquido a partir da celulose, permitindo o uso de culturas energéticas de alto rendimento (biocombustíveis de segunda geração), as somas melhoram, mas apenas por um fator de cerca de cinco. Estou pulando essa parte porque na seção de transporte vou quantificar a ineficiência do uso da terra para biocombustível em comparação à energia solar. Mas é importante notar aqui que os biocombustíveis simplesmente não fazem sentido como grande parte da transição dos combustíveis fósseis porque, para um retorno fraco em hidrocarbonetos, eles colocam uma pressão extra enorme no já considerável desafio de alimentar todos. Há um papel para as culturas energéticas de alto rendimento em algumas terras marginais que não podem ser usadas para a agricultura de alimentos. Também é possível usar resíduos de colheitas. Um grande estudo sobre biocombustível colocou o potencial dessas duas rotas, além do uso de resíduos de alimentos, como equivalente a cerca de 20% das necessidades energéticas atuais.[25] Parece que vale a pena ter isso até que os efeitos colaterais sobre a biodiversidade e a qualidade do solo sejam levados em consideração. O uso de terras marginais requer grande sensibilidade para não ameaçar outros serviços ecossistêmicos, e remover resíduos de culturas do sistema agrícola reduz o conteúdo orgânico dos solos.

Alguns citaram as algas – supostamente a "terceira geração" de biocombustível – como a bala de prata. As microalgas crescem incrivelmente rápido e são responsáveis por 40% dos níveis atuais de fixação de carbono no mundo. Todas as espécies de algas são capazes de produzir óleos. Poderia haver milhões de espécies desses organismos microscópicos, potencialmente nos dando uma riqueza de recursos genéticos para ajustar e desenvolver recursos eficientes de biocombustíveis. No entanto, as algas estão longe de serem comercializadas, com desafios que vão desde a seleção de espécies (melhoramento genético) até refino e processamento dos óleos.[26] A Exxon investiu US$ 100 milhões nisso antes de desistir. Na melhor das hipóteses, parece ser uma possibilidade muito distante para entrar nos planos de transição energética.

Portanto, para responder à pergunta, com moderação os biocombustíveis não são totalmente malucos, mas precisam ser tratados com muita cautela para que não terminem se tornando inviáveis. Se manuseados com cuidado, eles podem fornecer uma parte pequena, mas valiosa, da mistura energética. Se um livre mercado não regulamentado pudesse seguir seu curso na transição para um mundo de baixo carbono, poderia ser um desastre. Poderíamos ver o biocombustível para os ricos se tornar mais rentável do que fornecer alimentos essenciais para os pobres, e poderíamos ver ainda mais habitats naturais destruídos em troca de monoculturas.

Finalmente, não há nenhum problema com a ideia de um carro movido a gordura usada para fazer batata frita, exceto que o consumo de batatas necessário para que isso fosse uma ajuda significativa faria com que bilhões de pessoas morressem por causa da má dieta.

Deveríamos usar o fracking *(gás fraturado)?**

Definitivamente não, antes de termos uma análise confiável dos prós e contras, e uma regulamentação muito boa. Só então poderia *possivelmente, em teoria, remotamente* valer a pena. Mas quase certamente não.

O gás natural gera mais calor com menos emissões de gases de efeito estufa do que o carvão ou o petróleo. Isso abre a possibilidade teórica de usar gás fraturado como combustível de transição no caminho para o mundo de baixo carbono. A ideia é usá-lo para nos afastar do carvão e do petróleo, enquanto as energias renováveis se atualizam. Aqui estão os PORÉNS:

- ***Primeiro PORÉM:*** o gás sobre o qual estamos falando é o metano, que, em um período de 100 anos, é 25 vezes mais potente como um gás causador do efeito estufa do que o dióxido de carbono que estamos tentando evitar. Portanto, se praticamente qualquer metano vazar para a atmosfera, todos os benefícios climáticos serão perdidos. Vazamentos sérios podem tornar o gás fraturado muito pior que o carvão. E não estou falando apenas de vazamentos no momento da perfuração, estou falando de qualquer quebra na integridade do poço bem fechado e selado a qualquer momento no futuro. (O metano, aliás, tem uma vida média na atmosfera de apenas 12 anos. Por isso, causa todo o seu dano no início desse período de 100 anos. Isso significa que se, como deveríamos fazer em alguns casos, observarmos um período de tempo mais curto, como 50 anos, o metano é quase 50 vezes mais potente do que o dióxido de carbono.)
- ***Segundo PORÉM:*** é preciso muita energia para executar o processo de *fracking* – e isso torna marginais os benefícios do carbono, mesmo que nada dê errado.

---

* Método de extração de combustíveis líquidos e gasosos do subsolo por meio da injeção de alta pressão de água, areia ou algum material semelhante e produtos químicos para "fraturar" as rochas e liberar petróleo ou gás. [N.T.]

- *Terceiro PORÉM:* no Reino Unido, provavelmente levará 10 anos para que o *fracking* entre em produção, mesmo que a Cuadrilla – a principal empresa responsável por isso – tenha sido liberada agora. A essa altura, o Reino Unido já deveria ter abandonado todo o carvão. Poderíamos vender o gás fraturado a outros países para ajudá-los a deixar o carvão também, mas essa opção não é apresentada pelos proponentes do *fracking* e, portanto, parece improvável.
- *Quarto PORÉM:* o *fracking* envolve o uso de produtos químicos que não queremos que contaminem nossos suprimentos de água. Nos EUA, isso pode ser menos problemático, pois as operações geralmente ocorrem longe das áreas residenciais. Mas no Reino Unido (e em outros países densamente povoados) é um grande problema.

Para que o *fracking* seja uma boa ideia, precisamos que todos esses argumentos sejam avaliados de uma maneira que possa ser confiável. Dessa maneira, o debate sobre o *fracking* é como o debate nuclear. Precisamos de uma análise de pessoas com experiência suficiente, que tenham acesso a todas as informações necessárias, que tenham os recursos para fazer o trabalho e, criticamente, que estejam suficientemente livres de interesses financeiros para que suas motivações para realizar análises imparciais possam ser confiáveis. Na ausência disso, o *fracking* não deveria ser considerado. No Reino Unido (por exemplo), estamos muito longe disso e ainda não há sinais de qualquer movimento na direção certa. A questão do *fracking* é apenas mais um exemplo da necessidade de padrões de confiança muito mais altos se quisermos encontrar o caminho através das complexidades do Antropoceno. Uma restrição adicional, que também exige confiança, é a necessidade de ótimas regulações para garantir que não haja vazamentos de produtos químicos ou metano.

No melhor cenário, o gás fraturado supera o petróleo, mas se apenas 3% vazar na atmosfera ao longo do tempo o gás fraturado se torna muito pior que o carvão.

Em resumo, considerando que, mesmo na melhor das hipóteses, os benefícios do *fracking* não poderiam ser mais do que marginais em termos de emissões de gases de efeito estufa, e dado o abismo de confiança que se abriu, é melhor responder ao *fracking* com um direto "não", e voltar a atenção para áreas mais frutíferas.

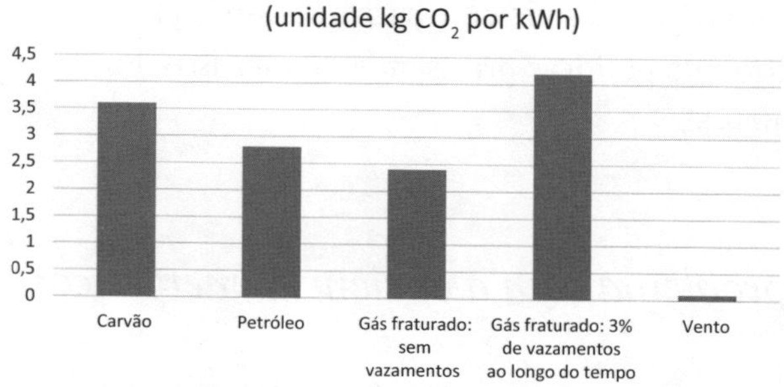

Figura 3.7 A intensidade de carbono do gás fraturado em relação às alternativas.

Tendo analisado a maioria das opções para um suprimento de energia limpa, é hora de recorrer à dinâmica principal do uso global de energia. Esse material desafia grande parte da sabedoria aceita sobre a ação climática. É totalmente essencial entender e, no entanto, é bastante frequente e pouco compreendido ou escondido pelos formuladores de políticas de energia.

Mais energias renováveis significa menos combustível fóssil?

Não necessariamente. A grande questão é se teremos as energias renováveis *também* ou *no lugar* do carvão, petróleo e gás.

Como vimos, os últimos 150 anos de história energética nos dizem que a chegada de novas fontes prejudicou, mas não impediu o crescimento de outras fontes de energia. O petróleo diminuiu um pouco o crescimento do carvão, mas este continuou a crescer. Mais tarde, a chegada do gás apenas amenizou o crescimento do petróleo. Quando uma nova fonte aparece, tradicionalmente temos usado mais energia no total, mas também nos sentimos relativamente ricos em energia por um tempo e a fome por outras fontes diminui um pouco.

Um grande aumento de energia solar e outras fontes renováveis pode nos dar um período em que é relativamente fácil deixar de lado os combustíveis fósseis, mas não será suficiente para que isso aconteça automaticamente. Os formuladores de políticas precisam entender isso. Por favor, não vote em quem não entende.

Qual é o problema com a eficiência energética?

Anda de mãos dadas com um aumento ainda maior na demanda por toda a energia usada.

Em 1865, William Stanley Jevons descobriu que, se o Reino Unido usasse carvão com mais eficiência, acabaria querendo mais, e não menos.[27] Esse fenômeno ficou conhecido como o paradoxo de Jevons. A eficiência energética leva, por padrão, a um aumento na demanda total, em vez da diminuição que costuma ser assumida. Hoje, isso funciona da mesma forma como em 1865 e tem implicações que podem mudar a política energética e climática. Pode ser contraintuitivo no começo, mas faz todo sentido na reflexão. Vamos observar a situação da seguinte maneira. Imagine se fosse necessária uma tonelada de carvão para manter uma família aquecida por uma noite e essa família economizasse para desfrutar de uma noite quente de inverno – talvez uma comemoração do Ano Novo. Agora imagine que um aquecedor mais eficiente tivesse sido inventado e a mesma tonelada de carvão pudesse mantê-los aquecidos por duas noites. O carvão acaba de se tornar duas vezes mais valioso para eles, por isso fazem um esforço extra para comprar o suficiente para se manterem aquecidos por três noites no ano. Eles podem passar uma daquelas noites ajustando um novo isolamento para que o carvão se torne ainda mais útil e a outra noite trabalhando junto ao fogo para ganhar o dinheiro extra necessário para o aumento do orçamento do carvão. No entanto, o preço do carvão por tonelada diminui um pouco para ajudá-los, porque a demanda está aumentando muito e as economias de escala estão crescendo, junto com uma pilha de investimentos em novas tecnologias de extração. E assim vai. Esta é apenas uma caricatura de como o paradoxo de Jevons funciona, mas espero que demonstre o princípio.

Ao longo dos anos, nos tornamos muitas vezes mais eficientes na produção de praticamente tudo. A iluminação LED é centenas de vezes mais

Figura 3.8 O paradoxo de Jevons.

eficiente em termos energéticos do que as lâmpadas de óleo e gás. Os microchips são milhões de vezes mais eficientes no armazenamento de dados que o papel, e a nuvem é ainda mais eficiente. Os trens elétricos são muitas vezes mais eficientes do que os trens a vapor, sem falar nos cavalos. No entanto, nosso uso de energia aumentou de mãos dadas com essas eficiências e é, na verdade, exacerbado por elas.

De fato, podemos ver que não usamos mais energia apesar dos ganhos de eficiência, mas podemos usar mais energia por causa dos ganhos de eficiência. Uau! Fique à vontade para fazer uma pausa neste momento e refletir sobre as gigantescas implicações políticas dessa perspectiva. Isso significa que, embora os ganhos de eficiência nos ajudem a obter mais benefícios de uma determinada quantidade de energia, eles também acabam levando a um aumento no consumo total, a menos que isso seja deliberadamente limitado.

Pouco antes de arrancar todos os vidros duplos e esvaziar os pneus, observe que não estou dizendo que ganhos de eficiência não possam ser úteis no futuro. O que estou dizendo é que eles não são bons sozinhos.

(É justo escrever que o paradoxo de Jevons foi muito debatido ao longo dos anos. Mais detalhes sobre isso e por que os negacionistas estão errados nesta nota.)[28]

Por causa desse problema, o que a eficiência pode fazer por nós?

Precisamos muito de mais eficiência, mas também precisamos aprender a não a desperdiçar com o aumento do consumo.

Temos que fazer a eficiência funcionar para nós de uma maneira diferente da que estamos acostumados. A partir de agora, quando obtivermos melhora na eficiência, teremos de deliberadamente armazenar a economia, em vez de permitir o resultado padrão em que nosso apetite pelo consumo aumenta e as economias são perdidas por uma miríade de efeitos rebote. Essa é uma abordagem criticamente diferente a ser adotada no ponto de consumo. A maneira de fazer isso funcionar é **restringir o uso total de recursos** e, em particular, os combustíveis fósseis. Quando o uso de combustível fóssil é forçado a diminuir, os efeitos rebote cessam. A dinâmica mudará. De repente, a eficiência se tornará uma força para o bem-estar que, pela primeira vez, ocorrerá sem consequências ambientais prejudiciais e ocultas. Sob essas condições, a eficiência será uma das principais rotas para obter o que precisamos e queremos. Outra rota importante é a produção de energia limpa, conforme abordado anteriormente. Mais adiante, neste livro, chegaremos a uma terceira rota crítica, que é realmente querer menos algumas das coisas que estão prejudicando o mundo. Esse é realmente um conceito tão louco? Vamos ver.

A economia digital está permitindo um mundo de baixo carbono?

Uma narrativa popular na indústria de tecnologia de comunicação e informação (TCI) é que os ganhos de eficiência que ela permite no mundo mais do que compensam sua pegada de carbono – e que, com isso, ela ajuda a criar o mundo de baixo carbono.[29] É verdade que o armazenamento de informação digital é milhões de vezes mais eficiente do que o armazenamento em papel. E as videoconferências são milhares de vezes mais eficientes do que voos para fazer reuniões. No entanto, também é verdade que, por causa do aumento na eficiência no armazenamento de informações, agora guardamos milhões e milhões de vezes mais informações – assim como ainda mantemos alguns dos papeis arquivados. E, embora uma videoconferência possa evitar um voo, às vezes também marca o início de um relacionamento que conduz a um voo que, de outra forma, não teria acontecido. Na ausência de um teto global de carbono, um número infinito de vias de rebote elimina qualquer benefício com a economia causada pela eficiência. As TCI permitem uma logística mais eficiente – levando, por meio do rebote, a um aumento ainda maior no transporte.

Portanto, a alegação da indústria de TCI de que ela traz melhorias à eficiência é verdadeira. Isso facilita a obtenção de um teto de carbono sem sacrificar a qualidade de vida. No entanto, a menos que a indústria se esforce muito para atingir esse teto, não pode afirmar que permite um mundo de baixo carbono – muito pelo contrário.

Vimos o suficiente sobre a dinâmica de energia para podermos analisar o que é realmente necessário para reduzir as emissões globais.

Por que limpar nossa eletricidade é apenas a parte fácil da transição dos combustíveis fósseis?

A eletricidade das energias renováveis pode substituir duas vezes e meia a mesma energia no carvão ou no petróleo que entra em uma usina. Substituir fontes de calor é mais difícil.

Diferentes tipos de energia são úteis para coisas diferentes, mas a transferência de um tipo para outro quase sempre gera perdas. Em particular, obter eletricidade de petróleo ou carvão implica colocá-la em turbinas a vapor em uma usina, onde mais de 60% da energia se dissipa como calor que geralmente não é usado para nada e menos de 40% é transformado em eletricidade.[30] A energia solar, eólica e hidrelétrica não tem esse problema porque está na forma de eletricidade desde o início. Isso significa que, se você precisar de eletricidade, um quilowatt-hora de qualquer um deles vale cerca de 2,5 quilowatts/hora de carvão ou petróleo. Esse fator de correção dá um grande impulso às energias renováveis nos estágios iniciais da transição para a energia limpa.

Uma correção semelhante também se aplica a veículos terrestres quase pela mesma razão. A eficiência dos motores elétricos em comparação com motores de combustão interna significa que uma unidade de eletricidade pode alimentar um carro duas ou três vezes mais que a mesma energia na forma de hidrocarboneto líquido.

No entanto, quando chegamos ao ponto em que toda a nossa eletricidade já vem de fontes renováveis e todo o transporte foi eletrificado, começamos a usar energias renováveis para substituir o combustível fóssil como fonte de calor. Nesse momento, de repente, eles perdem sua vantagem de correção, porque uma unidade de eletricidade não pode aquecer uma casa ou um alto-forno mais do que a mesma energia na forma de carvão, petróleo ou gás. Nesse ponto, a transição fica muito mais difícil. Quando ouvimos alguém falando sobre a contribuição percentual de fontes de energia renováveis, precisamos ser muito claros sobre se é a porcentagem em todo o conjunto de energias ou se estão analisando apenas a parte mais fácil; a mistura de eletricidade.

A questão final na transição de energia limpa ocorre quando começamos a usar energia renovável para coisas como a aviação, que atualmente exige hidrocarbonetos líquidos. Se tivermos de produzir hidrocarboneto líquido a partir de fontes renováveis, provavelmente precisaremos aplicar um fator de correção *para baixo* de cerca de 0,6. Em outras palavras, são necessários cerca de 2 kWh ou eletricidade solar para produzir apenas 1 kWh de combustível de aviação.

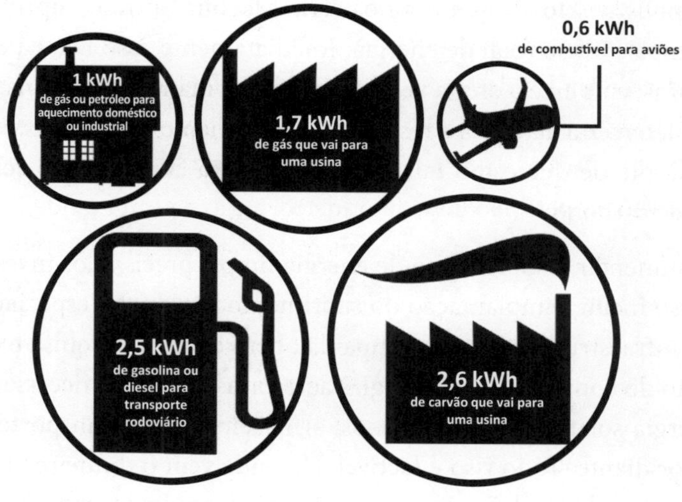

Figura 3.9 A quantidade de combustível fóssil que 1 kWh (quilowatt-hora) de eletricidade renovável pode substituir depende muito de onde estamos empregando-a. (Os círculos estão em escala de acordo com a área.)

Quanto combustível fóssil pode substituir 1 kWh de eletricidade renovável?

2,6 kWh de carvão que entra em uma usina

1,7 kWh de gás que entra em uma usina

2,5 kWh de diesel para transporte rodoviário

1 kWh de gás ou petróleo para aquecimento doméstico ou industrial

0,6 kWh de combustível de aviação

Como podemos manter o combustível no solo?

Como a energia verde por si só não ajuda muito e a eficiência por si só não ajuda em nada, não há como escapar da necessidade de uma restrição à extração.

O combustível fóssil que usamos será a lacuna entre o suprimento de energia limpa e o uso total de energia. Imediatamente, isso nos dá duas alavancas claras; empurre a oferta verde para cima e mantenha a demanda para baixo. Uma terceira alavanca é restringir o suprimento de combustível fóssil. Esse é o limite de que estou falando, que acabará com o efeito rebote nas emissões de carbono.

Para aumentar o suprimento de energia limpa, precisamos investir muito nela. Isso inclui a implantação do suprimento renovável (especialmente o solar) e a infraestrutura que o acompanha, bem como a pesquisa e o desenvolvimento do conjunto de tecnologias acessórias que serão necessárias para que a energia solar funcione para nós; armazenamento, transporte elétrico e assim por diante. Tudo isso é factível. De onde vem o dinheiro? Por sorte, muitas oportunidades de investimento são criadas pelo desinvestimento nos combustíveis fósseis. A mudança do sistema de energia de ontem para o de amanhã está repleta de oportunidades de negócios e também será positiva para os empregos. (Os conceitos de negócios e empregos precisam de um pouco de retrabalho para se tornarem "adequados ao Antropoceno", mas isso vem depois.)

Para restringir o suprimento, não é bom esperar que as energias renováveis sejam tão boas a ponto de perdermos o interesse no carvão e não nos incomodemos em desenterrá-lo. E não é bom esperar que, com apenas algumas partes do mundo fazendo a coisa certa, chegaremos a algum lugar (ver o ponto 9 na seção "Fundamentos da mudança climática", no apêndice). ***Portanto, precisamos urgentemente de um acordo global viável para deixar o combustível no solo.*** Não importa se parece muito difícil conseguir isso, porque nada mais funcionará. O Acordo de Paris de 2015 foi um progresso nesse sentido, embora ainda haja um longo caminho a percorrer. As negociações climáticas subsequentes em Marrakech e Bonn avançaram muito pouco.

Para que tal acordo seja possível, existem algumas condições que precisarão estar em vigor. Uma quantidade limitada de combustível fóssil remanescente na cota total de carbono precisará ser compartilhada de alguma forma, e as maneiras diferentes pelas quais os países serão afetados por esse acordo precisam ser levadas em consideração, porque, a menos que funcione para todos, isso não vai acontecer.

Os estágios iniciais da mudança climática também parecem muito diferentes nas várias partes do mundo. Enquanto as Maldivas afundam, Bangladesh inunda e a Califórnia queima, é provável que a Rússia veja sua produção agrícola subir, seus portos ficando sem gelo por doze meses do ano em vez de oito, e as reservas de energia fóssil ficarem ainda mais acessíveis. Nos países mais pobres, uma restrição de carbono certamente afetará o bem-estar, a menos que seja possível encontrar uma energia limpa que a substitua, enquanto em lugares mais ricos o vínculo entre energia e felicidade provavelmente já foi quebrado há muito tempo, da mesma forma que o vínculo entre bem-estar e PIB já foi quebrado.

Um acordo global será muito difícil de ser conseguido, porque exige compreensão das diferentes implicações para cada país e um "jogo limpo" internacional que o mundo nunca conheceu.

As dificuldades não mudam a realidade de que devemos ter o acordo global para deixar o combustível do mundo no chão.

Os vencedores terão de compensar os perdedores. Para que isso seja possível, será necessário um entendimento suficientemente bom das implicações de um mundo de baixo carbono para todas as partes *E* será necessário haver um senso suficientemente forte de jogo limpo e boa vontade para que esse acordo seja possível. Parecem condições distantes agora, porque ainda estamos presos a mentalidades e hábitos que tornam impossíveis as mudanças necessárias. Mas as seções finais do livro examinam como elas podem ser alcançadas.

Outras condições que precisam estar em vigor são culturais e políticas e têm a ver com a maneira como administramos a sociedade nas escalas local, nacional e global. Chegaremos a todo esse terreno essencial em poucos capítulos.

Quais são as nações que possuem mais combustível fóssil e como vão lidar com isso?

Todos os cinco maiores atores têm muito sol para usar. A Austrália estará rindo, mas a Venezuela e alguns outros teriam de sofrer um golpe – a menos que isso possa ser evitado.

O gráfico mostra os 12 países com as maiores reservas de combustíveis fósseis. Entre si, eles possuem mais de 80% da reservas comprovadas do mundo. Meu gráfico compara a parcela dos combustíveis fósseis do mundo com a parcela do sol. Com cautela, podemos usá-lo como um indicador do que a transição de energia limpa pode significar para cada um deles como atores no cenário mundial de energia. Deveria nos dar uma visão simples das esperanças e medos que o pensamento de tal transição possa evocar. Os cinco primeiros, EUA, China, Rússia, Austrália e Índia, têm muito sol e combustível fóssil; portanto, a transição pode ser tanto uma oportunidade quanto uma ameaça. A Austrália em particular, como mencionei, irá aproveitar a energia solar em troca de suas reservas de carvão. As coisas também parecem boas para o Canadá e a Arábia Saudita.

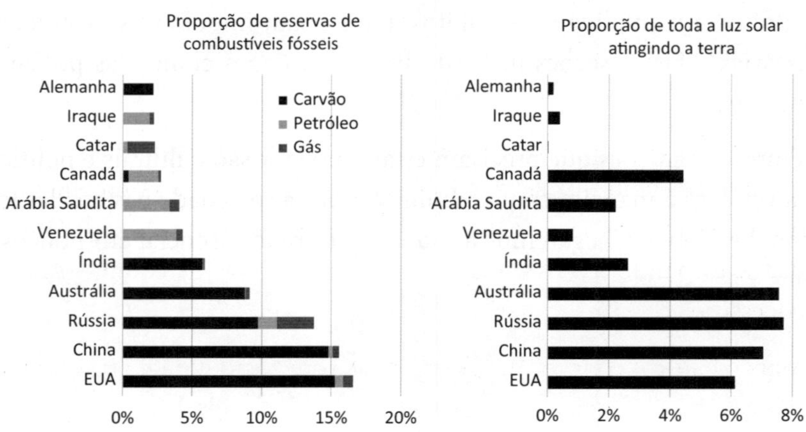

Figura 3.10 Os países com as maiores reservas de combustíveis fósseis e sua proporção da luz solar do mundo.

Por outro lado, a Venezuela está sendo solicitada a trocar uma posição de importância global nos rankings de petróleo por um lugar relativamente empobrecido nos rankings de luz solar. É bastante semelhante para o Iraque e até a Alemanha, que por um tempo liderou a revolução solar. Este gráfico faz com que o mundo de baixo carbono pareça extremamente ameaçador para o Catar, que tem bastante petróleo, mas é muito pequeno para ter bastante luz solar.

O que isso significa para um acordo global?

Minha comparação de reservas com a luz solar total não é de forma alguma uma medida perfeita dos vencedores e perdedores. Há muitos outros fatores a serem levados em consideração: os recursos para a mudança, a disponibilidade de outras fontes de energia não solar, a "usabilidade" da luz solar e assim por diante. A luz solar no Equador é relativamente compacta e também aparece durante todo o ano, enquanto na Rússia e no Canadá é mais dispersa e centrada nos meses de verão. No entanto, meus gráficos servem para destacar mais uma vez que a mudança para um mundo de baixo carbono significa algo completamente diferente para países diferentes: alguns estão esfregando as mãos com alegria, enquanto outros estão compreensivelmente assustados. Como poderia ser feito um acordo global sem levar em conta todas essas circunstâncias diferentes? Estamos pedindo ao Catar que aceite a pobreza? Caso contrário, um acordo certamente precisa ver o mundo através dos olhos desse país, juntamente com os de todos os outros.

A urgência de responder às mudanças climáticas parece muito diferente se você é um Estado insular que está se afogando do que se for uma nação enorme que encontra seus portos descongelados no inverno, suas terras congeladas se tornando férteis e suas abundantes reservas de combustível fóssil mais acessíveis.

Mais adiante, veremos um pouco mais o negócio global aparentemente impossível, mas essencial, e a enorme questão de compartilhar, que as crianças aprendem a fazer à medida que crescem e agora a espécie humana deve fazer igual enquanto cresce.

Vamos precisar retirar o carbono do ar?

Essa é uma necessidade, dada a velocidade de ação necessária, o atual hiato entre o suprimento limpo e a demanda total de energia e a lerdeza da resposta humana até o momento.

A captura de carbono é muito importante porque todos os cenários realistas para limitar a mudança de temperatura a menos de dois graus dependem da retirada do carbono do ar. Em qualquer nível a que finalmente limitarmos nossas emissões, ainda encontraremos alguns efeitos adversos da mudança climática, correndo o risco de desencadear mudanças mais catastróficas, talvez de um tipo que ainda nem imaginamos. Diante de tudo isso, faz muito sentido desenvolver e implementar tecnologias para sequestrar carbono.

A captura e o armazenamento de carbono de usinas simplesmente aumentam o custo da eletricidade. Para deixar claro, o livre mercado é simplesmente incapaz de apoiar a captura de carbono.

A captura de carbono pode ser vista como sendo de dois tipos. O primeiro deles é o papel da captura e armazenamento de carbono (CAC) no ponto de combustão. Essa tecnologia está quase pronta para ser usada assim que o financiamento chegar. É útil enquanto o combustível fóssil persistir na mistura de energia, mas, como ele lida apenas com grandes fontes de combustão, só será capaz de capturar uma proporção modesta de nossas emissões. A geração de eletricidade por biocombustíveis nos fornece um suprimento de energia negativa em carbono, mas na seção de alimentos vimos que a pressão sobre a terra rapidamente se torna intolerável.

O segundo tipo de captura de carbono é a extração de carbono do ar ambiente. Isso poderia mudar o jogo; talvez pudesse permitir até que eliminássemos os danos atmosféricos. Infelizmente, ainda não sabemos como fazer isso. Não sabemos ao certo se aplicar um financiamento sério e há muito necessário nos levaria a resolver o enigma tão rapidamente quanto aprendemos a fabricar bombas nucleares ou tão lentamente quanto estamos aprendendo a curar o câncer.

Há quatro anos, Duncan Clark e eu escrevemos em *The Burning Question* que seria imprudente contar com uma tecnologia emergente tão incerta.

Agora escrevo que, por mais desconfortável que seja, precisamos reverter o relógio e desfazer os danos que causamos.

Para ser bem claro, a captura de carbono não substitui, de forma alguma, uma ação para evitar colocá-lo lá em primeiro lugar.

Melhorar a erosão rochosa e outros métodos de captura de carbono

Mais de um bilhão de toneladas de CO_2 já são retirados naturalmente todos os anos através do desgaste das rochas. No processo "aprimorado", rochas de basalto ou dunito finamente trituradas são espalhadas pelo chão, absorvendo CO_2 a um ritmo mais rápido. Um estudo estima o custo disso em apenas US$ 60 por tonelada se o dunito for usado, com potencial para absorver um enorme volume de 95 bilhões de toneladas de CO_2 por ano. Isso é mais do que o dobro das emissões globais atuais. A grande desvantagem é que o dunito tem traços de minerais nocivos, como cromo e níquel. Alternativamente, a US$ 200 por tonelada de CO_2, pode-se usar basalto, e isso tem o benefício adicional de melhorar a fertilidade do solo com a adição de potássio.[31] Mas o estudo estima que o potencial de captura usando basalto é muito reduzido, chegando a pouco menos de 5 bilhões de toneladas de CO_2 por ano – vale a pena, mas não vai mudar o jogo.

O desgaste das rochas evita os riscos associados ao armazenamento profundo de CO_2 subterrâneo ou no mar, e as possíveis desvantagens do uso do sequestro em massa por meio de florestas monoculturais. Provavelmente precisamos de um pouco de todos esses métodos e muito mais.

Quanta energia vamos usar em 2100?

Continuar crescendo 2,4% ao ano significaria que usaremos sete vezes mais em 2100 do que hoje.

De acordo com a história, continuar com o antigo padrão de crescimento deve ser o resultado mais provável, a menos que algo muito fundamental aconteça para mudar a dinâmica subjacente. Mais especificamente, 2,4% parece uma taxa tão provável quanto qualquer outra. Você poderia argumentar em favor de algo mais baixo, pois a taxa média a longo prazo foi menor, e talvez encontrando algum significado no fato de que a taxa de crescimento diminuiu um pouco na década passada, ou poderia defender uma mais alta, pois a taxa de crescimento subiu constantemente nos últimos séculos.

Duas coisas podem mudar essa dinâmica. A primeira é uma grande queda civilizatória humana devido ao nosso fracasso em lidar com a nossa chegada ao Antropoceno. Este livro é sobre isso não acontecer.

A segunda é que nossa espécie amadurece. Chegamos a entender que "crescimento" não tem mais a ver com obter mais em termos de poder físico. Aprendemos a ser mais cuidadosos, a dar pontapés sem destruir o local e talvez até a ser uma espécie mais gentil. Uma humanidade nova e mais sábia como essa só aumentaria seu suprimento e uso de energia se estivesse confiante de que poderia fazê-lo sem consequências adversas.

Não tenho uma bola de cristal, mas ficaria surpreso se um ou outro desses cenários não acontecesse neste século.

Muitas instituições criam cenários energéticos elaborados e, às vezes, até previsões. Alguns mostram que o uso de energia chega ao topo sozinho.[32] Algumas pessoas me sugeriram que o apetite humano por energia poderia naturalmente perder força, sem que tivéssemos que deliberar sobre isso. A teoria deles é que simplesmente podemos estar chegando a um ponto em que, mesmo sem nenhuma grande mudança de mentalidade, descobriremos que já temos toda a energia que poderíamos desejar. Os defensores dessa visão apontam para as tendências em alguns países desenvolvidos, que mostram uma diminuição no crescimento ou até um declínio no consumo de energia e sugerem que, quando os países mais pobres alcançarem o mesmo ponto, todos podem ter tido o suficiente. Infelizmente, acho que tudo isso mostra uma impressionante falta de imaginação das maneiras que podemos encontrar de querer mais energia. Imagino que os egípcios antigos também teriam pensado que, se tivessem 100 vezes mais escravos, suas necessidades de energia também estariam atendidas para sempre. Para dar apenas um exemplo de como a inovação e a eficiência podem nos levar a querer consumir energia neste século, a possibilidade de dessalinizar a água para uso agrícola parece estar se tornando mais viável pela tecnologia de filtragem de grafeno. Isso abre um enorme potencial para a agricultura no deserto. É brilhante, mas vem com uma colossal nova demanda de energia. Um tipo diferente de exemplo pode ser visto nas primeiras incursões no turismo espacial. A falha final no argumento do "pico natural" é que simplesmente não é possível inferir tendências globais de energia observando apenas alguns países, uma vez que a dinâmica do crescimento energético ocorre em escala global e o que acontece em um único local afeta e é afetado pelo que acontece em outros lugares.

A quantidade de energia pode realmente ser suficiente algum dia?

A longo prazo, esta é a grande questão. De alguma forma, precisamos nos contentar em não aumentar nosso suprimento de energia. Indivíduos e comunidades conseguiram isso. O desafio é fazer o mesmo em nível global.

Algumas pessoas que conheço dizem que a energia sempre aumentou, então isso sempre vai acontecer. Alguns dizem que haverá uma parada natural. Outros dizem que nossa espécie se extinguirá porque somos incapazes de resolver a situação em que estamos. Alguns dizem que ficaremos bem porque sempre estivemos. (A propósito, os dinossauros também poderiam ter dito isso antes de morrerem.) Alguns dizem que a energia solar substituirá os combustíveis fósseis porque o mercado simplesmente fará com que isso aconteça. Outros dizem que a transição para a energia limpa vai demorar muito, porque todas as transições sempre demoraram. Alguns dizem que a cooperação global está além da capacidade humana. Outros dizem que os níveis de desigualdade são determinados pela "natureza humana". Alguns dizem que os seres humanos acordam apenas quando têm uma experiência desagradável, então devemos esperar até que a inevitável experiência desagradável aconteça conosco (e eles geralmente estão falando de experiências excepcionalmente desagradáveis).

Tudo isso me parece determinismo. Não sou nenhum determinista. Rejeito qualquer cientista que me diga que pode provar a ausência de livre-arbítrio. Na verdade, não acho que alguém possa provar isso de qualquer maneira e também não vejo muito sentido em uma longa discussão sobre esse assunto. Como a maioria das pessoas, em algum momento já contemplei a possibilidade de ser uma invenção da minha própria imaginação e, é claro, não posso descartar isso. No entanto, minha observação prática é que as pessoas que vivem como se tivessem livre-arbítrio tendem a ter uma vida mais positiva. Em outras palavras, o determinismo é uma maneira de evitar o desafio de tentar fazer coisas difíceis.

Exige esforço mudar hábitos há muito enraizados. E a dinâmica do crescimento da energia humana está profundamente enraizada.

A humanidade terá de fazer uma aposta se quiser assumir deliberadamente o controle sobre a quantidade de energia que usa.

No decorrer deste livro, aprofundaremos as questões subjacentes que podem permitir a mudança que as evidências nos dizem que precisamos ver. Vamos explorar se somos capazes de tal mudança. Acho que provavelmente devemos apostar nisso. Não está provado que não possamos mudar. Mas teremos de aprender a pensar de novas maneiras. Devemos entrar neste terreno, por mais complicado que seja, porque em algum momento nossa grande espécie terá de crescer.

Resumo da solução energética

- Precisamos ***tanto*** deixar o combustível fóssil no chão ***quanto*** aumentar nosso suprimento de energia limpa para substituí-lo. O último não causará o primeiro.

- Portanto, **o mundo precisa de um acordo** viável para deixar o combustível no chão. O acordo de Paris é uma declaração de intenção, mas está muito longe de ser um compromisso firme para que isso aconteça.

- Melhorias na eficiência são muito importantes, mas, por si só, elas geralmente não produzem reduções no requisito energético. De fato, o efeito oposto é mais comum; os ganhos de eficiência tendem a ser acompanhados de um aumento ainda maior da produção, de modo que a demanda total de energia não diminui.

- Não há barreiras técnicas para a revolução da energia limpa.

  ▷ A energia **solar** é de longe a melhor oportunidade renovável do mundo e tem um enorme potencial, apesar da pequena contribuição atual para a mistura energética. Precisará ser implementada muito mais rapidamente do que qualquer transição energética que o mundo já tenha visto.

  ▷ As tecnologias de suporte também são necessárias, mas também podem chegar a tempo se investirmos adequadamente.

  ▷ **Energias eólica e hidrelétrica** são úteis, mas limitadas.

  ▷ **Energia nuclear é arriscada**, permanentemente poluente, cara e muito difícil de implementar rapidamente, no entanto, dada a bagunça em que estamos, ainda pode ter um lugar na mistura de energia, especialmente em países com menos luz solar por pessoa e devido à sua confiabilidade em comparação com algumas das outras fontes e porque podemos precisar de quase todas as fontes que conseguirmos.

  ▷ Os biocombustíveis em qualquer escala exigem extrema cautela, pois ameaçam o suprimento de alimentos e a biodiversidade.

Embora essas soluções técnicas estejam esboçadas como um rascunho neste livro, espero que seja suficiente esclarecer que elas existem ou estão emergindo rapidamente – e que nenhum sofrimento ou dificuldade é necessário. De fato, existem oportunidades para viver melhor enquanto estamos fazendo a transição.

- Dadas a escala e a urgência do desafio, e a natureza ponderadora da resposta humana até agora, é quase certo que precisaremos **retirar o car-**

bono do ar, mesmo que essas tecnologias ainda não estejam totalmente desenvolvidas ou compreendidas.

- Quanto mais pudermos **limitar nossa demanda de energia**, mais fácil será a transição para fontes limpas. Em algum momento, teremos de acabar com o crescimento de energia. Precisamos aprender quando é suficiente.

Energia: o que posso fazer?

Vou citar algumas coisas simples, pois você provavelmente já recebeu muitos conselhos sobre gerenciamento pessoal do uso de energia. Mais importante, pense nisso como um grande desafio sistêmico. A ação pessoal tem a ver com influenciar todo o sistema.

- Vote nos políticos que entendem os problemas e os priorizam. Se não houver nenhum, vote nos que mais se aproximam. Diga aos candidatos o que você está procurando.
- Onde puder, gaste seu dinheiro apoiando redes de suprimento energeticamente eficientes, tecnologias e infraestrutura de baixo carbono. Exemplos: se você precisa comprar um carro, compre um elétrico, se puder, coloque isolamento, coloque painéis solares e solicite que seu fundo de aposentadoria não invista em combustível fóssil, apenas nas soluções que precisamos.
- Aprecie mais as coisas que não exigem muita energia. Os exemplos incluem caminhadas, livros, a maioria dos tipos de festas, muitas formas de socialização, feriados locais e qualquer hobby que não dependa de combustíveis fósseis.
- Diminua o consumo de energia de todas as maneiras que você já conhece ou pode facilmente obter conselhos em outros lugares. Os exemplos incluem uma vida doméstica eficiente em termos de energia, passando de grandes carros que consomem muita gasolina para outros menores, elétricos e/ou compartilhados, menos viagens de avião. Pense na energia

incorporada nas coisas que você compra. Não compre porcaria e faça as coisas boas durarem.

- Sem perder amigos ou espancar alguém, desafie hábitos e opiniões que não ajudam no trabalho e no lazer.
- Não se martirize. Divirta-se enquanto reduz sua pegada energética. Encontre maneiras de melhorar a vida. Escolha suas batalhas. Aceite que você sempre terá falhas e continue.

Esta é uma lista curta, e a ideia é que você cumpra com todos os itens.

Ah, se a energia e o clima fossem simplesmente questões técnicas! Para conseguir o acordo global de que precisamos, será necessário que muitas outras coisas sejam resolvidas. Isso nos leva a questões de governança global, justiça, economia, crescimento, desigualdade, verdade, confiança, valores e até mesmo a forma como pensamos. Abordaremos essas coisas mais tarde, mas primeiro precisamos cobrir mais um grupo de questões físicas, viagens e transporte. Isso está inevitavelmente entrelaçado com comida, terra, mar, energia e clima.

4 .Viagem e transporte

As viagens e os transportes são responsáveis por grande parte do uso de energia no mundo, sendo a maior parte deles proveniente de combustíveis fósseis líquidos. Eles têm a enorme conveniência de serem móveis e armazenarem energia densa – ideais para carros, barcos e aviões. Portanto, substituir isso apresentará uma série de desafios técnicos e de infraestrutura. Tudo isso será mais fácil quando precisarmos viajar menos.

Começamos com uma visão geral das viagens pelo mundo antes de abordar apenas algumas das especificidades.

Qual a quantidade de viagens que fazemos hoje?

A pessoa média viaja 6.310 km por ano: destes, 57% são pela estrada, 23% a pé, 7% de trem e 13% de avião.

Os quilômetros a pé incluem tudo, de pessoas fazendo trilhas nos Andes até você andando entre a geladeira, a chaleira e o armário enquanto faz sua xícara de café matinal.[1] Desde a virada do século, todos esses modos vêm crescendo. Caminhar vem subindo apenas 1,3% ao ano, aproximadamente

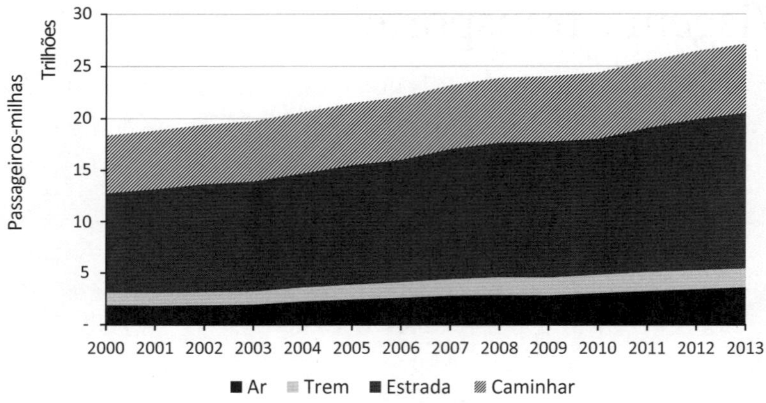

Figura 4.1 Total global anual de viagens de acordo com o meio de transporte.

em sintonia com a população. Os quilômetros aéreos aumentaram 7% ao ano (dobrando a cada 10 anos) e os quilômetros em carros aumentaram 4,7%.[2]

A propósito, o ciclismo, que geralmente consideramos um meio importante, acaba sendo muito menos significativo para a mobilidade humana do que carros, aviões, trens ou pés. Faz sentido quando você considera que muitas pessoas no mundo não andam de bicicleta; a maioria delas usa a bicicleta apenas para viagens de poucos quilômetros e, no entanto, quase ninguém anda de bicicleta entre a geladeira e a chaleira, ou qualquer uma das outras pequenas viagens que compõem tantos de nossos quilômetros a pé. O holandês anda em média 2,2 km de bicicleta por dia,[3] mas na Espanha, onde 73% das pessoas dizem que nunca andam de bicicleta,[4] a média é de apenas 100 m por dia. No Reino Unido, é ligeiramente superior a 265 m por dia.[5]

Quanto vamos querer viajar no futuro?

Algumas pessoas pensam que estamos chegando a um ponto final no desejo humano de viajar. Nos países ricos, dizem, algumas pessoas estão chegando ao ponto em que não querem mais viajar, e quando o resto do mundo alcançá-las, desde que a população se estabilize, não haverá necessidade de aumento no transporte. Posso ver a atratividade do argumento e adoraria acreditar. Certamente, é verdade que os aviões são lugares inerentemente desagradáveis para passar o tempo, independentemente da classe em que você voa, dos filmes que estão disponíveis ou do que estiver no menu de comidas e bebidas. Mas, no geral, como nos argumentos de que nossa demanda por energia também vai se estabilizar, receio que a ideia de que nosso desejo de viajar vai se esgotar naturalmente mostra certa falta de imaginação e de observação de evidências contrárias. Enquanto escrevo isso, os chineses estão construindo uma ligação ferroviária de alta velocidade para o Reino Unido e Richard Branson está desenvolvendo o turismo espacial. Enquanto isso, carros autônomos abrem a possibilidade de intermináveis viagens extras, entregando tudo o que você pode imaginar, até o kit de ginástica esquecido das crianças, sem a restrição natural do tempo de viagem humano.

A menos que possamos mudar a dinâmica de crescimento subjacente da espécie humana, parece um idealismo extremo esperar o fim natural de nosso apetite por transporte. Isso é verdade independentemente do fato de acharmos ou não que mais viagens melhoram genuinamente a qualidade de vida. Como veremos mais adiante, não sou necessariamente contra todas as formas de crescimento, mas um limite seria útil.

Quando pararmos de usar combustível fóssil, a maioria do transporte exigirá terra, seja para gerar eletricidade a partir de painéis solares, para cultivar biocombustível ou simplesmente para alimentar as pernas humanas.

A relativa sustentabilidade das diferentes opções de transporte terá muito a ver com o número de quilômetros por metro quadrado de terra que cada opção pode oferecer. Veja como algumas das possibilidades mais óbvias se comparam:

Quantos quilômetros de viagem podemos conseguir de 1 m^2 de terra?

1 m^2 de painéis fotovoltaicos na Califórnia poderia acionar um carro elétrico por 1.740 km/ano ou uma bicicleta elétrica por uma imensa extensão de 33.800 km.

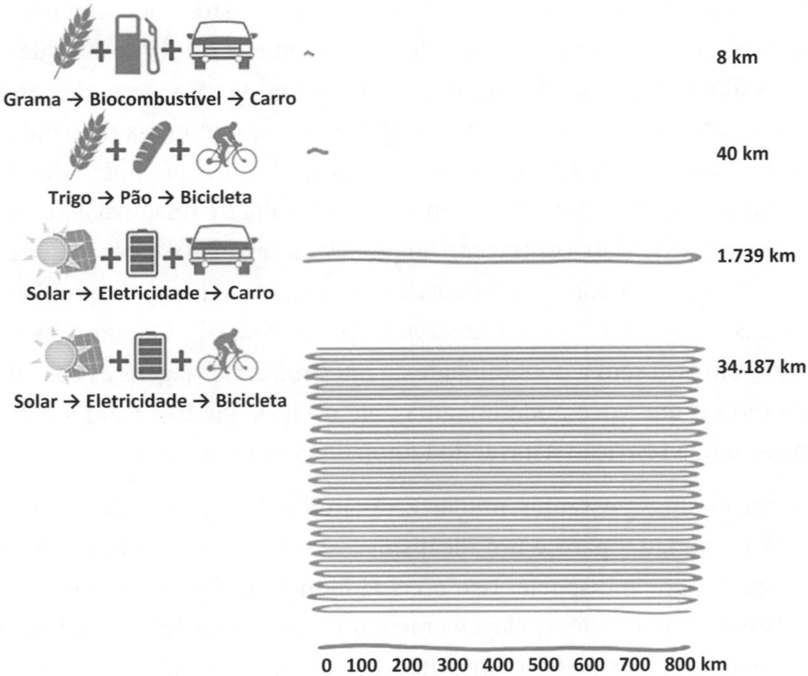

Figura 4.2 As distâncias são baseadas no uso de um carro pequeno movido a biocombustível (rendimento médio global); a bicicleta movida por alguém que se alimenta com trigo (novamente, com base na média global); e dirigir um carro elétrico Nissan Leaf ou andar de bicicleta elétrica, ambos movidos à luz solar californiana.

Como alternativa, poderíamos comer o trigo cultivado em nosso 1 m² e usá-lo para caminhar 21 km por ano ou pedalar 40 km.

Na melhor das hipóteses, um carro movido a biodiesel de capim-salgueiro só poderia percorrer cerca de 8 km.

No geral, os números de bicicletas elétricas e carros elétricos aqui são extremamente encorajadores. Sua incrível eficiência em comparação ao ciclismo convencional e ao biodiesel começa a fazer sentido quando você considera que mesmo painéis solares baratos podem converter cerca de 16% da energia do Sol em eletricidade, enquanto a fotossíntese nas plantas geralmente não é capaz de capturar mais de 2% e até menos é convertido em alimento comestível. Além disso, carros elétricos e bicicletas elétricas podem converter eletricidade em energia mecânica com até 80% de eficiência, enquanto o motor a combustão luta para ultrapassar os 25% e os músculos humanos estão entre esses dois, com cerca de 60% de eficiência.

Depois que todas as nossas usinas de carvão e gás forem desativadas, até a bicicleta convencional perderá para o carro elétrico. Mas, antes que todo mundo jogue fora as bicicletas com pedais, há algumas coisas a serem lembradas; os benefícios para a saúde, a dura realidade de que ainda estamos longe de obter toda a nossa eletricidade de fontes renováveis, o fato de que eu ignorei o impacto ambiental da fabricação de automóveis e, por último, mas não menos importante, o puro prazer de andar de bicicleta.

Se o biodiesel vier do trigo cultivado em nosso 1 m^2, mesmo assumindo 100% de eficiência de conversão, você poderá obter o suficiente para dirigir cerca de 2 km. Olhando de outra maneira, trigo suficiente para suprir as necessidades calóricas de uma pessoa por um dia fornecerá biodiesel suficiente para abastecer o carro por 4,4 km. Essa é uma troca complicada! Um pouco melhor, se a tecnologia emergente puder ser resolvida, seria criar biodiesel a partir de salgueiro, capim ou alguma outra cultura de celulose. Mesmo que isso pudesse funcionar, ainda significaria apenas cerca de 20 km de carro em troca da comida de um dia. Uma mensagem muito importante para todos os formuladores de políticas de energia é esta:

> ***Quaisquer que sejam suas credenciais de baixo carbono, o biodiesel não deveria ser considerado como parte importante de nossa solução energética. Seguir esse caminho colocaria uma pressão enorme no sistema alimentar global e significaria o risco de uma desnutrição generalizada. (Ver "Os biocombustíveis são uma bobagem?", p. 101.)***

Mais detalhes dos cálculos e uma lista de advertências estão nas notas, como de costume.[6]

Tabela 4.1 Quilometragem de viagem possível usando energia proveniente de 1 m^2 de terra californiana usada para painéis solares ou para o cultivo de trigo ou grama de salgueiro

	km/m^2/ano
Bicicleta elétrica (fotovoltaico, FV)	34.187
Trem elétrico (quilometragem por passageiro, FV)	6.490
Carro elétrico Nissan Leaf (FV)	1.739
Carro elétrico Tesla (FV)	1.491
Bicicleta (alimentado a pão)	72
Caminhada (alimentado a pão)	35
Airbus A380 (quilometragem por passageiro) – (biocombustível da celulose)	19
Trem a biodiesel (quilometragem por passageiro, movido a trigo)	8
Carro a biocombustível (movido a salgueiro)	8
Andar a cavalo (animal alimentado a trigo)	4
Carro a biocombustível (movido a trigo)	1,5

Como podemos resolver o transporte urbano?

A cidade ideal é compacta e fácil de se locomover. Os edifícios são altos e geralmente estão próximos, exceto pelos espaços verdes recreativos. Saindo do centro, as casas não são muito grandes e, definitivamente, não são separadas (uma vez que não há necessidade disso do ponto de vista sonoro, apenas desperdiça espaço e dificulta o aquecimento). Desta forma, as pessoas mais capazes podem chegar aonde querem a pé ou de bicicleta na maioria das vezes.

Infelizmente, a maioria das cidades já foi construída e a adaptação não é fácil. O Vale do Silício é uma expansão desnecessária de propriedades independentes baixas, muitas com várias garagens, e as lojas têm seus próprios estacionamentos. O resultado é que, onde as crianças poderiam andar entre as casas e todos poderiam estar a menos de cinco minutos a pé do campo, dificilmente alguém vai a lugar algum se não for de carro. Tendo feito uma bagunça no planejamento urbano, é difícil reprojetar as coisas. San Francisco, nas proximidades, foi salva pela restrição do espaço por ter o mar em três lados e está viva com pedestres e ciclistas, apesar de suas colinas íngremes.

A maioria das cidades precisa, em grande parte, viver com as construções que possui e tirar o máximo proveito delas, sejam boas ou terríveis. Isso deixa três vertentes de ação para classificar o transporte. A primeira é eliminar as frotas de veículos. Bicicletas, bicicletas elétricas, carros elétricos e tudo mais que for elétrico. O segundo é a infraestrutura de transporte; ciclovias, caminhos a pé, trens acima e abaixo do solo, ônibus, bondes, e parques e passeios. Em terceiro lugar, a TI que une os modos de viagem precisa fazer com que as soluções de menor energia sejam tão fáceis de organizar quanto enfiar a mão no bolso para pegar as chaves do carro. Além do transporte público de rota fixa, a TI também pode resolver o compartilhamento flexível de veículos com os táxis, ajustando suas viagens e preços em tempo real, negociados com as necessidades dos clientes e ajustando os preços de acordo. Dessa maneira, o número total de veículos nas estradas pode diminuir, junto com a exigência de ter um carro para maioria das pessoas. Tudo isso é factível. De fato, Oslo baniu o uso de carros em 2019, e Copenhague e Amsterdã já são dominadas pelas bicicletas.

O transporte compartilhado melhora ou piora a vida?

Piora, se você se comprometer a sempre dirigir seu próprio veículo e mantê-lo cheio de seu lixo pessoal. Melhora muito, se você quiser viajar no veículo mais apropriado a maior parte do tempo, sem incorrer em sobrecarga, e está aberto a fazer conexões sociais com outros seres humanos.

Desde que você não as tenha perdido no sofá, não há como negar a simplicidade de pegar as chaves do carro para iniciar sua jornada. Por esse motivo, o carro particular foi a opção padrão para os desorganizados. Também é difícil superar seu carro pessoal se você gosta de ter seu próprio lixo quando viaja. E você nunca precisa pensar em dirigir um carro com o qual não está acostumado. Mas o preço que pagamos por nossa própria cápsula dedicada é que estamos presos ao mesmo veículo em qualquer jornada que estamos tentando fazer (a menos que você possua vários), só podemos começar cada jornada de onde nosso carro estiver estacionado e não temos nenhuma eficiência ambiental ou de custo da propriedade compartilhada.

No mundo de hoje, a maioria possui carros e alugá-los geralmente é um processo relativamente complicado. Leva tempo, não é espontâneo e geralmente requer retirar e devolver de locais inconvenientes. Portanto, se você quiser pegar o trem durante parte de sua jornada, geralmente é difícil ter acesso a um carro na outra extremidade, se precisar. O mercado global de compartilhamento de carros ainda está engatinhando em torno da marca de US$ 1 bilhão, tornando-se um alfinete em todo o cenário automotivo.

Não precisa ser assim. No mundo do compartilhamento de carros, a infraestrutura está bastante aprimorada, e as opções de transporte público também são melhores, e os aplicativos para fazer tudo isso se encaixar chegaram a um nível de desenvolvimento bastante alto. Se você precisar de um veículo, poderá acessar rapidamente o modelo ideal para a viagem que precisa, desde uma bicicleta comum ou elétrica e um pequeno automóvel que sempre pode encontrar um lugar para estacionar até uma van para fazer a mudança de móveis. Você sempre pode pegar o menor carro que atenda às suas necessidades para a viagem e, quando não estiver em uso, não será sua responsabilidade. Felicidade. Você também pode pegar o trem sabendo que, do outro lado, pode entrar em um carro compartilhado, se precisar. Neste mundo, há menos carros, mas cada um é mais bem utilizado. Claro, há muito mais bicicletas. O ar é mais limpo. As cidades do norte da Europa estão indo neste caminho.

Devo comprar um carro elétrico?

Primeiro pergunte se você ainda precisa ter um carro próprio. Caso contrário, não compre um novo até precisar. Em seguida, que seja elétrico, se puder, e o mais econômico possível. Faça-o durar.

Aproximadamente dois terços da pegada de carbono de dirigir um carro movido a gasolina são devidos ao combustível, e o restante provém das emissões envolvidas na fabricação do carro. Portanto, a menos que sejam muito ineficientes, os carros devem ser cuidados e mantidos na estrada por muito tempo.

Os carros elétricos causam menos emissões em uso do que seus equivalentes a gasolina, mesmo que a eletricidade seja proveniente de uma usina de carvão, porque seus motores são muito mais eficientes do que os motores de combustão interna. Isso mais do que compensa as ineficiências da produção de eletricidade na usina e as emissões muito altas da queima de carvão. No entanto, os ganhos gerais são marginais e se aplicam apenas se você comprar o carro mais eficiente possível. Infelizmente, não dá pensar em seu carro funcionando apenas com eletricidade renovável, mesmo se você assinar um acordo que diga que isso é verdade porque, no futuro próximo, não haverá fontes renováveis suficientes para fazê-lo andar. Portanto, se você os utilizar, todo mundo precisará ter mais carvão em sua mistura de eletricidade.

Se longas viagens ou a falta de pontos de carga tornam o carro totalmente elétrico impraticável para você, talvez descubra que pode se dar bem com o tipo de híbrido que pode percorrer 80 km com uma carga de bateria e usar combustível apenas para alimentar um gerador, se necessário. Na prática, mais de 90% de seus quilômetros provavelmente acabarão sendo elétricos, desde que você recarregue quando puder.

Limpar nosso transporte não tem apenas a ver com carbono e energia, mas também com a saúde humana.

Com que urgência eu deveria abandonar meu carro a diesel?

Urgentemente, se você percorrer muitos quilômetros em vias urbanas.

1 km em um carro a diesel no trânsito congestionado tira cerca de 12 minutos de vida do resto da população – se você somar todos os pequenos impactos que tem sobre todas as outras pessoas.

No Reino Unido, 40 mil[7] pessoas morrem prematuramente por ano em decorrência da poluição do ar e veículos causam 8.900 dessas mortes. Isso é cinco vezes mais do que as 1.775 mortes em acidentes de trânsito.

Esta questão é um pouco colateral, mas, como ciclista, não posso resistir. As estatísticas farão você querer prender a respiração toda vez que um ônibus passar.

Os dois principais poluentes assassinos são pequenas partículas e dióxido de nitrogênio (NO_2). Os veículos a diesel geram as duas muito mais do que carros a gasolina ou elétricos. Se, como eu, você anda de bicicleta ou até caminha pela cidade, é natural que tenha curiosidade sobre como esses poluentes funcionam.

Em termos de partículas, as menores (geralmente chamadas de PM2.5, com menos de 1/400 mm de diâmetro) são as mais prejudiciais, porque entram mais facilmente na corrente sanguínea quando você respira. Os carros a diesel normalmente produzem cerca de 15 vezes mais do que seus equivalentes a gasolina.[8] Algumas partículas (cerca de 10% das dos veículos) também são emitidas a partir de pastilhas de freio, pneus e superfícies de estradas, de modo que até carros elétricos contribuem levemente para o problema. As PM2.5 normalmente duram na atmosfera por dias ou semanas, dependendo do clima. Se estiver ventando, elas se dispersam mais rapidamente, mas também podem ser trazidas de outros lugares. A chuva as lava, enquanto no tempo seco o trânsito pode tirá-las do chão e jogá-las de volta ao ar. As pessoas acham que as árvores ajudarão a filtrá-las, mas, infelizmente, é o contrário. Embora as folhas sejam superfícies para as partículas pousarem, um efeito muito mais importante é que em uma rua movimentada as árvores formam uma barreira contra o vento, o que mantém as partículas no nível da rua.

Se você dirige muito pelas cidades, todas as partículas que saem do cano de escapamento têm uma chance razoável de ir direto para o pulmão de um transeunte, enquanto que, se você estiver em uma estrada no campo, elas são dispersas e é muito menos provável encontrar um humano antes de sair da atmosfera. Então, onde você dirige faz uma grande diferença para o impacto na saúde.

Ao contrário das PM2.5, o dióxido de nitrogênio não se forma instantaneamente. Quando o ar fica muito quente, como em um motor de carro ou mesmo em uma chama de gás ou fogo de madeira, são criados óxidos de nitrogênio. Eles só se transformam em dióxido de nitrogênio prejudicial alguns segundos ou minutos depois, quando reagem com ozônio ou oxigênio no ar.[9] Esse atraso é uma boa notícia para quem anda pela Times Square ou Oxford Street ou em uma bicicleta atrás de um ônibus, porque significa que as coisas têm a chance de se dispersar um pouco antes de chegar até você. A má notícia é que o dióxido de nitrogênio tende a durar mais tempo do que a poluição por partículas e não é levado pela chuva, portanto, embora ainda haja muito mais nas cidades do que no campo, onde quer que você vá, o ar que respiramos contém contribuições de NO_2 do mundo todo.

Os carros elétricos não têm cano de escapamento, mas, se a energia vier da rede, haverá muitas partículas e dióxido de nitrogênio saindo das usinas que o geraram.

Espero que a Figura 4.3 o ajude a decidir o que você pessoalmente quer fazer. Ela mostra os minutos de vida tirados do resto da população por quilômetro percorrido para diferentes tipos de viagens e veículos.[10] Uma viagem de 8 km em uma cidade congestionada em um carro a diesel tira uma pessoa-hora da vida das pessoas que passam por você.[11] Então, se você é um motorista de táxi de Londres, as coisas parecem relativamente claras para mim. Trocar seu táxi preto por uma versão a gasolina, ou melhor ainda, elétrica, faria um favor a todos os outros. Idealmente, consiga algo da metade do tamanho também.

Alguns carros a diesel são um pouco mais limpos que outros. Não posso terminar esta seção sem mencionar o escândalo de emissões da Volkswagen. O MIT estimou que a inserção de um software que frauda as emissões pela VW em seus carros a diesel – os modelos vendidos somente na Alemanha – resultará em 1.200 mortes prematuras durante a vida útil dos veículos.[12] No mundo todo, o número deve ser muito maior. Se existe alguma diferença entre assassinato em massa e esse método de conscientemente causar a morte de pessoas, parece-me um pouco tênue. Alguns dos responsáveis foram apenas repreendidos e perderam o emprego. Parece-me estranho que levemos esse tipo de crime muito menos a sério do que facadas nas ruas ou tráfico de drogas.

Os veículos a diesel se tornaram populares no Reino Unido por suas supostas eficiências de carbono. No entanto, esse benefício é marginal porque, enquanto os carros a diesel percorrem mais alguns quilômetros por galão, um galão de diesel também possui cerca de 20% a mais de carbono.

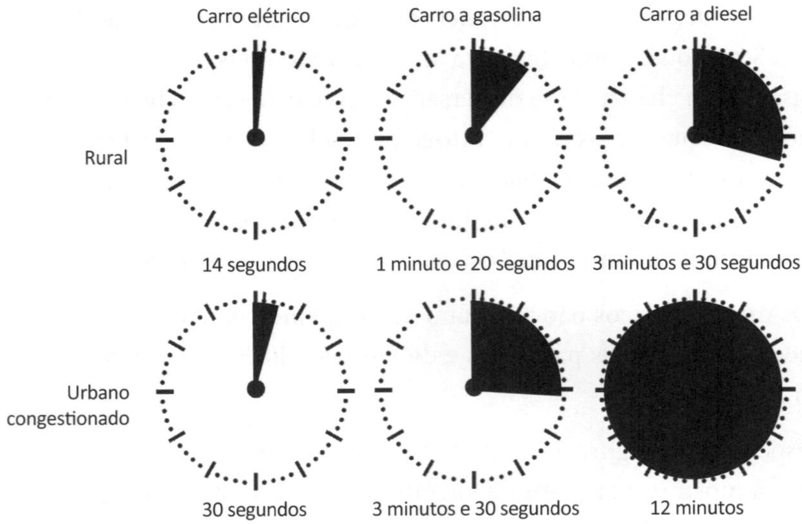

Figura 4.3 Minutos de vida tirados do resto da população humana por 1,6 km percorrido. Assumi que todos os veículos são carros razoavelmente eficientes de tamanho médio (1 tonelada).

Levando em conta o carbono, as partículas e o dióxido de nitrogênio, há uma hierarquia clara com o diesel no fundo, gasolina no meio e, bem longe no topo, os carros elétricos. Qualquer que seja o tipo escolhido, é bom que você escolha um pequeno, dirija menos e compartilhe mais.

Os carros autônomos poderiam ser um desastre? Ou algo brilhante?

Tudo depende de quanto os usamos.

Os carros sem motorista, sem dúvida, são mais eficientes porque podem andar um atrás do outro e otimizar todas as manobras. A primeira dificuldade, como vimos, é que a eficiência leva a mais problemas, a menos que o uso global total de carbono seja limitado. A questão é especialmente extrema nos carros autônomos, porque eles também são muito menos estressantes e mais seguros. Poderíamos dormir a caminho do trabalho ou dormir a noite toda, enquanto eles nos levam por centenas de quilômetros a uma reunião. Poderíamos mandar nossos filhos a grandes distâncias para a escola todos os dias, e, se eles esquecessem o almoço, poderíamos simplesmente enviar o carro novamente para entregá-lo. As oportunidades para o aumento do uso de energia são enormes.

Antes de adotarmos esse modo de vida como padrão, deveríamos nos perguntar com muito cuidado a questão essencial, mas um pouco estranha e incomum, de saber se a qualidade de vida será melhorada ou piorada por essa inovação. Só porque a inventamos, não significa que somos forçados a adotá-la, embora, como veremos mais adiante, possa ser difícil resistir à pressão. A experiência de estar vivo em um carro sem motorista será melhor do que a experiência de estar ao volante, ou fora de um carro? Meu instinto é que, quando a novidade se esgotar, será quase tão inerentemente maçante quanto os voos frequentes.

A questão dos carros autônomos nos leva de volta a duas perguntas. Podemos limitar o carbono? E, mais amplamente, pode ser suficiente? Se as respostas forem afirmativas, os carros autônomos podem nos ajudar a viver de maneira sustentável no Antropoceno. Caso contrário, eles só pioram as coisas.

Como podemos voar em um mundo de baixo carbono?

Um A380 transportando 550 passageiros de Nova York a Hong Kong queima 192 toneladas de combustível. Isso representa cerca de 36% do peso na decolagem. Sem usar combustível fóssil, o desafio é transportar energia suficiente a bordo.

Voar com baixo carbono é um problema difícil de resolver, mas as soluções parecem possíveis. O mais óbvio é o uso de biocombustível. Infelizmente, vimos na p. 101 que a troca entre combustível e comida é incrivelmente difícil. Se o biocombustível usado fosse feito de trigo, a quantidade necessária seria suficiente para atender às necessidades calóricas de todos os passageiros por quatro anos e exigiria 2,4 km^2 das melhores terras da Califórnia por um ano para produzi-la.[13] Em outras palavras, o trigo necessário para atender às necessidades atuais da aviação equivale a cerca de 2.100 kcal por pessoa por dia para todos no mundo – quase o mesmo que toda a exigência de calorias alimentares da humanidade. Se pudermos descobrir a tecnologia, seria algo como quatro vezes mais eficiente cultivar salgueiro como miscanthus e produzir biocombustível a partir disso, mas os números ainda são horríveis o suficiente para dificultar o voo.

Felizmente, pode haver uma maneira melhor. O problema com os aviões elétricos sempre foi que as baterias não têm a fabulosa densidade de energia dos combustíveis fósseis, por isso elas tornam os aviões muito pesados para voar. De fato, são necessários cerca de 20 kg de bateria de íon de lítio premium para transportar tanta energia quanto um único quilo de combustível para avião. Por esse motivo, eu havia descartado a ideia de aviões elétricos. Até que ouvi dizer que a Easyjet está planejando exatamente isso para seus voos de curta distância e decidi dar uma olhada mais de perto. O A380 que já vimos é o avião comercial mais eficiente que o mundo já viu em termos de energia necessária por quilômetro por tonelada de carga útil. E tem a vantagem de ser enorme. Para encontrar a melhor solução trabalhei com o engenhoso modelo de simulação de voo que foi construído por um amigo físico, piloto, engenheiro de software e consultor de controle de tráfego aéreo. Primeiro, enchi o A380 com baterias em vez de combustível. Em seguida, assumi que um avião elétrico pode fazer um trabalho melhor convertendo a energia armazenada em movimento do que um avião a jato convencional (um fator de 2,5 parece razoável, dada a ineficiência inerente ao desperdício de calor na queima de combustíveis fósseis e as melhorias de eficiência que carros elétricos possuem em relação aos movidos a gasolina). O resultado é um avião que poderia realizar muito bem o voo de 965 km de Londres para Berlim. Estamos chegando lá! Além disso, melhorias futuras na densidade de energia das baterias resultarão em um aumento proporcional no alcance. Para emergências, é necessário um pouco de energia sobressalente, e a melhor maneira de transportá-lo ainda pode ser como combustível fóssil, mesmo que seja necessário um gerador para convertê-lo em eletricidade. Afinal, os voos elétricos não são algo tão maluco.

Uma terceira opção, e talvez essa seja a melhor para voos de longa distância no futuro próximo, se a revolução solar decolar como esperado, é a ideia de usar a eletricidade solar para criar combustível de aviação a partir do

CO_2 no ar. Há cerca de 40% de perda de energia no processo de conversão, mas não importa. Estimo que levar nossos passageiros de Nova York a Hong Kong exigiria cerca de 25 m^2 de painéis solares por ano por pessoa, desde que os colocássemos em um pedaço adequado de deserto.[14] Isso é 270 vezes mais eficiente em termos de terra do que a opção de biocombustíveis a partir de trigo.[15] Meus números são muito aproximados, mas bons o suficiente para transmitir uma mensagem clara. Que grande oportunidade para a Austrália, que nunca mais precisará olhar de novo para sua indústria de carvão.

Então, parece que voar pode ser possível no mundo de baixo carbono. Por favor, não pense que estou dizendo isso com a ideia de que não precisamos pensar em quanto viajamos. Lembre-se de que a quantidade de combustível fóssil que utilizamos será igual à diferença entre nosso uso total de energia e a quantidade de energia não fóssil que possuímos, e os aviões usam muita energia. Portanto, se você tiver escolha, não vote em nenhum político que fale sobre aumentar aeroportos sem dedicar tempo suficiente para entender o enorme impacto ambiental de voar.

Finalmente, os painéis solares nas asas sempre serão estritamente para quem procura aventura, e não para aqueles que tentam ir de A a B.

Devo voar?

Seja por negócios, amor, diversão ou ano sabático, tudo depende...

Não há como negar a enorme pegada de carbono. Em termos de perspectiva, uma viagem de Londres para Hong Kong ida e volta, na classe econômica, representa cerca de um quarto da pegada anual de carbono de uma pessoa média do Reino Unido.[16] Não estou tentando deixá-lo desanimado, é apenas um fato. Se vale a pena depende de por que você vai e o que faz da sua viagem. É uma troca.

Se você viaja a negócios, depende se seu trabalho está ou não ajudando a construir um futuro sustentável para o mundo. Ou depende se você voltará com uma visão mais ampla do mundo e um maior senso de empatia global. Se o seu filho mais próximo e mais querido mora do outro lado do mundo, isso poderia ser um dilema. Se você quer apenas desfrutar de umas férias, é entre você e sua consciência, mas, se decidir viajar, é essencial que tenha uma experiência incrível.

Kevin Anderson é professor de política climática no Tindal Centre, Reino Unido, e é alguém cujo trabalho eu respeito muito. Ele assume uma postura forte de não voar. Se tem uma conferência climática na China, ele pega o trem. Ele defende uma posição e é um exemplo brilhante de liderança autêntica. Mas, por outro lado, para mim, seu trabalho é bom o suficiente para que qualquer voo que o ajude a fazer seu trabalho valha a pena.

Então, meus pensamentos são que, se você voar (e às vezes eu voo), pelo menos trate isso como uma ocasião e extravagância muito especiais. Voe na classe econômica (para ocupar menos do avião) e aproveite ao máximo sua viagem. Se você estiver viajando para conhecer o mundo, que seja por um longo tempo, tenha novas experiências e conheça pessoas que veem, pensam e vivem de maneira diferente das que você conhece em casa.

As reuniões virtuais economizam energia e carbono?

No momento, não. Essas reuniões mais criam a probabilidade de acionar um voo do que de evitar um. Elas tornam um mundo de baixo carbono mais possível, mas não ajudam, sozinhas, a realizá-lo.

Trabalhei muito com grandes empresas de tecnologia que são tentadas a argumentar que a tecnologia de videoconferência reduz os voos e, assim, economiza milhões de toneladas de carbono no mundo todo. Mas, se você leu o livro até aqui, já deve ter adivinhado que o efeito rebote desfaz esse argumento. Para ilustrar essa questão, eis como terminei fazendo alguns voos entre a Inglaterra e a Califórnia. Algumas pessoas no Vale do Silício leram um dos meus livros e gostaram. Elas fizeram contato por e-mail. Trocamos alguns telefonemas e uma videoconferência. Isso deu tão certo que decidiram que gostariam que eu trabalhasse para elas e vieram seis viagens pelo Atlântico. (Tudo justificado em nome de tentar incentivar um gigante da tecnologia a fazer sua parte para permitir as condições nas quais o mundo poderia concordar em deixar o combustível no chão.) Sem as reuniões virtuais, as reais provavelmente nunca teriam acontecido.

Mais uma vez, vemos que, no nível do sistema macro, os ganhos em inovação, tecnologia e eficiência são apenas parte do processo pelo qual o consumo total de recursos aumenta, não diminui.

No entanto, olhando as coisas de outra maneira, se o mundo adotasse a restrição global de carbono de que tanto necessita, as reuniões virtuais seriam uma das tecnologias críticas que nos permitiriam conduzir nossas vidas e negócios da maneira normal.

Os barcos são muito ruins? E eles podem ser eletrificados?

O frete marítimo é 30 vezes mais eficiente em termos de energia do que o frete aéreo – mas você precisa ser muito mais paciente.

Um navio que transporta uma carga útil de 15.000 toneladas a 15 nós normalmente gasta 470 toneladas de combustível na viagem de 9.700 km de Hong Kong a Londres.[17] Portanto, exige 1 kWh de energia a cada 1,5 m de sua jornada. Ou, em outras palavras, exige cerca de 0,12 kWh/t/km, desde que você mantenha a velocidade baixa. Portanto, cerca de 20 maçãs, laranjas ou bananas podem ser transportadas por mar de tão longe, pelo mesmo custo energético que dirigir um carro convencional médio por 2 km. O frete marítimo, de fato, é um facilitador essencial de toda a economia global. Ele não apenas permite que populações densas em climas frios comam alimentos cultivados em lugares ensolarados e espaçosos, mas provavelmente habilitou as cadeias de suprimentos da maioria das coisas que você pode ver ao seu redor agora mesmo ao ler isso. Dobrar a velocidade para 30 nós reduziria o tempo de viagem de duas semanas para uma, mas, como a resistência à água acompanha o quadrado da velocidade, o uso de energia aumentaria quatro vezes. Então, é bom ser paciente.

Por outro lado, a alternativa de frete aéreo exige cerca de 2 kWh por tonelada por milha (o que dá mais ou menos 1,24 kWh por tonelada por quilômetro),[18] mas pode chegar lá no mesmo dia. A pequena porção de mercadorias que viajam de avião é principalmente de luxo (como aspargos no inverno e roupas de *fast fashion*). Para gerenciar uma crise na cadeia de suprimentos mal administrada, a logística também recorre ao frete aéreo. (Em uma vida anterior, trabalhando para uma empresa de botas, o frete aéreo era a opção de emergência muito cara quando o gerenciamento de estoque perdia o controle.)

No entanto, embora as pegadas de energia e carbono do transporte marítimo sejam boas e baratas, já vimos que precisamos eliminar completamente o combustível fóssil em pouco tempo. E um navio porta-contêiner convencional usa a forma de óleo mais poluente e poluidora que existe; um alcatrão preto que não pode ser usado em carros ou caminhões.

Aqui está como a física básica do frete marítimo elétrico se destaca. Como nos aviões, seria necessário um peso muito maior de baterias que o combustível para os barcos, porque a densidade de energia das baterias é cerca de vinte vezes menor. Mas a diferença é que, para barcos, o peso do combustível é uma proporção muito menor do peso total. Mesmo que os motores elétricos não fossem mais eficientes que os motores de navios convencionais, seria possível fazer a viagem com pouco mais de 9.000 toneladas de bateria a bordo, permitindo 6.000 toneladas de carga. É uma redução de 60% na carga útil, mas não o suficiente para torná-la totalmente inviável. Se, como é provável, um motor elétrico puder ser duas vezes mais eficiente que o motor de navio convencional, seria possível transportar apenas 4.500 toneladas de bateria e 10.500 toneladas de carga. Antes de chegar à conclusão de que isso pode ser feito facilmente amanhã, lembre-se que isso coloca mais pressão no fornecimento global de baterias.

Velas e painéis solares no convés, a propósito, são boas ideias e potencialmente valem a pena, mas acabam produzindo apenas ganhos marginais. O problema é que os barcos de hoje são enormes em comparação com a energia eólica e solar que eles podem capturar a bordo.

Finalmente, uma nota sobre as viagens de passageiros. É tentador pensar que essa poderia ser a opção ecológica, mas, infelizmente, grande parte da eficiência inerente aos barcos, em comparação com os aviões, é lançada ao mar, porque as pessoas não gostam de ficar lado a lado na viagem, como o fazem maçãs e bananas. A diferença se torna extrema em um cruzeiro de luxo, quando todos precisam ter não apenas uma cabine, mas acesso a piscinas, cassinos, salas de jantar e todo o resto (eu nunca estive em um, mas ouvi falar). Isso eleva o custo do carbono a 0,29 kg por milha percorrida por passageiro, igualando-se a dirigir um pequeno carro a gasolina com um único ocupante[19] ou a voar. As viagens marítimas humanas ainda se restringem a viagens relativamente curtas, barcos à vela, pedalinhos e jangadas. (Ver esta nota para três leituras altamente recomendadas.)[20] (Ver também p. 50, "A comida local é melhor?")

Bicicletas elétricas ou a pedal?

As duas – ainda bem.

Se eu tivesse de escrever que a maneira mais sustentável de se locomover poderia ser de bicicleta elétrica, em vez das antiquadas com pedais, faria isso com grande tristeza e com a sensação de que a tecnologia estava nos levando a um mundo pior. Algumas páginas atrás, descobrimos que um pedaço de terra com painéis solares pode alimentar uma bicicleta elétrica cerca de 200 vezes mais do que a mesma terra usada para cultivar alimentos para um ciclista convencional. Triste, mas verdadeiro.

Felizmente, há espaço para ambas. As bicicletas elétricas transformam em algo prático um novo conjunto de viagens de baixo carbono que não são possíveis em uma bicicleta convencional. Elas servem para aliviar o congestionamento, a poluição e o ruído, usando radicalmente menos energia do que todas as alternativas de quatro rodas. São, por exemplo, uma enorme oportunidade para empresas de cidades inteligentes. Ter uma frota ajudará sua equipe a chegar pontualmente às reuniões, sem roupa amassada, sem suor e provavelmente mais feliz, enquanto você economiza dinheiro.

Uma nota de cautela, no entanto. Será necessário um novo nível de atenção voltado para a segurança. No extremo mais potente da balança, uma bicicleta elétrica pode ser tão rápida e perigosa quanto uma motocicleta, além de mais difícil para os pedestres ouvirem que está chegando.

Isso não significa a morte da boa e velha bicicleta a pedal, que o mantém em forma e oferece uma simplicidade maravilhosa. Talvez eu seja incomum, pois todos os meus clientes toleram o suor e as roupas amassadas com que chego nas reuniões e, em troca, gosto de pensar que eles se beneficiam da maior vitalidade que ganho por ter feito exercício.

Finalmente, enquanto olhamos para as viagens, há um sonho que precisa ser verificado para que não ganhe mais força.

Quando poderemos emigrar para outro planeta?

Todo o suprimento de energia da humanidade seria suficiente para enviar apenas uma pequena nave espacial tripulada por ano em uma jornada intergaláctica.

Poderia ser tentador esperar que, se pudéssemos nos mudar para um planeta B, a necessidade de "um planeta vivo" fosse apenas temporária. Isso poderia significar que podemos nos manter apegados à mesma mentalidade expansionista que permitiu que nossos predecessores se movessem para quase todos os cantos da Terra. Algumas pessoas, incluindo um ou dois cientistas eminentes, disseram coisas que sugerem que é apenas uma questão de tempo até que nossa espécie encontre seu caminho para outros planetas.[21] Mas a física básica rapidamente detona essa ideia.

O planeta mais próximo que pode ter condições razoavelmente semelhantes à Terra é o Proxima Centauri B. É local em termos espaciais – a apenas quatro anos-luz de distância. Portanto, se o entretenimento a bordo fosse tão bom que pudéssemos pensar em 40 anos como um tempo de viagem aceitável, precisaríamos apenas viajar a um décimo da velocidade da luz para chegar lá. Mas, mesmo para ir nessa velocidade, uma pessoa precisa de uma quantidade gigantesca de energia cinética. De fato, o suprimento diário de energia global da humanidade é quase o mesmo que a energia cinética para conseguir que 50 pessoas, pesando 70 kg cada, viajem a essa velocidade. E apenas eles, voando pelo espaço em roupas íntimas até Proxima Centauri B.[22]

Mas, como isso significaria morte instantânea, é necessária uma nave espacial. Para ser o mais otimista possível, digamos que ela pesa apenas 600 kg por pessoa. É o mesmo que meu pequeno carro Citroën C1, e posso dizer com segurança que não gostaria de ficar preso nele por 40 anos. Isso é viajar superleve, quando você pensa que o ônibus espacial pesa 80 toneladas e que não levamos em conta nenhum kit e comida necessários para a jornada ou para começar na nova terra. Também não permitimos perda de energia no mecanismo de propulsão. Finalmente, seria sensato pensar em como vamos desacelerar do outro lado, para não entrarmos em nossa nova casa a 30.000 km por segundo. Isso certamente exigirá energia, que também precisará ser carregada conosco. Quando todas essas considerações são levadas em conta, já está claro que mesmo uma pequena nave espacial com um punhado de pessoas exigiria o suprimento anual de energia da humanidade, não deixando nada para os que ficaram para trás na Terra.

Claramente, toda essa discussão é fantasia, mas minhas somas simples afirmam que a viagem interestelar não é uma alternativa a "um planeta vivo". *Jornada nas Estrelas* era um programa de ficção. Não podemos, atualmente ou em um futuro próximo, e provavelmente nunca, viajar na "velocidade de dobra" ou através de um buraco de minhoca.

Muito mais possível, mas muito menos útil, seria que alguns de nós migrassem para a órbita da Terra ou talvez para Marte. Isso significaria viver permanentemente em recipientes à prova de vazamentos. Seria muito mais simples, mas igualmente desagradável, fazer isso na Terra em uma mina ou em um bunker de concreto.

Muito mais possível ainda seria começar a poluir o universo com cápsulas do nosso DNA, na esperança narcisista de que, de alguma forma, elas criassem raízes. Talvez seres melhores que nós se apossem do nosso código genético e sejam capazes de nos recriar (mas se iriam querer fazer isso é outra questão). Nada disso ajudará de nenhuma forma o desafio prático da vida para nós humanos na Terra ou para as próximas gerações.

O que quer que façamos, a Terra será nosso único lar por muito tempo. Não há Planeta B.

5. Crescimento, dinheiro e métricas

Vimos como é fisicamente possível avançar rapidamente para além dos combustíveis fósseis e ainda atender às nossas necessidades de energia. Vimos como todos podem ter uma dieta saudável enquanto melhoram as dimensões ambientais da gestão da terra e do mar. Vimos até como podemos atender às nossas necessidades de transporte ao mesmo tempo. Tratamos da biodiversidade, de antibióticos e dos plásticos. Todos esses desafios acabam sendo felizmente solucionáveis de uma perspectiva científica e técnica.

Se ao menos fossem suficientes.

Este livro, lembre-se, tem o objetivo de encontrar maneiras de tornar a vida muito melhor do que é agora. Salvar o planeta é apenas a parte dos primeiros socorros desse projeto. Tanto para a realização de uma vida melhor quanto para a gestão de crises, é claro que a economia precisa de um grande reexame. Dada a situação radicalmente nova em que nos encontramos, não surpreende que algumas dessas coisas que foram refinadas ao longo de milênios, em um contexto totalmente diferente, ainda não sejam adequadas para o propósito no Antropoceno. Eu não sou exatamente o primeiro a fazer essa observação.[1]

Nossa economia tem origem em nossos valores ou é o contrário? Um pouco dos dois, talvez, mas, certamente, quanto mais nosso mundo estiver enquadra-

do em torno de ganhos financeiros e individualismo, mais difícil será pensar de maneiras mais cooperativas.

Não sou economista, e isso facilita a visualização das coisas de uma forma nova, mas também significa que é melhor não tentar entrar em muitos detalhes.

Vamos explorar alguns dos tipos de crescimento que temos experimentado e buscado para perguntar quais tipos ainda são saudáveis para nós hoje. Ao olhar para o dinheiro, exploraremos como os mercados, investimentos, distribuição de riqueza e as maneiras pelas quais gastamos podem ajudar ou atrapalhar a abordagem dos desafios que enfrentamos em nosso ar, terra e mar.

Boa parte da economia convencional será desafiada.

Que tipos de crescimento podem ser saudáveis no Antropoceno?

As crianças crescem fisicamente à medida que ficam mais velhas. Os adultos, se quiserem continuar crescendo saudavelmente, precisam encontrar formas não físicas de crescimento. A humanidade precisa passar por uma transição semelhante.

É claro que há uma grande dinâmica sobre a qual os humanos até agora tiveram pouca ou nenhuma influência. A inovação traz novas tecnologias e eficiências, permitindo maior uso de energia e ainda mais inovação. Esse tem sido o mecanismo de crescimento e expansão há muito tempo.

Até recentemente, os seres humanos sempre conseguiam se safar de uma mentalidade de crescimento físico: crescimento de energia, população, infraestrutura, expectativa de vida e dinheiro eram coisas boas, mesmo que andassem de mãos dadas com o crescimento de carbono, extração mineral, poluição e praticamente todo impacto humano que você puder imaginar. Mas aqui no Antropoceno, de repente, não está mais claro qual crescimento ainda pode ser saudável e qual não. Em vez de nos apegarmos ao crescimento como essencial ou rejeitá-lo como a raiz de todos os problemas, precisamos dissecar a questão do crescimento e nos perguntar, no mundo de hoje, quais tipos de crescimento são desejáveis e quais não são.

Em uma ponta do espectro entre crescimento saudável e não saudável, existem algumas formas que se tornaram tão úteis para nós quanto o câncer. No outro extremo, estão algumas características humanas que precisamos inflar como coletes salva-vidas, o mais rápido possível. No meio estão alguns itens inúteis e outras coisas não essenciais. Coloquei tudo em um gráfico com uma direção de transição sugerida. E espero que você não se importe de eu ter manipulado a forma da linha para transformá-la em uma curva exponencial tradicional, apenas como um conforto para que qualquer economista de pensamento tradicional possa se tranquilizar com o conceito de acelerar uma curva exponencial.

Aqui está minha avaliação de alguns dos vários tipos de crescimento.

Emissões de GEE: nocivo, pois provocam a mudança climática.

Consumo de carne: já vimos o risco que isso representa para os seres humanos e muitas outras espécies de plantas e animais.

Uso de energia: não é inevitavelmente prejudicial, mas muito perigoso, pois está ligado à capacidade humana de destruir o planeta, incluindo mas não se restringindo à mudança climática. Vimos que, em algum momento nos próximos 100 anos, a menos que a fusão nuclear atinja um estágio de evolução avançado, também correremos contra o limite finito da quantidade de energia solar que a Terra receberá.

Consumo: prejudicial. Com isso, quero dizer o consumo de praticamente tudo o que é físico.

PIB: irrelevante, na melhor das hipóteses. Até o momento, isso tem sido associado ao crescimento de carbono e energia, e aqueles que pensam que essa ligação é inevitável logicamente concluem que o crescimento do PIB também deve parar. No entanto, no fundo, o PIB é apenas uma construção humana abstrata que não tem conexão inevitável com nenhuma atividade física. Seria fisicamente possível que todos vivessem sua vida exatamente da mesma maneira, sem a troca ou o uso de dinheiro.

Por outro lado, também não estou convencido de que o crescimento do PIB seja a raiz de todos os nossos problemas. Seria possível, pelo menos em teoria, aumentar o PIB simplesmente cobrando por novos serviços

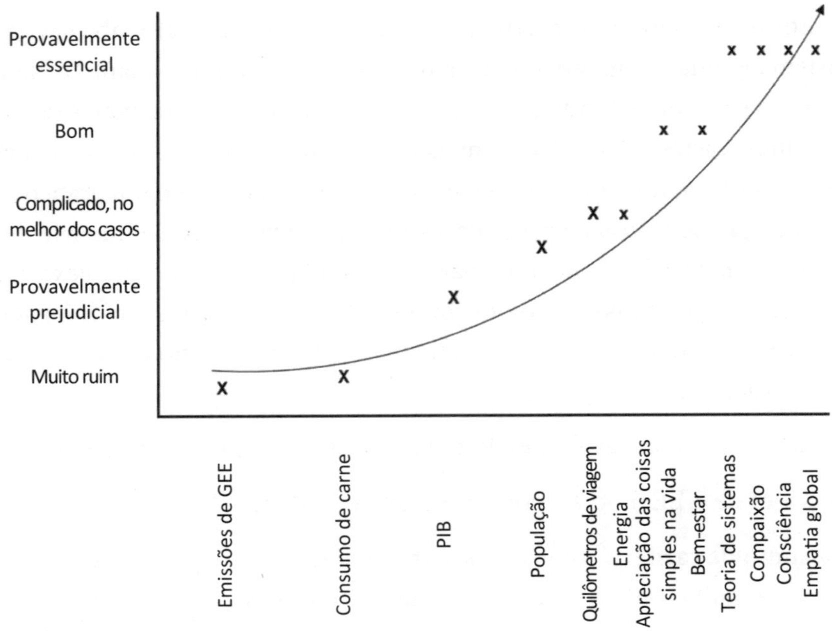

Figura 5.1 Imaginar a transição da humanidade para a maturidade expressa a natureza mutável do nosso crescimento. A forma exponencial foi criada puramente como um conforto para qualquer economista tradicional.

com menor impacto físico (exemplos incluem grupos de aconselhamento comunitário, outras formas de contato humano e computação na nuvem), eliminando gradualmente ou cobrando mais por atividades de maior impacto como carros a gasolina, dessa forma reduzindo o impacto da humanidade em nosso planeta enquanto o PIB continuaria aumentando.[2]

População: um pouco mais de crescimento pode ser tolerado, desde que seja distribuído adequadamente. Como o impacto de cada pessoa depende muito de como ela vive, é claro que 1 bilhão de pessoas imprudentes destruiriam o planeta em pouco tempo, enquanto 15 bilhões de pessoas muito cuidadosas poderiam viver em harmonia com um ambiente próspero. Quanto mais pessoas houver, mais cuidadosa cada uma precisa ser. Não precisamos entrar em pânico com a ideia de 12 bilhões de pessoas, embora com menos a vida seria mais fácil. Há uma condição para a ideia de que podemos sobreviver ao crescimento de 70% da população: precisaremos distribuir os recursos para as pessoas. Portanto, ou as pessoas precisarão se mudar para onde haja produção suficiente de alimentos e energia ou esses recursos precisarão fluir para elas. Especificamente, vimos que a produção agrícola existente pode alimentar os 9,7 bilhões de pessoas projetados para 2050, mas isso só funciona se muitos alimentos cultivados nas Américas do Norte e do Sul fluírem para a África.

Voos: nocivos no futuro próximo. Vimos na p. 137 que a pressão exercida pela aviação sobre as emissões é incrivelmente alta, mesmo que a eletrificação possa funcionar para voos de curta e longa distância. Todo formulador de políticas precisa entender isso. Quem não entender é claramente inadequado para o cargo.

Tecnologia: bom se, e somente se, nos tornarmos mais seletivos no que desenvolvemos e como usamos. Temos de acabar com o padrão atual de desenvolver coisas porque podemos, e então alguém começa a usá-las sempre que houver uma melhoria na eficiência, e todos os outros precisarão usá-las porque outras pessoas estão fazendo isso e deixa de ser competitivo não usar. Uma continuação dessa dinâmica será catastrófica no futuro. Precisamos controlar nossa tecnologia, em vez de permitir que ela nos controle! Falarei mais sobre isso daqui a algumas páginas.

Expectativa de vida: bom – desde que, obviamente, estejamos falando de anos de vida com qualidade. Nossa capacidade de manter as pessoas vivas parece estar crescendo muito, então precisamos ter mais discernimento sobre quando essas vidas ainda valem a pena ser vividas. Parece que vamos precisar de novos debates sobre como e quando as pessoas podem morrer e sobre como os recursos para manter as pessoas vivas são priorizados. É uma realidade brutal que toda vida salva por um serviço de saúde acarreta um custo de oportunidade. Seria melhor olharmos com mais clareza para isso do que fingir que não é verdade. Vale lembrar também que o aumento da expectativa de vida implica crescimento populacional.

Bem-estar: uma meta infinitamente superior ao crescimento do PIB. Se isso pode ser medido é outra questão. De fato, o exercício de tentar restringir o bem-estar humano em métricas quantificáveis pode ser contraproducente.

Consciência: crucialmente importante. A valorização das coisas pequenas pode ser algo crítico e essencial para o crescimento dos seres humanos. Consciência de todos os aspectos da experiência humana: não é o que fazemos, vemos ou temos o que importa, mas o quanto apreciamos. (A propósito, não estou afirmando que sou muito bom nisso.)

Em resumo, precisamos de uma revisão radical das aspirações de crescimento humano. Precisamos mudar o sabor e a forma do nosso crescimento. Precisamos crescer em nossa maturidade, consciência e compaixão. Precisamos crescer em nossa capacidade de apreciar o que temos e o que está ao nosso redor. Isso não é de forma alguma o fim da ambição, mas é uma mudança em sua natureza.

Algumas dessas coisas que poderíamos trabalhar para crescer merecem ser analisadas com mais detalhes...

Por que o PIB é uma métrica inadequada?

O PIB aumenta se começamos a cobrar por coisas que costumávamos dar e receber gratuitamente. O PIB de um país pode subir se o nível de bondade espontânea diminuir. Se os amigos não cuidam das nossas crianças ou de um vizinho doente, isso se torna uma atividade comercial. Para dar outro exemplo, os lucros proveniente da lavagem de dinheiro relacionados a drogas e outros crimes aparecem como parte do PIB.

Em 1968, Bobby Kennedy resumiu isso em um discurso inspirador e claro o suficiente para merecer uma longa citação.[3]

> *De forma exagerada e por muito tempo, parecemos ter renunciado à excelência pessoal e aos valores comunitários no mero acúmulo de coisas materiais. Nosso Produto Interno Bruto, agora,*

> *ultrapassou os **$800** bilhões de dólares por ano, mas esse Produto Interno Bruto – se julgarmos os Estados Unidos da América por isso – esse Produto Interno Bruto conta a poluição do ar, a publicidade de cigarros e as ambulâncias para limpar a carnificina das nossas estradas. Conta fechaduras especiais para nossas portas e prisões para as pessoas que tentam entrar em nossas casas. Conta a destruição da sequoia e a perda de nossas maravilhas naturais em uma expansão caótica. Conta o napalm e as ogivas nucleares e os carros blindados para a polícia combater os distúrbios em nossas cidades. Conta o rifle de Whitman, a faca de Speck e os programas de televisão que glorificam a violência para vender brinquedos a nossos filhos.*
>
> *No entanto, o Produto Interno Bruto não inclui a saúde de nossos filhos, a qualidade de sua educação ou a alegria de brincar. Não inclui a beleza de nossa poesia ou a força de nossos casamentos, a inteligência de nosso debate público ou a integridade de nossos funcionários públicos. Não mede nem nossa inteligência, nem nossa coragem, nem nossa sabedoria, nem nosso aprendizado, nem nossa compaixão nem nossa devoção ao nosso país; **mede tudo no curto prazo, exceto aquilo que faz a vida valer a pena.** E isso pode nos dizer tudo sobre os EUA, exceto o motivo pelo qual estamos orgulhosos de ser norte-americanos.*

Como nossas métricas precisam mudar?

"O que é medido é feito", disse o guru da administração dos anos 1980 Tom Peters,[4] e suas palavras foram repetidas tanto que podem facilmente ser mal interpretadas como uma verdade fundamental. O mundo de Peters pode estar bem se todas as coisas mais importantes da vida forem medidas adequadamente. Mas o que acontece se algumas ou mesmo todas as coisas que mais importam não puderem ser colocadas em números? Então, se Peters estiver certo, estamos condenados a passar nosso tempo fazendo as coisas erradas.

Escrevo isso como alguém que passa muito tempo colocando as coisas em números. O importante é entender o que os números podem e não podem nos contar. Alguns exemplos: é essencial tentar quantificar as emissões de carbono, porque a quantidade de carbono na atmosfera determina a mudança climática que experimentamos e que, por sua vez, terá um grande impacto no bem-estar humano. Se quisermos gerenciar esse carbono, precisamos entender a quantidade associada a tudo o que fazemos. Caso contrário, nossos esforços nunca poderão ser muito melhores do que aleatórios. Por outro lado, você pode tentar quantificar se suas férias foram boas contando quantos pontos turísticos você viu, quantas colinas escalou ou o que quer que seja, mas isso não significa que tenha apreciado nada disso.

Métricas são maneiras de simplificar nossa visão de mundo, às vezes para melhor e às vezes para pior. Todas as métricas são prejudiciais se você der muito poder a elas. O PIB não é diferente. Não é uma medida do progresso humano. Sua simplicidade torna-o uma muleta tentadora para qualquer político que se sente assustado com as complexidades de administrar um país cheio de pessoas sencientes e procura uma maneira de reduzir sua ansiedade. Há informações no PIB, mas não uma ligação simples com o bem e o mal.

Aprendendo com desastres das métricas no call center

Vinte anos atrás, quando os call centers eram um fenômeno recente, passei algum tempo treinando alguns de seus gerentes em Sheffield. O maior problema era que havia muita rotatividade entre os funcionários. Depois de apenas alguns anos, eles estavam chegando ao ponto em que haviam se queimado com a população da cidade; todos os que poderiam se candidatar a um emprego já tinham trabalhado para eles, odiado e ido embora. A massa de informações quantitativas que os gerentes tinham na ponta dos dedos era uma grande parte do problema. Eles sabiam quantas ligações cada pessoa fazia, quanto tempo duravam e quantos minutos levavam para fazer uma venda. Surpreendentemente, eles sabiam quanto tempo as pessoas estavam gastando em seus "intervalos de descanso". Tudo isso estava atrapalhando o desempenho da gerência. Se me questionassem sobre quanto tempo passei no banheiro, também iria querer pedir demissão. A mensagem aqui é que, ao direcionar nossa atenção para coisas inúteis, algumas métricas realmente nos causam mais mal do que bem.

Quais métricas precisamos levar a sério?

Estatísticas de saúde humana e planetária, das emissões de carbono à expectativa de vida e tudo mais ao longo do caminho; biodiversidade, poluição, saúde humana, ingestão e disponibilidade de nutrição, e assim por diante. Essas coisas importam diretamente e podem ser medidas. Extração de todos os recursos materiais e todos os insumos no meio ambiente a partir de atividades humanas.

Também precisamos de melhores métricas de bem-estar. Às vezes, é melhor fazer um trabalho ruim medindo algo importante do que um bom trabalho medindo algo irrelevante. O bem-estar pode ser percebido no nível individual, mas todas as outras tentativas de medi-lo devem ser tratadas com muita cautela. É um exercício factível, desde que os resultados sejam mantidos em contexto e tomados com cuidado. O Índice do Planeta Feliz, por exemplo, combina medidas sociais e felicidade com métricas de sustentabilidade.[5] As medidas substitutas incluem pesquisas de felicidade e níveis de confiança relatados, medidas de saúde física e mental, suicídio, crime, estatísticas carcerárias (ver p. 185).

Quais métricas precisam perder importância?

Para começar, o PIB e a duração das pausas para descanso.

Quando uma medida direciona nossa atenção de uma maneira, ela deve estar nos afastando de outra coisa. Todas as métricas quantitativas são simplificações do mundo e, portanto, precisam ser mantidas em contexto. Elas têm um lugar importante em paralelo, mas não no lugar de nossa rica compreensão qualitativa do mundo e a experiência humana dentro dele. Todos os objetivos anexados às métricas podem ser alcançados de maneira perversa. Você pode reduzir as populações carcerárias matando pessoas ou não registrando crimes. Você pode aumentar o PIB criando um mundo em que ninguém faça nada de graça e por bondade. As estatísticas dos resultados dos exames nacionais podem ser aprimoradas pressionando as crianças a seguir padrões de pensamento estreitos que, como veremos daqui a algumas páginas, são o oposto das habilidades de pensamento que precisamos desenvolver no Antropoceno. Poderíamos aumentar a expectativa de vida mantendo vivos os idosos mesmo que não quisessem. E, certamente, podemos nos sentir infelizes ao ficarmos obcecados com as estatísticas monetárias.

Não é que o PIB não possa servir a um propósito. Pode nos dizer algo, mas precisamos aprender a mantê-lo no lugar e lembrar que o crescimento nem sempre é bom. Os intervalos para descanso, é claro, representam uma série de medidas nerds para as quais os dados se tornaram repentinamente disponíveis e que, embora teoricamente úteis, são mais propensos a distorcer nossa perspectiva do mundo do que fazer algum bem.

Por outro lado, as emissões de gases de efeito estufa e outras medidas diretas da carga que os seres humanos colocam no planeta são o mais próximo das coisas que podemos medir e que realmente importam.

Tento não ficar do lado de nenhuma ideologia política mais do que é estritamente guiado pelas evidências. As soluções que procuramos precisam transcender todos os espectros políticos existentes. No entanto, os requisitos para a governança global de alguns desafios e novas abordagens de crescimento têm implicações que não podemos ignorar. Examinemos agora o que o livre mercado pode ou não fazer por nós no Antropoceno.

O livre mercado pode lidar com os desafios do Antropoceno?

No geral, não. Não pode resolver problemas nos quais os interesses individuais não se alinham com os interesses coletivos. Portanto, os desafios globais exigem alguma governança global.

Desafiar o livre mercado não significa adotar a economia totalmente planejada. A resposta é usar de forma inteligente um pouco de ambos. Não há como escapar da necessidade de governança global para lidar com problemas globais. O livre mercado simplesmente não é capaz de optar por deixar combustível no solo ou, no caso, rejeitar uma melhoria de eficiência, mesmo que isso seja prejudicial ao bem-estar humano. Passos como esse exigem intervenções no mercado, goste ele ou não. Qualquer pessoa cuja ideologia diga o contrário está simplesmente errada. No que diz respeito à mudança climática, por exemplo, vimos como os efeitos rebote estão minando os esforços dos poucos na vanguarda, porque aqueles que cortam seu impacto criam mais oportunidades para aqueles que não se preocupam em causar estragos. Portanto, a mudança que realmente vemos é muito menor do que conseguiríamos se pudéssemos simplesmente somar as economias resultantes de todas as boas práticas que estão acontecendo no mundo. É por isso que as emissões globais continuam aumentando, apesar de todos nós conhecermos pessoas, empresas e países que estão cortando seu carbono. A maioria dos formuladores de políticas climáticas ainda não consegue entender a desconfortável realidade de que, por causa dos efeitos rebote, as promessas nacionais de mudança climática não podem simplesmente ser somadas e subtraídas, como um negócio igual ao outro, da curva de carbono.

Com exceção das quadrilhas criminosas, até os neoliberais mais leais acreditam em algumas regras. Já não é permitido, por exemplo, explodir uma fábrica ou assassinar uma força de trabalho para obter vantagem competitiva. Tudo o que estou dizendo é que as regras precisam se estender o suficiente para lidar com a mudança climática e algumas outras questões críticas que as forças do mercado não conseguem alcançar. Além de algumas regras rígidas, podemos empregar incentivos e impostos que impulsionem as empresas em algumas direções importantes e saudáveis.

O que é melhor, a economia de mercado ou a economia planejada?

As duas são inúteis sozinhas.

Você prefere ter braços ou pernas? Você prefere ter uma cabeça ou um coração? Os humanos precisam respirar ar ou beber água?

O século XX demonstrou a inadequação da economia planejada centralmente para satisfazer a maioria das pessoas.[6] O Estado, mesmo que seja bem-intencionado (o que é difícil de garantir), é incapaz de tomar todas as decisões no dia a dia. Um certo grau de forças de mercado serve ao interesse de todos, desde que esse mercado funcione de maneira saudável. O que quero dizer com isso é que muitas experiências acontecem ao mesmo tempo para encontrar as melhores maneiras de fazer as coisas. Os melhores prosperam e os outros aprendem com eles para que também possam fazer melhor. Por exemplo, várias agências de ajuda poderiam competir simultaneamente, aprender umas com as outras e apoiar-se mutuamente. Se alguém fosse mais bem-sucedido do que outros, os que ficaram para trás sentiriam uma mistura de prazer por haver gente mais eficaz do que eles para fazer o trabalho necessário, junto com um estímulo para melhorar. E, se alguém que se candidatasse a um emprego de destaque em uma dessas ONGs perdesse para um candidato superior, ficaria feliz em haver uma pessoa ainda melhor para fazer o trabalho. Seria um mercado saudável, no qual os melhores podem chegar ao topo, enquanto todos se ajudam para melhorar. Esse tipo de mercado voltado para a comunidade é muito diferente da ética neoliberal gananciosa. Em 1776, quando Adam Smith publicou *A riqueza das nações* e, supostamente, fundou a economia moderna, uma de suas estipulações para um mercado saudável, muitas vezes esquecida hoje em dia, era a exigência de que todos fossem atores morais.

O livre mercado é comprovadamente incapaz de lidar com questões globais que exigem governança global. Em seu relatório "Common Cause", Tom Compton os chamou de problemas "*bigger-than-self*", que não podem ser abordados por indivíduos que buscam interesses próprios.[7] Nem todo mundo ainda teve a imaginação de entender a catástrofe que está no final do experimento neoliberal, porque os resultados ainda não foram visceralmente demonstrados para todo mundo. Espero que não tenhamos de chegar a esse ponto.

Precisamos da natureza autoajustável dos mercados e da visão global que a governança global pode fornecer. E o híbrido entre os dois precisa ser administrado com um conjunto de valores que permitam que ele funcione. Vamos falar disso mais tarde. (Ver p. 201.)

Nossa rápida análise dos papéis dos mercados nos leva a questões de distribuição de riqueza. Quanto isso precisa ser planejado e quanto podemos permitir que as coisas sigam seu curso natural?

O que é a teoria do gotejamento e por que ela é perigosa?

A teoria do gotejamento é a ideia de que, quando os ricos ficam mais ricos, parte disso escorre para os pobres e todos ganham. Mas isso não funciona porque a riqueza *relativa* determina o que você pode comprar no livre mercado.

Os "gotejadores" dizem que a desigualdade não importa desde que os pobres fiquem mais ricos. Não apenas existem cada vez mais evidências surgindo de que o gotejamento simplesmente não funciona,[8] mas uma rápida olhada nos mercados de alimentos nos mostrará como ele pode ser prejudicial. Em uma economia de mercado global, os produtos agrícolas podem, de um modo geral, encontrar o caminho para quem estiver preparado para comprá-los por mais dinheiro. Se os ricos têm muito mais dinheiro do que os pobres, ficarão felizes em pagar mais por isso apenas para satisfazer caprichos, sutilezas e extravagâncias do que os pobres podem pagar, mesmo que estejam desesperados. Os cereais podem ser usados para produzir biocombustíveis para pessoas do outro lado do mundo, em vez de alimentar as pessoas locais. A terra pode ser usada de maneiras nutricionalmente ineficientes para fornecer o que as pessoas ricas gostam de ter, e não o que os pobres realmente precisam. Por outro lado, à medida que a lacuna diminui, os pobres se tornam mais capazes de comprar o que precisam. O gotejamento, para ser franco, é

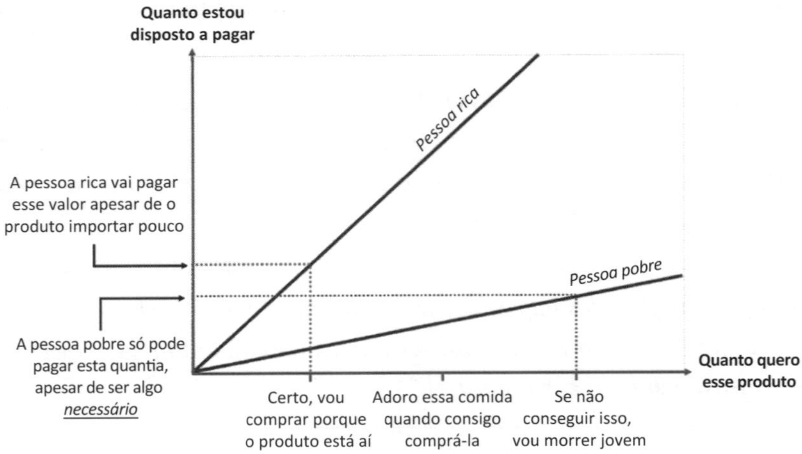

Figura 5.2 Provando que o gotejamento não funciona: uma ilustração simples demonstrando que, se a oferta de um produto é limitada e a desigualdade é alta, os caprichos dos ricos são atendidos, e não as necessidades dos pobres. Isso pode se aplicar, por exemplo, à produção de 1 hectare de terra, que pode ser usado para cereais e leguminosas ou para flores e ração para gado.

um autoengano neoliberal, na melhor das hipóteses e, na pior, uma mentira. A razão pela qual algumas pessoas passam fome é que não têm uma proporção alta o suficiente da riqueza do mundo para comprar o que precisam em uma economia de mercado global. Duas soluções são manter o suprimento de alimentos fora do mercado global (ver a discussão sobre peixes, p. 52) ou diminuir a diferença entre ricos e pobres.

Por que a distribuição de riqueza pode importar mais do que nunca?

Porque pessoas e países que se sentem descontentes não querem participar dos acordos globais necessários para solucionar os maiores desafios do século XXI.

Revisando a agenda da mudança climática, chegamos à conclusão inevitável de que o mundo precisa deixar quase toda a quantidade de combustível no solo. Entendido isso, não demora muito para perceber que isso significará que o combustível restante precisará ser distribuído de alguma forma. E o mesmo vale para todas as fontes de energia renováveis, embora, como vimos, alguns países tenham 200 vezes mais luz solar por pessoa do que outros.

Todo mundo vai precisar que nossos acordos globais funcionem, porque será fácil para alguns poucos descontentes estragar tudo para todos. Isso significa que precisaremos ser justos. Isso exigirá níveis de confiança e boa vontade muito acima daqueles que atualmente vemos dentro e entre as nações do mundo. Simplesmente não há como contornar isso; todos nós precisamos aprender a tratar todos os demais com respeito suficiente para que esse tipo de cooperação se torne possível. Muita desigualdade certamente torna isso impossível.

Como a riqueza do mundo é distribuída?

Os Estados Unidos têm 138 vezes mais riqueza por pessoa que a África. Cerca de metade da riqueza mundial fica com 1% da população, enquanto os 70% mais pobres possuem apenas 2,7%.[9]

Em certo sentido, as estatísticas de riqueza resumem o histórico de compartilhamento da humanidade. Quando analisamos o que seria necessário para um acordo global eficaz sobre a mudança climática, enfrentamos a questão do compartilhamento. Aqui vemos como o mundo atualmente compartilha as coisas.

Em termos de regiões e países, pouco mais de um terço da riqueza mundial está na América do Norte, onde vivem 5% da população mundial. Pouco menos de um terço está na Europa, onde vivem cerca de 10% da população. Cerca de um décimo está na China, que possui quase um quinto (19%) da população global. Menos de 1% da riqueza do mundo está na África, onde vive cerca de um sexto (15%) do mundo.

O 1% mais rico dos adultos possui 1 milhão de dólares ou mais, enquanto a metade mais pobre possui menos de US$ 10.000.[10]

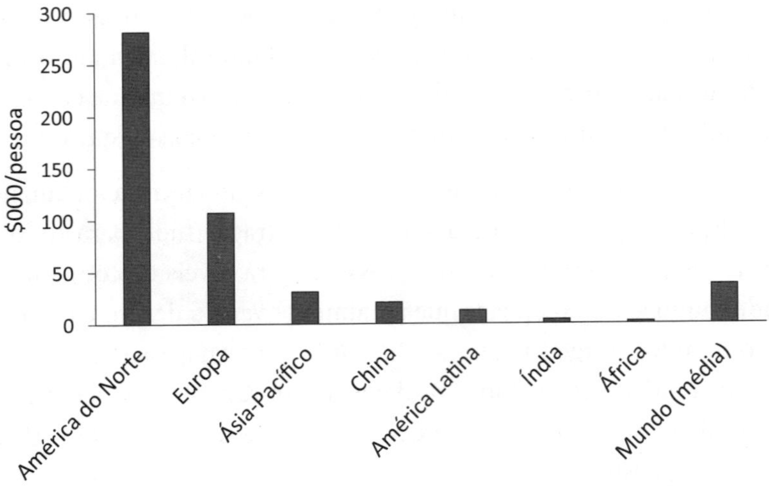

Figura 5.3 Riqueza média por pessoa em países e regiões.

Mais adiante, veremos os valores que podem ou não nos permitir lidar com os desafios do Antropoceno. No início, estabeleci o princípio simples de que em meu livro todos têm valor inerente na humanidade. Em termos financeiros, pelo menos, essas estatísticas revelam a lacuna entre esse valor e a realidade da sociedade global.

Por que a maioria dos norte-americanos é bem mais pobre que a maioria dos italianos?

Nos EUA, grande parte da riqueza está em tão poucas mãos que resta relativamente pouco para ser distribuído para a maior parte da população.

Não é novidade que, além das diferenças de riqueza entre países e regiões, também existem grandes diferenças na maneira como o dinheiro é distribuído dentro dos países. Um indicador simples disso pode ser obtido comparando a riqueza média com a riqueza mediana. A riqueza mediana é a riqueza de alguém que está bem no meio da população. Em outras palavras, se você colocasse todos na fila, dos mais ricos aos mais pobres, eles estariam no meio, com tantas pessoas mais ricas que eles quanto mais pobres. A riqueza média é a quantidade de riqueza que todos teriam se as coisas fossem distribuídas uniformemente. Se fosse esse o caso (que, a propósito, não é algo que estou defendendo), então a riqueza mediana seria exatamente a mesma que a média. Quanto maior a diferença entre eles, maior a desigualdade.

Os EUA são um dos países mais ricos do mundo per capita, mas a maioria de sua população é mais pobre do que a maioria das pessoas em muitos outros países que consideramos lugares mais pobres para se viver. Exemplos incluem o Reino Unido, Noruega, Dinamarca, Japão, Itália e até Espanha. O italiano mediano é duas vezes mais rico que o norte-americano mediano, apesar de a Itália ter apenas pouco mais da metade da riqueza por pessoa. E a maioria das pessoas na Espanha é mais rica do que a maioria nos EUA, apesar de a Espanha ter apenas cerca de um terço da riqueza por pessoa que os EUA.

O problema é que, nos EUA, grande parte da riqueza está concentrada nos bolsos de poucos. Se apenas as dez pessoas mais ricas dos EUA compartilhassem suas riquezas entre os seus compatriotas, isso seria equivalente a cerca de US$ 2.000 por pessoa (US$ 8.000 para uma família de quatro). Alternativamente, essas dez pessoas sozinhas poderiam adicionar quase um terço à riqueza de todos os cidadãos africanos e mais que quadruplicar a riqueza da metade mais pobre de todos os africanos.[11]

Quando o dinheiro se acumula tanto para tão poucos, é completamente desperdiçado? Há uma abundância de evidências de que tornar uma pessoa muito rica ainda mais rica não adiciona nada ao bem-estar dela. Por outro lado, é muito provável que tirar alguém da pobreza seja extremamente benéfico para a qualidade de vida desta pessoa.[12] Apesar disso, minha resposta é que, pelo menos em teoria, o excesso de riqueza não é necessariamente sempre desperdiçado. Depende se os proprietários são bons guardiões. Suas riquezas financiam um estilo de vida destruidor do planeta com jatos particulares, iates e outras indulgências malucas, ou tudo isso é investido em esquemas de reflorestamento comunitário? A decisão de ser rico pode ser vista como uma decisão de assumir a responsabilidade por uma maior parte do bem-estar das pessoas e do planeta. Não estou falando aqui de um pouco de filantropia de fachada. Estou falando de uma tentativa comprometida e ponderada de direcionar todos os investimentos e gastá-los de maneira positiva. Podemos perguntar quantos dos super-ricos atuais vivem dessa forma.

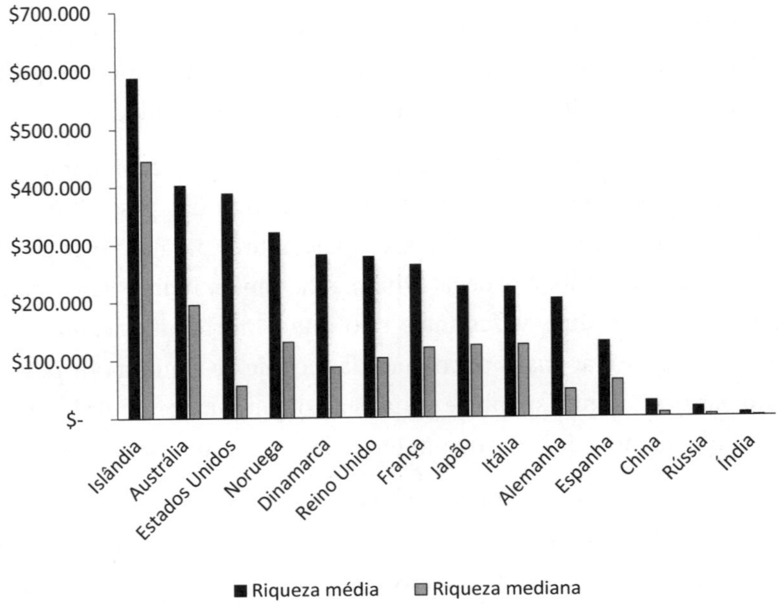

Figura 5.4 Riqueza média e riqueza mediana em países selecionados. Quanto mais próximas, mais distribuída é a riqueza.

Como a distribuição da riqueza está mudando?

A desigualdade aumentou na maioria dos lugares no século XXI. Há exceções no norte da Europa. A igualdade despencou na China, nos EUA, no Reino Unido e em muitos países europeus.

Quando a riqueza é distribuída como a energia em um gás? (E quando não é?)

Na maioria das vezes, a riqueza se distribui entre as pessoas da mesma maneira que a energia cinética é distribuída entre os átomos em um gás. Mas algo diferente acontece para os muito ricos.

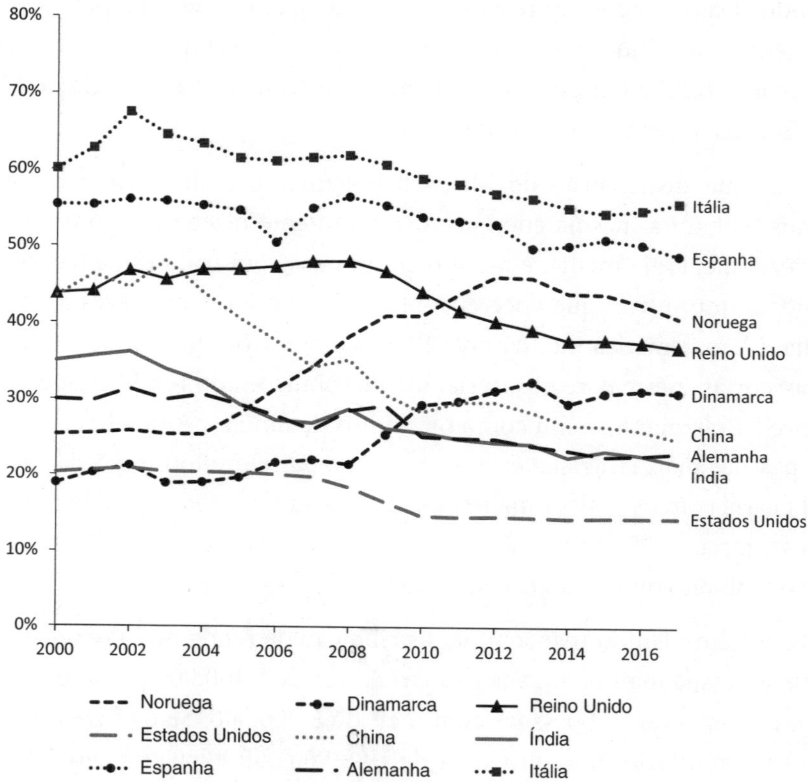

Figura 5.5 Riqueza mediana como proporção da riqueza média; uma medida simples de como a riqueza é distribuída uniformemente. Quanto maior a porcentagem, mais igualitária: 100% representa a igualdade total de riqueza. A maioria dos países ficou mais desigual no século XXI. Noruega e Dinamarca são as exceções mostradas. Itália e Espanha são os mais igualitários, e os EUA, os menos, tendo caído para 15%.

Um gás pode ser visto como uma carga de moléculas se movendo em velocidades diferentes, esbarrando umas nas outras de tempos em tempos. Quando elas colidem, há uma redistribuição de energia entre elas que depende da rapidez com que cada uma está indo e do ângulo da colisão, como duas bolas colidindo no ar. Você pode modelar a maneira como elas acabam compartilhando muito bem a energia dizendo que, quando se chocam, cada átomo coloca a mesma proporção de sua energia em um pote que é então distribuído aleatoriamente entre eles. Normalmente, mas nem sempre, o átomo mais lento acaba indo um pouco mais rápido e o mais rápido desacelera um pouco. Isso resulta em uma coisa chamada distribuição de energia de Maxwell-Boltzmann entre todas as moléculas.

Em uma distribuição de Maxwell-Boltzmann, embora nem todos os átomos tenham a mesma energia, você raramente recebe um com mais de dez vezes a energia média, e mesmo em um gás com trilhões de trilhões de átomos é improvável que você encontre um com até vinte vezes a energia média. (A matemática está na nota.)[13] Se as interações financeiras humanas seguissem as mesmas regras, teríamos distribuições de renda e riqueza de Maxwell-Boltzmann, assim como os átomos de um gás. Ainda haveria algumas pessoas mais ricas que outras, mas uma parte muito menor da riqueza total ficaria com os poucos mais ricos. A riqueza mediana e a renda mediana representariam 79% da média. Isso é ainda mais alto que na Islândia e um pouco mais alto que na Itália e na Espanha.

Se o Reino Unido tivesse uma distribuição de renda de Maxwell-Boltzmann, a pessoa mais bem paga ganharia cerca de £ 400.000 por ano e poderia haver cerca de 100 pessoas com mais de £ 300.000. Se os EUA fizessem o mesmo, o salário mais alto seria de US$ 900.000 e haveria cerca de 100 pessoas ganhando US$ 650.000 ou mais. O salário médio nos dois países permaneceria inalterado, mas a mediana (a renda da pessoa no meio) aumentaria cerca de duas vezes e meia. Em outras palavras, a maioria das pessoas estaria muito melhor. Ainda haveria desigualdade, mas, criticamente, quase todo mundo seria capaz de participar plenamente na sociedade. Os mais bem pagos entre nós poderiam passar mais tempo na ópera e nos melhores jogos de futebol, mas quase todos poderiam comprar ingressos de vez em quando. Esse nível de desigualdade de renda parece correto para mim. Não tenho problemas com chefes de Estado e com os principais executivos das maiores organizações do mundo ganhando vinte ou trinta vezes mais do que um jovem adulto em seu primeiro emprego, por exemplo. Isso parece totalmente consistente com todos que são tratados como se tivessem igual valor intrínseco como seres humanos. A distribuição de renda e riqueza de Maxwell-Boltzmann tem o problema de que um número muito pequeno de pessoas não tem muito, mas seria preciso apenas um ajuste pequeno e barato para resolver isso.

Curiosamente, se você observar a distribuição da riqueza humana, ela já é como Maxwell-Boltzmann na maioria das vezes. Em outras palavras, para a maioria das pessoas, nossos encontros financeiros trocam riqueza de maneira semelhante à forma como os átomos compartilham energia quando colidem. Geralmente, mas nem sempre, os ricos gastam dinheiro com os serviços dos menos ricos, resultando na diminuição da diferença.

MAS algo está errado no topo da escala. Quando falamos dos muito ricos, algo muda. A riqueza começa a gerar riqueza. As regras do jogo mudam de alguma forma e os muito ricos começam a acumular ainda mais riqueza dos menos ricos. O problema central pode ser que os muito ricos são capazes de emprestar dinheiro com juros para aqueles que não têm o suficiente para sobreviver. Quando isso acontece, os ricos desenvolvem subitamente uma tendência de não voltar ao meio-termo, mas de ampliar sua liderança, enquanto os pobres são empurrados para baixo. O resultado é que algumas pessoas ficam milhares de vezes mais ricas do que a média e a maioria paga o preço.

Como a riqueza humana pode se tornar mais parecida com a energia de um gás?

Após quebrar a cabeça e discutir, cheguei às seguintes reflexões sobre como governos, empresas e indivíduos podem ajudar a aproximar a renda e a riqueza humanas à distribuição saudável de Maxwell-Boltzmann. Alguns dos itens a seguir são contrários aos conselhos normais e podem parecer desafiadores. Enfatizo que não são destinados a serem usados por partidos políticos. São apenas pensamentos que decorrem da lógica do argumento. Não atire em mim se você acha que estou errado – apenas crie algumas ideias melhores.

O que os governos podem fazer?

Intervir para interromper as muitas maneiras pelas quais o dinheiro gera dinheiro e a pobreza gera pobreza; os mecanismos pelos quais os ricos acumulam mais riqueza simplesmente por já serem ricos. Essa é a principal diferença pouco saudável entre a dinâmica da riqueza humana e a energia dos átomos em um gás.

- Permitir o acesso universal à educação de alta qualidade, assistência médica e todas as outras necessidades básicas de uma vida e carreira prósperas.
- Mudar a natureza da herança para que ela se transforme de maneira mais uniforme na distribuição de riqueza de uma geração para a outra.
- Encontrar maneiras de desencorajar ou impedir todas as formas de dívida e empréstimo interno com juros altos.
- Estabelecer um "salário do cidadão" para que todos garantam os meios de vida (ver p. 184).
- Transparência sobre os salários; talvez seguir o exemplo norueguês em que o pagamento de todos pode ser consultado on-line.
- Por fim, mas como último recurso, ajustar o sistema de imposto de renda até que a distribuição da renda principal se torne saudável.

O que as empresas podem fazer?

- Garantir que os salários estejam alinhados com a distribuição da Maxwell-Boltzmann.
- Garantir que os produtos e serviços melhorem a vida e não exploram os menos favorecidos.

O que eu posso fazer?

- Não busque lucro excessivo com empréstimos ou investimentos. Pode ser razoável buscar juros que cubram a taxa da inflação e que cubram os riscos, e talvez *até* para ganhar a vida com investimentos. Mas não mais do que isso.
- Não peça empréstimos a juros além da inflação, a menos que seja necessário. Em outras palavras, não apoie a indústria de empréstimos de

dinheiro. Uma exceção pode ser feita para hipotecas – uma vez que é esperado que o aumento do preço da propriedade compense no geral os juros pagos e porque a alternativa provável, alugar, geralmente também é uma forma de empréstimo a juros.

- Não aposte, a menos que queira ficar mais pobre. Nunca. Nem mesmo compre um bilhete de loteria. Não se deixe enganar pelos golpes das "boas causas".[14] Se você deseja apoiar uma boa causa, é muito mais eficiente atuar diretamente do que alimentar um desconto de 5% na indústria do jogo e também permitir ao governo um imposto regressivo de 12%. As exceções permitidas à diretriz de não apostar são esquemas nos quais não há terceiros ganhando mais dinheiro que a boa causa que você deseja apoiar. Em outras palavras, tudo bem com a rifa da escola!
- Não busque riquezas além das necessidades de sua vida e que sejam essenciais para criar seus filhos e cuidar das gerações acima de você. A questão de que nível seria correto estabelecer para essas necessidades é, obviamente, pessoal para todos nós.

A indústria das apostas no Reino Unido

Em 17 de maio de 2018, o governo do Reino Unido anunciou novos regulamentos para reduzir a aposta máxima que pode ser feita em terminais de apostas com chances fixas (FOBTs – *fixed-odds betting terminals* – esses são o equivalente moderno de um bandido armado) de £ 100 a cada vinte segundos para apenas £ 2. A indústria do jogo está reclamando que isso reduzirá empregos e diz ao governo que eles perderão £ 350 milhões dos £ 400 milhões por ano que recebem dos FOBTs em impostos.[15] Mas, em troca, os próprios jogadores podem economizar cerca de 1,5 bilhão de libras do 1,8 bilhão perdido atualmente nessas máquinas. A maior parte da receita do jogo não vai para os trabalhadores comuns do setor, mas para os poucos muito ricos no topo.

No total, os apostadores do Reino Unido perdem enormes £ 13,8 bilhões por ano. O governo recebe £ 2,8 bilhões desse valor em impostos, deixando 11 bilhões para pagar os empregos de 106.000 pessoas que trabalham no setor, alguns outros custos de funcionamento e os lucros que são embolsados pelos donos. Os empregos na indústria das apostas não cumprem muito com meus critérios e estamos melhores sem eles. Em troca de sua receita tributária, o governo adquire problemas sociais que equivalem a muito mais do que £ 2,8 bilhões.[16]

PAREM AS ROTATIVAS Infelizmente, essa legislação, que originalmente deveria ser iniciada dentro de oito semanas, foi adiada para 2020 após um acordo entre o Tesouro e as casas de apostas.[17]

Em que devemos investir?

Toda decisão financeira é um investimento em um tipo de futuro ou outro. Isso se aplica se você é um governo, uma grande corporação, um dos super-ricos ou apenas alguém que vai ao mercado para comprar alguns mantimentos. Toda decisão de compra, em qualquer escala, apoia algumas cadeias de suprimentos e rejeita outras. Até a manutenção de bicicletas é um investimento em infraestrutura de baixo carbono. No extremo superior das decisões pessoais, destacam-se as pensões e a moradias. Os portfólios de pensão agora exigem análise não apenas dos retornos que oferecem, mas também do tipo de futuro global que apoiam. Aqueles inscritos nos esquemas de funcionários podem se sentir impotentes, mas ainda podem ajudar, divulgando suas opiniões no trabalho. Os investimentos em moradias podem apoiar residências eficientes em termos de energia e design urbano sustentável, em vez de uma expansão suburbana de residências mal construídas que necessitam de longas viagens para o trabalho e alto consumo de energia.

Para empresas, governos e outros investidores, exatamente os mesmos princípios se aplicam. Precisamos desesperadamente de investimento no seguinte:

- energia renovável, especialmente solar, e as tecnologias associadas para armazenar e distribuir eletricidade;
- transição para transporte eletrificado;
- infraestrutura de baixa energia, do design urbano inteligente à melhoria na eficiência de edifícios;
- controle populacional através do investimento nos pobres do mundo. Especificamente, educação, informações e acesso a métodos contraceptivos e fim da fome (ver as perguntas sobre a população nas pp. 179-180);
- sistemas agrícolas sustentáveis, incluindo subsidiar mais pessoas para trabalhar na terra e mais pesquisas sobre práticas agrícolas sustentáveis e realmente biodiversas;
- captura e armazenamento de carbono; precisamos disso apesar dos riscos e apesar de ainda não sabermos como fazer isso corretamente;
- educação para oferecer habilidades de pensamento do século XXI (ver p. 219);
- mídia confiável e processos democráticos que podem fornecer decisões inteligentes e governança global dos desafios globais;
- evolução da economia para atender às necessidades das pessoas e do planeta no Antropoceno;
- apoio a pessoas, países e empresas que, de outra forma, poderiam ser arrastados pela velocidade da transição para eliminar os combustíveis fósseis e a agricultura, infraestrutura e cultura do passado.

Em outubro de 2018, o relatório do IPCC "Aquecimento Global de 1,5 °C" estimou o investimento necessário para manter esse limite de temperatura em US$ 2,5 trilhões por ano – apenas 2,5% do PIB mundial.[18] Que barganha!

Como esses investimentos essenciais podem ser financiados?

Todo desinvestimento libera uma oportunidade de investimento em outro lugar. Um imposto sobre o carbono também pode produzir um fundo enorme.

Em 2013, o investimento global em combustíveis fósseis atingiu mais de US$ 1 trilhão, enquanto o investimento em energias renováveis foi de apenas algumas centenas de bilhões. Isso é uma loucura e nenhum de nós deveria estar compactuando com isso. US$ 1 trilhão para os investimentos que listei ajudariam bastante.

As emissões globais de dióxido de carbono são de cerca de 35 bilhões de toneladas de CO_2 por ano. Imagine, como um experimento mental, um imposto de carbono de US$ 300 por tonelada (equivalente a cerca de US$ 1 por litro de combustível de carro) aplicado a todas as emissões. Os recursos arrecadados seriam superiores a US$ 10 trilhões por ano. Poderíamos usar a metade para compensar aqueles que inevitavelmente sofreram com o imposto, talvez redistribuindo um pouco a riqueza para variar, e isso ainda deixaria muito para os itens da minha lista. Claramente, é preciso trabalhar um pouco mais os detalhes, mas o conceito geral passou com honras no "teste do guardanapo". Empregos e fundos de pensão seriam realinhados, mas sem prejuízo líquido.

Por que o imposto certo nos ajuda?

O imposto pode ser usado para reduzir comportamentos antissociais, para financiar coisas que melhoram a vida, mas que os mercados não podem alcançar, e para controlar o gradiente de riqueza.

No geral, os impostos não tornam as pessoas mais pobres. Esse é apenas o impacto direto que podemos ver com mais clareza. O imposto faz três coisas principais. Em primeiro lugar, desencoraja algumas atividades. Em segundo, gera dinheiro que pode financiar coisas que tornam a vida melhor. Terceiro, pode ser usado para mudar a maneira como a riqueza é distribuída. Já vimos que um mercado totalmente livre não pode lidar com os desafios do mundo de hoje, e todas as outras formas de administrar a economia precisam e devem acolher o conceito de imposto. O imposto é a razão pela qual temos estradas, hospitais e governos. E é um mecanismo essencial para orientar o mundo de baixo carbono.

Um imposto de carbono de centenas de dólares por tonelada irá desincentivar o mundo de alto carbono e simultaneamente financiar o mundo de baixo carbono. No geral, fará com que a maioria das pessoas se sinta mais rica, porque tudo será recompensado e nos encorajará a fazer melhor uso de nossos recursos. Seu galão de combustível de carro ficará mais caro, mas no geral o mundo dos carros elétricos ficará mais barato. Com um imposto sobre o carbono, aqueles que gerenciam seu carbono com cuidado serão mais ricos porque pagarão menos impostos, beneficiando-se como todas as outras pessoas das coisas em que o imposto é gasto.

Um argumento contra tributar os ricos a uma taxa mais alta do que os pobres é que desincentiva o trabalho árduo. Isso não é verdade. Reduz a motivação *financeira* para o trabalho duro. Reduz a motivação para fazer coisas que não são fundamentalmente gratificantes por outros motivos – como ser útil, divertido ou significativo.

> ***"Sempre que você aumenta a motivação extrínseca, diminui a motivação intrínseca."***

Em outras palavras, quanto mais você pagar alguém para fazer algo, menos ele faz isso por causa do valor da ação em si. O que mais precisamos é de pessoas que realizem os trabalhos que precisam ser feitos e são intrinsecamente valiosos. É mentira que os salários mais altos sejam necessários para recrutar as pessoas mais inteligentes. Essa estratégia recruta pessoas inteligentes que *só querem o dinheiro*, o que é muito diferente. Dinheiro moderado é melhor para recrutar pessoas com motivações mais equilibradas.

Lembro-me de uma citação de Lew Hardy de mais de dez anos atrás. Lew é professor de psicologia do esporte na Universidade de Bangor, ex-presidente do Comitê Olímpico de Psicologia do Reino Unido, guia internacional de

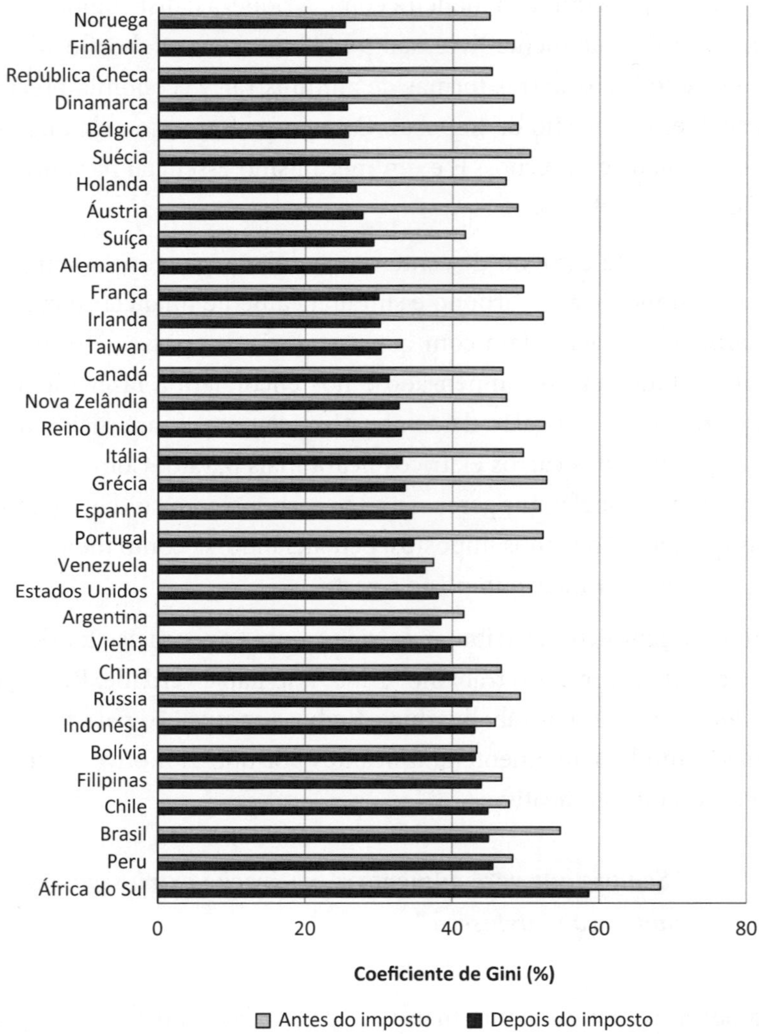

Figura 5.6 O coeficiente de desigualdade de renda de Gini antes e depois dos impostos para países selecionados em 2015.

montanha e uma pessoa talentosa. Ele costumava, além disso, fazer um pouco de treinamento gerencial, e foi assim que nos conhecemos. Trabalhamos juntos, sendo que eu escrevia jogos de negócios e ele os usava para ajudar os gerentes a entenderem a motivação humana. Meu papel era configurar as coisas para que todos tivessem interesses aparentemente competitivos, uma pressão hedionda de tempo e uma desafiadora pilha de motivadoras planilhas Excel para enfrentar. Seu trabalho era ajudá-los a entender como gerenciar as próprias motivações e as dos outros, respaldados por uma teoria incrivelmente simples que acho que também traz uma mensagem para nós aqui.[19]

Os impostos são, sem dúvida, um mecanismo de grande importância para reduzir a desigualdade de renda e os países os utilizam em extensões muito diferentes. O gráfico mostra a desigualdade de renda em países selecionados antes e depois do imposto de renda. A medida de desigualdade mostrada aqui é um coeficiente de Gini bem estabelecido, que varia de 0% (todos com a mesma renda) a 100% (uma pessoa tem toda a renda do país).

O regime de imposto de renda da Irlanda e da Alemanha os tira dos países mais desiguais do mundo e passa aos mais iguais. O sistema tributário do Reino Unido o tira da casinha da desigualdade para uma posição um pouco mais respeitável. Curiosamente, Taiwan tem igualdade de renda semelhante, após a tributação, à Irlanda, mas chega lá sem recorrer muito ao imposto de renda. O Brasil e o Peru, por exemplo, têm alta desigualdade de renda antes dos impostos, não os usam para resolver o problema e continuam com sociedades bastante desiguais. (Para mais estatísticas e dados sobre desigualdade de impostos e renda, siga esta nota.)[20] Apesar de todas as reclamações sobre o imposto de renda, a maioria das pessoas está em melhor situação, pelo menos em termos relativos e também em termos absolutos, desde que o dinheiro seja razoavelmente bem gasto em coisas que possam beneficiar a todos.

Stewart Wallis, ex-chefe da New Economics Foundation e agora cofundador da WeAll,[21] coloca o interessante argumento de que taxar os ricos pode ser considerado um último recurso e que é ainda melhor começar a corrigir a lacuna mais cedo, por meio de medidas como educação e instalações universais de assistência infantil.

Precisamos de um preço para o carbono?

O combustível fóssil continuará sendo extraído e queimado, a menos que se torne muito caro, ilegal ou as duas coisas. As opções são um preço de car-

bono aplicável e/ou regulamentação apoiada em multas. Em certo sentido, elas são equivalentes.

A solução mais simples para mim é o preço do carbono no ponto de extração. A primeira vantagem de um preço é sua simplicidade no nível conceitual. Talvez o mais importante seja o fato de aumentar automaticamente a receita de todas as tecnologias e infraestrutura necessárias para substituir o combustível fóssil. Torna automaticamente a captura de carbono um empreendimento gerador de dinheiro. Finalmente, através de um sistema de preços, todo carbono nas cadeias de suprimentos de todos os bens e serviços encontrará automaticamente o seu preço em tudo que é vendido. Eu sou a favor de colocar o imposto no ponto de extração simplesmente porque isso exige lidar com um menor número de organizações. Uma dificuldade que algumas pessoas citam com o preço é que não é simples determinar antecipadamente quanto deverá custar. Uma resposta possível é que precisa ser facilmente ajustável. O teste para determinar se o preço é alto o suficiente é se está conseguindo ou não manter a quantidade liberada de carbono dentro do limite. Se não estiver, precisa subir até que isso seja alcançado. Para ser claro, estaremos falando muito rapidamente de centenas de dólares por tonelada e, com o tempo, provavelmente milhares. Outra maneira de garantir que o preço corresponda à cota de carbono é "limitar e negociar"; definir o carbono, alocar racionamentos, mas permitir que elas sejam comercializadas. O problema aqui está na definição da alocação inicial.

Uma observação adicional sobre uma estrutura de preços é que ela também precisará ser inteligente o suficiente para incluir outros gases de efeito estufa, bem como o desmatamento. Também precisará haver alguns detalhes importantes para evitar antecipadamente as consequências não intencionais. Talvez o mais óbvio deles seja que uma corrida pelo biocombustível acabe consumindo parte do suprimento de alimentos.

A menos que alguém tenha uma maneira melhor de tornar muito caro, ilegal ou não valer a pena extrair o combustível fóssil, não importa se você acha que vai ser difícil alcançar um preço de carbono. Precisamos disso, para que também possamos nos concentrar no desafio. De alguma forma, o preço precisa ser aplicável globalmente.

A dificuldade em fazer isso é que implica intermediar o acordo global de todos os negócios. O abandono do combustível fóssil terá implicações totalmente diferentes para os diferentes países e, de alguma forma, isso precisará ser levado em consideração de uma forma que todos possam concordar. Em resumo, precisaremos dar uma olhada no ***problema de compartilhamento.*** Isso nos leva inevitavelmente à questão de como os humanos se tratam em todas as escalas. Gulp. Veremos isso mais adiante.

Qual será o preço do carbono?

O preço precisa ser suficiente para que o combustível pare de sair do solo, de acordo com as metas de carbono. Para termos ideia de uma perspectiva, um preço de carbono de US$ 100 por tonelada de CO_2 acrescenta apenas US$ 0,3 por milha ao custo de dirigir um carro movido a gasolina e cerca de US$ 0,08 por kWh no preço da eletricidade alimentada por carvão.

O teste para determinar se o preço é alto o suficiente é se está conseguindo ou não mantê-lo no solo, seguindo os objetivos do clima. Simples assim. Meu palpite sobre onde isso vai acabar, supondo que queremos restringir o aquecimento a 2 °C ou menos? Mais de US$ 1.000 por tonelada até 2050.

A Microsoft já adotou um preço de carbono que eles usam na empresa para influenciar coisas como viagens de negócios. Adoro o conceito. O problema é que, na última vez em que olhei, estava fixado em meros US$ 7 por tonelada. Estou lutando para pensar em um executivo da Microsoft deixando seu carro em casa por causa dos US$ 0,002 por milha que isso significa. No entanto, o mecanismo está em vigor e tudo o que falta é estabelecer um preço razoável.

Como devo gastar meu dinheiro?

Antes de pagar por qualquer coisa, tente entender a cadeia de suprimentos.

Hoje comprei um jornal que, a meu ver, apoia o verdadeiro jornalismo investigativo melhor do que qualquer outro meio de comunicação do Reino

Unido. A seção de alimentos deste livro (Capítulo 1) contém orientações suficientes para informar a maioria das decisões de compras – talvez não perfeitamente, mas é bem melhor que nada. (Há mais sobre comida no meu primeiro livro, *How Bad Are Bananas?*) O último computador que comprei foi do fabricante que considerei mais ecologicamente correto e, quando ele quebrou, eu o consertei, duas vezes, em uma pequena empresa local. Nem sempre faço tudo direito, mas o que estou tentando dizer é que realmente há muito que podemos fazer, apenas na vida cotidiana, e todos nós podemos facilmente chegar ao ponto de estarmos suficientemente bem informados e pressionar por um mundo melhor por meio do que gastamos e do que não.

Enquanto escrevo isso, a BT, por exemplo, está começando a colocar o gerenciamento de carbono em seus critérios de compras e, assim, melhorando as credenciais de sustentabilidade de tudo que vende.[22] Quanto mais exigentes os consumidores forem sobre nossas cadeias de suprimentos de produtos, mais as empresas trabalharão para organizá-las.

6. Pessoas e trabalho

Tudo se resume à população?

Um bilhão de pessoas imprudentes destruiriam facilmente o lugar, enquanto 15 bilhões de pessoas cuidadosas poderiam se aconchegar e ficar bem. Mas então, se todo mundo fosse cuidadoso, não haveria 15 bilhões para começar.

É um fato encorajador que, quando os países superam um certo nível de prosperidade, seu crescimento populacional quase invariavelmente diminui ou para.[1] Menos encorajador é o fato de que isso geralmente é acompanhado por um aumento correspondente no impacto que cada pessoa tem. Se um casal opta por não ter filhos para poder voar mais nas férias para esquiar, o ambiente não ganha.

Em termos de efeito no planeta, não se trata tanto do número de pessoas, mas do seu impacto total combinado. Várias centenas de malauianos têm a mesma pegada de carbono total de apenas um europeu ou norte-americano.

É possível desenhar muitos gráficos mostrando um crescimento desenfreado e acelerado, seja de forma exponencial ou mais ou menos em forma de banana, de diferentes facetas das atividades e impactos humanos. Exemplos incluem uso de energia, PIB, extração de praticamente todos os minerais, emissões e descarte de muitos poluentes. No entanto, o crescimento populacional acaba por não ter essa forma. Houve longos períodos em que foi muito estável e períodos de grande crescimento. Recentemente, parecia uma linha reta crescente e todas as previsões são de que atingirá um pouco menos do que o dobro dos 7,5 bilhões de hoje. Se você mora no Reino Unido, Bangladesh, Holanda ou Hong Kong, o dobro do número de pessoas provavelmente parece um pouco opressivo e, embora não seja bom no nível global, também não é, por si só, um desastre total. A pressão da população não é algo que possamos culpar por todos os problemas ambientais que estamos enfrentando atualmente.

Nos países ricos, todo bebê adicional tende a causar mais impacto no mundo do que um bebê em um país pobre. Eles costumam usar fraldas elegantes, têm mais brinquedos de plástico, usam mais energia, comem mais carne e assim por diante. No entanto, nos países pobres, o crescimento populacional coloca ainda mais pressão sobre a economia local, muitas vezes aumentando a dependência sufocante das importações de alimentos. Atualmente, as Américas do Norte e do Sul exportam enormes quantidades de alimentos. A Europa está mais ou menos equilibrada e grande parte do resto do mundo depende de importações. Na África, onde o crescimento populacional parece mais alto, isso é um grande problema. Se houver quatro bilhões de africanos em 2100, esse continente precisará de um sistema agrícola muito mais produtivo e/ou de enormes importações de alimentos.

O que posso fazer para ajudar a população?

O que se segue não é ciência aeroespacial. Abordo as minhas principais dicas de um ponto de vista pragmático que, espero, não pareça frio. Elas vêm com um pedido de desculpas respeitoso por qualquer sensibilidade religiosa que eu possa estar atacando. Por fim, para ajudá-lo a contextualizar essas dicas, é melhor dizer que escrevo isso como um homem de meia-idade que, depois de ter dois filhos, deliberadamente se tornou incapaz de gerar outros. Essas são as minhas principais dicas.

(1) Tenha cuidado para não gerar um bebê, a menos que realmente queira cuidar dele.

(2) Por favor, não incentive, pressione ou force ninguém a isso.

(3) Por favor, tente, sempre que tiver influência, facilitar para que os outros não tenham bebês, a menos que eles realmente os desejem.

(4) Defenda o aumento no investimento nas pessoas mais pobres. Especificamente, defenda:

(a) educação, especialmente das mulheres,[2]

(b) informação e acesso à contracepção,

(c) reforma agrária para que mais pessoas tenham posse segura da terra em que trabalham,

(d) acabar com a fome – é claro.[3]

Certo, é isso. Quanto mais pessoas seguirem essas dicas, melhor será a vida de todos que nascerem.

Uma das maneiras pelas quais distribuímos riqueza é através do emprego e do salário. Mas, aqui no Antropoceno, todo o conceito de trabalho poderia ser um retorno aos primeiros princípios.

Quando um "emprego" é uma coisa boa?

Quando é útil, satisfatório e pago adequadamente.

Tratar o número total de empregos como uma medida de sucesso não é útil porque os escravos ou quase escravos entrariam na conta, enquanto muitas pessoas com vidas positivas e intencionais não seriam incluídas. E quem é pago para fazer coisas que dividem a sociedade ou destroem o planeta também aumentaria as estatísticas de emprego, enquanto outros que trabalham sem remuneração para ajudar a manter as pessoas e o planeta unidos não seriam contados. Claramente, as métricas simples de empregos e níveis de emprego são inúteis.

Há três razões pelas quais um emprego pode ser uma coisa boa.

(1) Faz algo útil na sociedade. Os exemplos incluem ajudar a criar coisas que permitam que outras pessoas vivam bem, empregos que permitam à sociedade funcionar e prosperar, ou empregos que cuidam de outras pessoas.

(2) É gratificante fazer isso. Muito disso pode ser por causa da razão (1), mas também pode ser gratificante por si só – divertido, desafiador e interessante, talvez.

(3) Ele fornece um mecanismo por meio do qual os recursos, especialmente o dinheiro, são alocados adequadamente.

Infelizmente, muitos trabalhos não preenchem todos ou nenhum desses critérios. Os empregos também não são as únicas maneiras de atender aos critérios. Coisas úteis podem ser feitas por pessoas sem que o pagamento seja necessário ou apropriado. As atividades gratificantes também não exigem pagamento e o dinheiro pode ser distribuído por meio de uma infinidade de mecanismos de pagamento e impostos. Aqui estão alguns exemplos. Se você trabalha em um call center ligando para pessoas tentando convencê-las a processar alguém por um acidente que talvez nunca tenha acontecido, provavelmente você odeia seu trabalho, até porque entende que seu impacto no mundo é negativo. Você e o resto do mundo estariam melhor se pedíssemos para não ir trabalhar e pagássemos a você o mesmo salário. Enquanto isso, o cuidado e a amizade com os vizinhos não são considerados trabalho, mas atendem aos dois primeiros critérios.

No Reino Unido, ouvi recentemente as indústrias de apostas e armas defendidas com base nos empregos que criam. Se mais apostas ou mais armas puderem ser justificadas como boas coisas, é bom ter pessoas trabalhando para fornecer esses bens e serviços. Mas, se não, precisamos encontrar outras coisas para essas pessoas e, nesse meio-tempo, seria melhor pagá-las para simplesmente não ir trabalhar. O dinheiro gasto em empregos para apostas ou armas pode ser gasto no pagamento de pessoas para fornecer energia renovável, infraestrutura de baixo carbono, cultivar alimentos adequadamente, melhorar a biodiversidade, cuidar de idosos – ou um milhão de outras coisas. A ideia de que deveríamos ter mais armas ou mais apostas apenas para proporcionar emprego é fundamentalmente falsa.

Que parte de uma pessoa deve se dedicar ao trabalho?

Ela por inteiro.

Passei muito tempo nas empresas tentando conversar sobre as coisas que mais importam. Percebo uma grande diferença na medida em que as pessoas se sentem capazes de expressar o que acham importante, seja ou não relacionado com as atuais metas de negócios e se são normais ou não. Você simplesmente não pode ter o pensamento global e multidimensional que precisamos no Antropoceno sem usar todo o seu cérebro. E isso significa levá-lo ao trabalho.

Enquanto escrevo isso, estou pensando em uma corrida de táxi depois de uma reunião insatisfatória com alguns dos principais executivos de uma empresa com a qual eu estava trabalhando. Dividi a viagem com um deles. Durante o dia acabamos falando apenas em dinheiro, e a palavra "sustentabilidade" de alguma forma foi traduzida como "maiores lucros", e eu fui arrastado por visões de mundo que não esperava.

Assim que entramos no táxi, meu companheiro de viagem começou uma explicação apologética. Ele me disse que era um ser humano completo que se preocupava com o ambiente, mas no trabalho tinha que falar como se o dinheiro fosse a única coisa que importasse, porque era assim que as coisas eram feitas. Em outras empresas, mesmo algumas grandes, noto que as pessoas têm muito mais permissão para se expressar.

O que posso fazer?

Tente levar todo o seu eu para o trabalho, incluindo aquela parte que se importa com as pessoas e o planeta. Expresse-se. Incentive outras pessoas a fazerem o mesmo. Qualquer um pode abrir uma brecha na cultura, mas, quanto mais sênior você for, mais importante será fazer isso e maior será sua responsabilidade.

Por que alguém trabalharia se já tivesse o salário do cidadão?

Porque as pessoas querem ser úteis, ter um propósito e aproveitar ao máximo suas vidas. Se achamos que isso funcionará provavelmente depende da confiança que temos um no outro.

Por salário do cidadão, me refiro a uma alocação de dinheiro que todos receberiam, o que permitiria que tivessem uma vida saudável e participassem da sociedade. Não daria para comprar ingressos para o teatro ou para jogos de futebol, mas seria suficiente para pagar as contas de combustível, financiar uma dieta saudável, uma educação decente e uma vida social dentro de um orçamento cuidadoso. Tiraria a pressão coercitiva do trabalho, mas não o impulso humano inato positivo para trabalhar. Eliminaria o medo de ficar sem emprego, mas não o desejo de ser útil, de passar seu tempo de maneira significativa ou mesmo de ganhar mais dinheiro para desfrutar da vida. Trabalharíamos porque seria nossa vontade, não por obrigação. Os empregadores seriam obrigados a tornar aceitáveis as condições de trabalho. Empregos chatos deveriam ter salários mais altos. O trabalho voluntário seria possível para mais pessoas. Da mesma forma os hobbies em tempo integral. Você poderia deixar o trabalho para cuidar de um ente querido, começar a pintar, cuidar de uma horta, caminhar ou qualquer coisa que gostasse, desde que isso o deixasse satisfeito. Poderia simplesmente relaxar e viver de forma simples.

Então, por que alguém faria alguma coisa? Porque entendemos que o bem-estar implica ser útil e ter um propósito. O efeito seria cortar a *chatice* do mercado de trabalho. Com o salário do cidadão, trabalhos que não obtivessem uma pontuação alta o suficiente nos meus três critérios simplesmente não seriam realizados. Em outras palavras, estamos falando sobre o verdadeiro fim da escravidão.

De onde viria o dinheiro? Viria dos impostos. É verdade que aqueles que tivessem empregos bem remunerados financiariam aqueles que não ganhassem dinheiro. O acesso a uma dieta saudável e à participação na sociedade se tornaria mais próximo dos direitos universais. Aqueles que estivessem em melhor situação se beneficiariam vivendo em uma sociedade melhor, na qual menos pessoas teriam que recorrer a medidas desesperadas para realizar atividades inúteis ou prejudiciais apenas para obter dinheiro. Haveria menos pessoas fazendo trabalhos que não precisam ser realizados. A desigualdade social se tornaria menos acentuada.

Se este modelo de mundo funcionaria ou não, depende de qual visão você tem da natureza humana. Temos um desejo inato de ser o mais inútil possível, ou de ser útil, criativo e ter um propósito? Se você pensa que é o primeiro, espero que tenha a chance de aproveitar o salário do cidadão pelo tempo que for necessário para ficar inquieto e refutar sua perspectiva através de sua própria experiência. Se for o segundo, e há muita teoria psicológica para sustentar isso, então deveríamos tentar.[4]

De certa forma, as estatísticas sobre prisão a seguir estão um pouco à parte do argumento principal do livro, mas eu as incluo aqui por várias razões. Em primeiro lugar, porque são ao mesmo tempo reveladoras e tristes; elas nos dão mais um motivo para perguntar: "Como nós, humanos, podemos administrar tão mal o mundo?" – e "Claro que podemos fazer melhor!". Em segundo lugar, porque ilustram tanto a desigualdade do mundo quanto a bagunça em que entramos quando usamos as métricas erradas. E, finalmente, porque preparam o terreno para a discussão de valores que começará daqui a poucas páginas.

Quais são as chances de que eu termine na prisão?

Depende de quem você é. Escolha um cidadão norte-americano aleatório e há uma chance de 0,88% de que esteja na prisão agora.[5] O norte-americano passará em média impressionantes 7 meses de sua vida em cana. As coisas são muito piores para os homens do que para as mulheres e a vida é mais complicada em alguns estados do que em outros. O homem comum na Louisiana pode esperar passar 1,5 ano de vida atrás das grades. Prisões são um empreendimento com fins lucrativos. Os xerifes têm incentivos financeiros para manter os números altos e tudo isso contribui para o PIB. As coisas são muito melhores para uma garota nascida em Massachusetts, que, em média, passará apenas oito dias atrás das grades. Se você é negro, as estatísticas são muito piores do que para os brancos, com os norte-americanos negros passando, em média, um dia a cada três semanas na prisão. Gulp! E uma rápida pesquisa no Google de imagens de prisões nos EUA me diz que eu pessoalmente não gostaria de passar uma única noite em nenhuma delas – nunca.

As coisas estão muito melhores no Reino Unido, mas não são exatamente ótimas. Cerca 0,25% da população masculina está na prisão, mas apenas cerca de 0,01% da população feminina. São dez semanas para o homem médio do Reino Unido durante a vida, mas apenas três dias para a mulher média.[6]

Na Noruega é outra história, novamente. O norueguês comum pode esperar passar "apenas" três semanas de vida atrás das grades e, talvez ainda mais importante, a experiência de estar lá é muito mais humana. Por que a taxa de presos é tão baixa? Para começar, em comparação com os EUA e o Reino Unido, é muito menos provável que as pessoas reincidam; apenas 20%[7] comparados com 76% de reincidência dentro de cinco anos nos EUA[8] e incríveis 77% dos prisioneiros britânicos no primeiro ano.[9]

Ter uma proporção significativa de sua população presa em ambientes incrivelmente desagradáveis tem um impacto muito negativo na qualidade de vida média de um país. Então, qual é o segredo da Noruega? E qual é a diferença da abordagem nos EUA? Nos EUA, a prisão é principalmente um lugar de punição, ao que parece. É para a sociedade retaliar. As prisões dos EUA e do Reino Unido parecem estar voltadas, em grande parte, para a vingança. É uma palavra feia que poucas pessoas gostam de usar abertamente, mas é isso que está acontecendo. Depois disso, as prisões são supostamente dissuasivas e mantêm as pessoas fora de contato com o público. A reabilitação é uma reflexão tardia pouco séria.

Na Noruega, os presos são seres humanos cujo bem-estar é importante como o de qualquer outro. As prisões são voltadas para reparar danos. A vingança, se pararmos para pensar, é na verdade multiplicar o dano total. É pouco lógico para muitos que tornar as prisões mais agradáveis possa levar a menos crimes, mas quem luta com esse conceito precisa gastar algum tempo pensando sobre isso até entender o conceito. O diretor de uma das prisões da Noruega, Are Hoidel, coloca assim: "Todo preso na Noruega está voltando para a sociedade. Você quer pessoas com raiva – ou pessoas que foram reabilitadas?".[10]

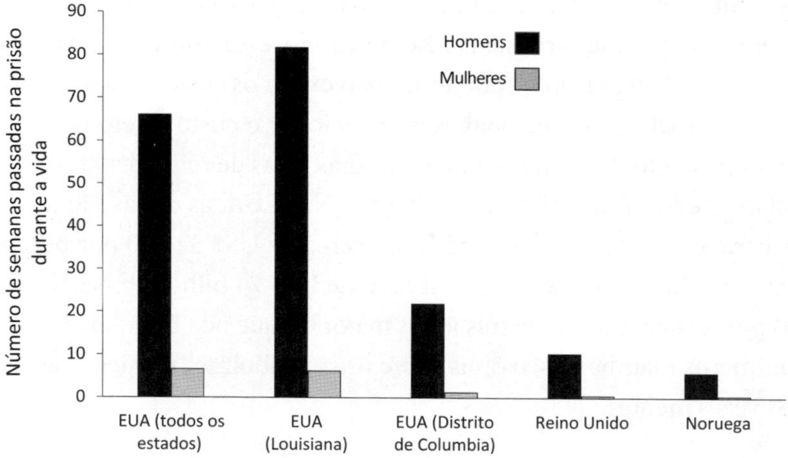

Figura 6.1 Número de semanas que uma pessoa comum pode esperar passar na prisão durante a vida.

A desorganização das prisões dos EUA e, em menor grau, das do Reino Unido se resume a duas questões. A primeira é a desigualdade que leva algumas pessoas a correrem muito mais risco de irem para a prisão do que outras. Nós tocamos na nacionalidade, gênero e raça, mas a educação e a riqueza também são grandes atores. A segunda tem a ver com valores e com a questão de saber se o bem-estar de um prisioneiro é tão inerentemente importante por si só quanto o de qualquer outra pessoa. Voltaremos a valores dentro de algumas páginas – e espero que, enquanto estiver lendo, sinta a necessidade cada vez mais premente de explorar esse campo.

Embora esteja claro que precisamos melhorar a avaliação das coisas em termos não financeiros, precisamos observar também que a abordagem radicalmente mais eficaz da Noruega para as prisões pode, de alguma forma, estar relacionada às suas melhores estatísticas de distribuição de riqueza em comparação com os EUA (ver a Figura 6.1).

As estatísticas carcerárias quase certamente dão alguma indicação da miséria humana e dos problemas sociais. Por outro lado, matar ou libertar prisioneiros para melhorar as estatísticas pode não levar a uma melhoria no bem-estar que estão tentando promover. Acabei de escrever isso para enfatizar a necessidade de manter todas as métricas em perspectiva.

Finalmente, voltando ao dinheiro, vale a pena mencionar que as prisões também custam uma fortuna. No Reino Unido, esse número é de aproximadamente £ 51.000 por preso por ano.[11] Isso exclui os custos dos serviços judiciais e de liberdade condicional, sem mencionar o custo direto para a sociedade do aumento do crime por meio de altas taxas de reincidência ou o custo social do medo e desconfiança resultantes. Nos EUA, as coisas são um pouco mais baratas por cabeça, com média de cerca de US$ 32.000 por prisioneiro por ano em 2013, e um gasto anual total de US$ 74 bilhões.[12] Na Noruega, o custo por recluso é cerca de três vezes maior do que nos EUA, mas, por causa dos números mais baixos, o ônus sobre os contribuintes noruegueses ainda é várias vezes menor.

7. Negócios e tecnologia

Levando em conta que grande parte da maneira como os seres humanos vivem precisa ser repensada, não surpreende que, como parte disso, precisaremos olhar novamente para a maneira como fazemos negócios. Esta seção curta não é um guia abrangente para negócios e tecnologia no Antropoceno, apenas algumas reflexões de alto nível, extraídas em parte das evidências e da lógica do livro até agora e em parte dos 20 ou mais anos de consultoria em organizações, incluindo alguns dos gigantes de tecnologia do mundo.

Quando é bom que uma organização exista?

Quando faz um trabalho útil, é gratificante como local de trabalho e possibilita a distribuição adequada da riqueza.

Os critérios que apliquei aos empregos algumas páginas atrás também se aplicam a todas as organizações. Elas deveriam existir para atender a três propósitos. Primeiro, é o fornecimento de bens e serviços úteis e valiosos – coisas que aumentam o bem-estar das pessoas e do planeta, agora e no futuro. Em segundo lugar, elas devem fornecer maneiras significativas e gratificantes para que os trabalhadores passem seus dias. Em terceiro lugar, elas precisam contribuir para a distribuição apropriada da riqueza, de modo que todas as pessoas tenham os recursos necessários para ter qualidade em suas vidas. As empresas que não atendem a todos esses critérios deveriam mudar por uma questão de prioridade, e as que atendem a um ou menos provavelmente deveriam simplesmente fechar as portas. Se você trabalha para uma organização que não atende aos critérios e não quer ser parte do problema, acho que precisa sair ou encontrar uma maneira eficaz de alterá-la por dentro.

Observe que maximizar a receita do acionista não faz parte dos critérios. Já maximizar o *valor* do acionista poderia fazer parte, potencialmente, desde que os acionistas estejam operando a partir de um conjunto de valores adequados ao Antropoceno que explicitamente signifiquem algo além do crescimento financeiro.

Como as empresas podem pensar o mundo?

Várias empresas com as quais trabalho dizem que querem "deixar o mundo melhor do que o encontramos", usando essas palavras exatas ou algo semelhante. Parece bom, mas aqui, no século XXI, é necessário desenvolver um pouco essa ideia. O que é um mundo melhor para essa organização? Qual é o caminho para conseguir chegar a ele? Não é possível responder adequadamente a essas perguntas sem ter tempo para olhar o problema de longe. Exige um nível de *perspectiva* que raramente é incentivado no mundo comercial do dia a dia. Pode ser assustador receber respostas que não sejam as mais banais. Vimos que grande parte da maneira como fazemos as coisas não é adequada para o Antropoceno. Portanto, se uma empresa se perguntar com cuidado e seriedade qual é o seu papel no mundo, é provável que as respostas abalem suas fundações pelo menos um pouco. Certamente será necessária alguma coragem.

As empresas precisam de uma visão do mundo que estão buscando e de um plano coerente de como podem ajudar a realizá-lo. Elas precisam de uma compreensão ***sistêmica*** de toda a gama de impactos diretos e indiretos. Por enquanto, a próxima frase pode ser óbvia demais para valer a pena escrevê-la, mas apenas para ficar claro:

No século XXI, é totalmente inútil ter organizações que existam principalmente para obter lucro.

Isso é diferente de dizer que elas não devem ser lucrativas sob nenhuma circunstância, mas, como razão de existência, é simplesmente inadequado para o mundo de hoje. O motivo do lucro deve ser o pensamento de ontem. Se você trabalha para uma organização como essa, desafie-a e/ou saia. Se você sente que não pode fazer nenhuma das duas, então é um trabalhador em servidão.

Como uma empresa pode pensar de forma sistêmica?

Existem várias maneiras de fazer isso. Existem também milhares de consultores ansiosos para ajudar, se você não quiser fazer tudo isso internamente. Alguns deles são muito bons, mas eu o aconselho a verificar cuidadosamente a visão de mundo deles antes de contratá-los. Aqui está apenas um exemplo de como as coisas podem ser feitas de uma maneira simples. É baseado em como um de meus clientes começou a pensar sobre a mudança climática. (Em um mundo perfeito, não estaríamos pensando na mudança climática isoladamente de outras questões globais, mas é preciso começar por algum lado.)

Chegamos ao ponto de concordar que, de uma forma ou de outra, era necessário um acordo global obrigatório para deixar a maior parte do combustível do mundo no solo. Depois, perguntaram o que seria necessário para que isso fosse possível e concluíram que a vontade política era o fator mais crítico. Então, em seguida, perguntaram o que seria necessário para a vontade política existir e, em seguida, o que seria necessário para que essas coisas também fossem implementadas. E assim por diante. Dessa maneira, eles rapidamente criaram um mapa simples dos fatores críticos para a mudança. Depois de alguns ajustes, isso se transformou no diagrama muito simples mostrado adiante. Não era para ser definitivo ou perfeito. Eles só precisavam de algo bom o suficiente para se relacionarem rapidamente. Em seguida, perguntaram onde uma organização como a deles poderia ter influência – e acabou por ser em quase todos os lugares, pois era uma empresa grande e po-

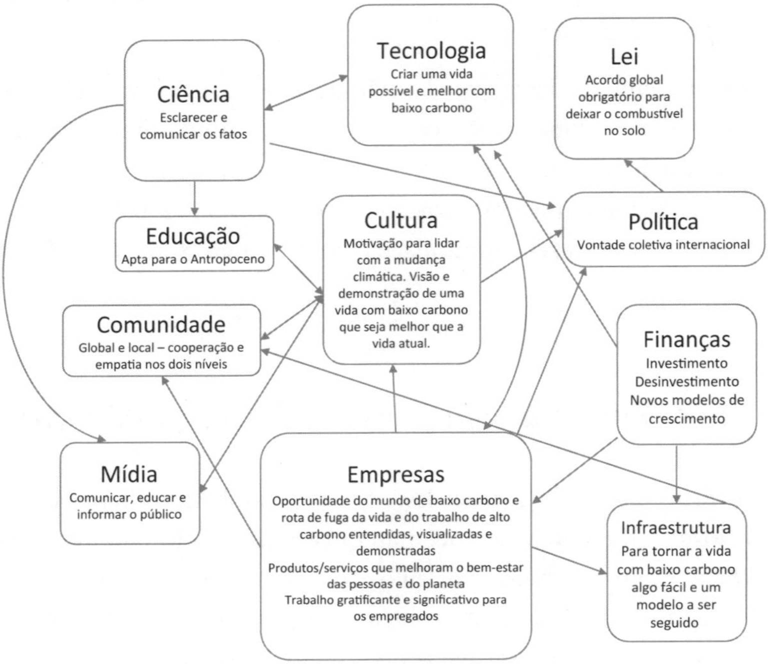

Figura 7.1 O que será necessário para o mundo concordar em deixar o combustível no solo? Um exemplo simples de pensamento sistêmico. Este é um mapa, elaborado por algumas pessoas dentro de uma empresa, para ver como elas podem ajudar.

derosa. A etapa final foi olhar para o que eles realmente *queriam* fazer, dadas todas essas opções.

Não há mágica especial ou ciência aeroespacial nesse processo. Qualquer coisa seguindo linhas semelhantes funciona. Usei um método semelhante com várias outras empresas de tamanhos muito diferentes. O que estou dizendo é que o pensamento sistêmico não é tão difícil; você só precisa decidir usá-lo.

Uma ferramenta digital e projetada com muito mais cuidado para ajudar organizações de todos os tipos a pensar sistemicamente foi projetada pela Bioregional e está estruturada em torno de seus dez princípios de One Planet Living. (Ver o box.)

As ferramentas sistêmicas da Bioregional para One Planet Living®

Na Bioregional, eles sabem há mais de 20 anos que não há planeta B. Usam sua estrutura de dez princípios para o One Planet Living com empresas e comunidades no mundo todo.[1] Mais recentemente, em reconhecimento à natureza sistêmica do desafio do Antropoceno, eles desenvolveram uma ferramenta interessante para mapear todos os resultados, ações e indicadores nessa estrutura de maneira não linear e não hierárquica para produzir mapas visuais de como as coisas se encaixam, ou seja, mostrando a interconectividade de tudo. O cofundador Pooran Desai explica que, se você deseja que as pessoas comecem a pensar de maneira sistêmica, falar sobre isso só funciona até certo ponto – é necessário fornecer as ferramentas para que elas façam isso. O kit de ferramentas oneplanet.com é gratuito para empresas, cidades, outras organizações e indivíduos.[2] Se você quiser, pode pagar para adicionar outros critérios além dos princípios do One Planet, mas, quando pressionado, Pooran diz que, em sua experiência, os objetivos da empresa geralmente se encaixam em um dos dez princípios ou entram em conflito com eles e, portanto, precisam ser desafiados.

Os dez princípios da Bioregional para o One Planet Living são:

- Saúde e felicidade
- Igualdade e economia local
- Cultura e comunidade
- Terra e natureza
- Água sustentável
- Comida local e sustentável
- Viagem e transporte
- Materiais e produtos
- Zero desperdício
- Energia de carbono zero

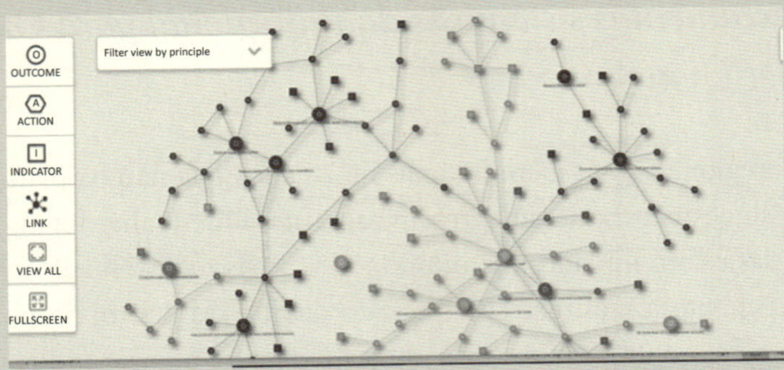

Captura de tela do mapeamento de ações e iniciativas da Oneplanet.com, que mostra a interconectividade das questões.

Três vertentes de uma estratégia ambiental

O modelo a seguir provém do meu trabalho com três grandes empresas de tecnologia, cada uma das quais gostaria de afirmar que estão tornando possível o mundo de baixo carbono não apenas cortando seu próprio carbono, mas fornecendo tecnologias que permitem que outras pessoas façam o mesmo. Infelizmente, como vimos, essas tecnologias que possibilitam a eficiência não cortam o carbono do mundo, a menos que existam acordos globais. Portanto, a questão da capacitação só funciona como parte de um ataque de três vertentes ao carbono.

(1) **Melhorar o próprio impacto.** Uma empresa melhora seus próprios impactos em todos os fatores ambientais, de acordo com o que a ciência mais avançada diz que precisa estar acontecendo. Por exemplo, com relação à mudança climática, ela reduz as emissões de carbono de bens e serviços de ponta a ponta – desde a fabricação até o uso e a vida útil do produto.

(2) **Permitir que outras pessoas melhorem seu impacto.** Seus produtos e serviços permitem que outras pessoas vivam de maneiras

que sejam melhores para o meio ambiente. Como exemplo, uma empresa de TCI poderia permitir a economia de energia para seus clientes ou uma redução nos voos.

(3) **Defender acordos globais onde necessário.** A empresa luta por qualquer gerenciamento global que precise ser implementado. Por exemplo, já que – conforme vimos – lidar com a mudança climática implica um acordo global para restringir o uso de combustíveis fósseis, um plano completo para a mudança climática da empresa deve incluir uma pressão clara e pública para que isso seja implementado.

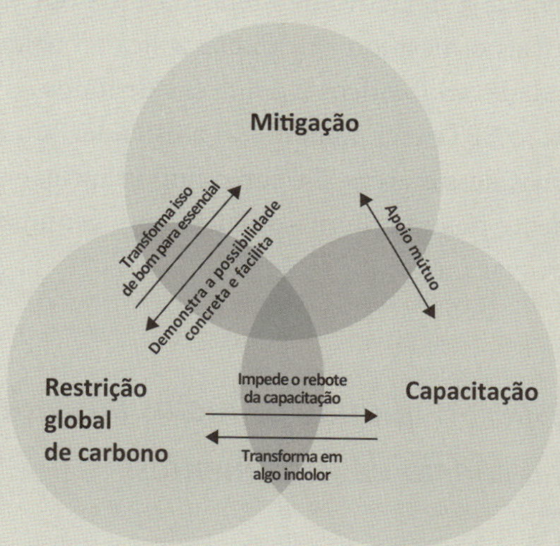

O que é importante entender é que nenhuma dessas duas vertentes é suficiente por si só. A mitigação sozinha é desfeita por rebotes. A capacitação por si só é apenas mais uma melhoria de eficiência que, como vimos, geralmente não leva a uma melhor administração global, a menos que haja uma restrição global sobre a carga ambiental total. A capacitação e mitigação são os dois métodos pelos quais as **restrições globais de que precisamos** são possíveis.

O que é uma meta baseada na ciência?

Uma meta para fazer o que a ciência diz que precisa acontecer para cuidar do mundo. Obviamente, todas as metas ambientais devem ser baseadas na ciência.

Vimos que existem desafios práticos que o mundo precisa enfrentar. Um princípio simples e essencial é que a resposta da empresa precisa ser coerente com o que a ciência diz que deve estar acontecendo no mundo para enfrentar esses desafios. No que diz respeito à mudança climática, enquanto escrevo isso, acontece uma iniciativa muito saudável e, se puderem acertar os detalhes, potencialmente muito importante que está ganhando força e que tem exatamente esse nome; a Iniciativa de Metas Baseadas em Ciência (SBTi na sigla em inglês).[3] Mas o mesmo princípio se aplica a qualquer questão ambiental; biodiversidade, antibióticos e poluições de todos os tipos, incluindo plásticos, e de fato o SBTi está começando a estender seu alcance além do carbono em algumas dessas áreas. De suma importância, é claro, é o fato de que o SBTi realmente possui critérios atualizados e genuinamente baseados na ciência para aprovar metas.

O que há de especial quando as metas baseadas na ciência são aplicadas à cadeia de suprimentos?

De repente, há potencial para superar o rebote e, em vez disso, causar um efeito de bola de neve. Isso poderia ajudar muito a fornecer uma ação humana sobre as mudanças climáticas. Vale a pena pelo menos fazer uma tentativa!

É uma verdade difícil de engolir – difícil demais para muitos até agora – que, com relação à mudança climática, os efeitos do "aperto do balão" ou do rebote tenham quase ou completamente anulado as melhores ações de pessoas, empresas e países até o momento. (Ver o apêndice.) Atualmente, as metas baseadas em ciência (SBTi, na sigla em inglês) são adotadas principalmente para as emissões do escopo 1 e 2 (ou seja, as que cobrem as emissões diretas de uma empresa mais as da geração de eletricidade que ela usa). Infelizmente, sozinhos eles são completamente desfeitos por rebotes. A menos que toda empresa adote e atenda aos escopos 1 e 2 dos SBTi, aquelas que não entram no jogo assumem a folga gerada por quem pratica. As emissões simplesmente migram para outro lugar.

No entanto, se as empresas aplicarem a abordagem de SBTi não apenas no uso de energia, mas por toda a cadeia de suprimentos, haverá potencial para uma dinâmica totalmente nova. Estou falando de empresas que se inscreveram para garantir que não apenas suas próprias emissões estejam controladas, mas que o mesmo aconteça com tudo o que ocorre em sua cadeia de suprimentos. As metas precisam ser alcançadas por meio de incentivos sólidos nos contratos de compra e venda com fornecedores. Com isso, a coisa toda desenvolve características de bola de neve, porque seus fornecedores agora precisam resolver o carbono *deles* também, ou enfrentar uma desvantagem competitiva. E, por sua vez, os fornecedores dos fornecedores. Não estou dizendo que isso é fácil. Mas, pelo menos em princípio, tem potencial como mecanismo genuíno de mudança.

Há outra força relacionada a essa abordagem. Se um país decidir não honrar a letra ou o espírito do acordo climático de Paris, as empresas desse país poderão dizer, de forma independente, "nós vamos cumprir". Mas permanece a questão de como elas podem tornar real a "conformidade com Paris" quando fazem parte de um país cujas emissões estão indo na direção errada e que, por exemplo, provavelmente acabará com uma rede elétrica de alto carbono. Com metas robustas baseadas na ciência para a cadeia de suprimentos, pode-se dizer que essa empresa se destaca das ações desonestas de seu governo e se coloca em uma posição na qual outras empresas responsáveis ao redor do mundo podem confiar ao negociar com ela. Além disso, indivíduos como você e eu poderemos comprar seus produtos sem violar a conformidade de Paris com nossos estilos de vida. No momento em que escrevo, estou falando, é claro, sobre as empresas que operam na economia dos EUA.

Especialmente no mundo da alta tecnologia corporativa, muitas pessoas são tentadas a pensar, ou simplesmente assumir, que a tecnologia será a principal "força para o bem" que pode nos guiar para o mundo sustentável. Mas, como não seríamos capazes de entrar no Antropoceno sem ela, essa noção merece um exame muito mais detalhado.

Impulsionamos o crescimento da tecnologia ou ela nos impulsiona?

No momento, somos escravos de uma trajetória, mas isso não prova que precisamos continuar assim.

O falecido professor Stephen Hawking deve os dois últimos terços de sua vida à medicina moderna. Sem alguns dos avanços dos últimos cem anos, eu também teria morrido várias vezes, assim como vários amigos. Todos somos gratos pela tecnologia que nos mantém vivos. Mas, apesar de todas as suas vantagens, Hawking também sentiu o perigo: "*Agora, no entanto, a tecnologia avançou a um ritmo que essa agressão pode destruir todos por meio de uma guerra nuclear ou biológica. Precisamos controlar esse instinto herdado por nossa lógica e razão. Precisamos ser mais rápidos para identificar essas ameaças e agir antes que elas fiquem descontroladas*".

Como inventamos nossa tecnologia, falamos sobre ela como algo que certamente devemos controlar, mas isso realmente acontece?

Suponha que uma nova tecnologia traga uma melhoria de eficiência. O primeiro a adotá-la obtém uma vantagem competitiva. Em pouco tempo, para permanecer no jogo, todos precisam usá-la – para o bem ou para o mal – e a maneira como vivemos e trabalhamos evoluiu uma fração. Logo, outra nova tecnologia de ponta é descoberta e o processo se repete. Vivemos mais, viajamos mais, nos comunicamos mais. Temos de ter e fazer mais de tudo o que queremos. É assim que a dinâmica da evolução econômica funcionou por milênios e, neste livro, examinamos algumas das curvas crescentes que surgiram como resultado. Poderíamos detê-las se quiséssemos ou estamos presos a elas?

E se uma tecnologia levasse a uma melhoria da eficiência, mas na verdade atrapalhasse a qualidade de vida? Seria *possível* não adotá-la? Se sou um representante de vendas e todos os meus concorrentes têm acesso a smartphones com e-mails 24 horas por dia, 7 dias por semana, fico em desvantagem se meus clientes não puderem entrar em contato comigo no fim de semana, como fazem com meus concorrentes. Todos temos que adotar essa tecnologia. Podemos ou não adorar, mas não foi uma escolha. Se um supermercado prefere ter humanos na caixa registradora por causa dos benefícios sociais que oferece tanto para funcionários quanto para clientes, quanto tempo poderão resistir aos concorrentes que economizam dinheiro substituindo pessoas por máquinas? Stephen Hawking descreveu a inteligência artificial (IA) como "a melhor ou a pior coisa que aconteceu à humanidade",[4] enquanto Elon Musk, um dos grandes empreendedores do carro elétrico automático, também a considera uma ameaça existencial. Quer a preocupação específica com a IA seja ou não bem fundamentada, é claro que a tecnologia como um todo trouxe muitas coisas boas ao longo dos milênios, mas agora levou a espécie humana a um lugar perigoso e precisamos lidar com isso de uma maneira radicalmente diferente.

Isso é possível? Eu já disse que não sou determinista. Acho que nenhum de nós pode provar a existência ou não do livre arbítrio, mas escrevo este livro como se houvesse algo assim. A maioria das alegações de que nosso futuro é predeterminado me parece uma maneira de evitar o desafio de tentar fazer as mudanças que precisamos ver. Assumir o controle da tecnologia, de maneira geral, da maneira que agora precisamos, não será fácil. Precisamos melhorar e mudar o nosso jogo. Mas esse fato não diminui a necessidade nem prova a impossibilidade.

Como podemos assumir o controle da tecnologia?

Esta é uma das questões cruciais do nosso tempo. Para fazer isso, a humanidade terá de aumentar sua aposta.

Embora a tecnologia tenha um papel vital para nos ajudar a viver bem e lidar com os desafios que enfrentamos, também precisamos deixar claro que não é a força inquestionável para o bem que atualmente se supõe que seja. As tecnologias precisam ser avaliadas de maneira perspicaz em relação aos critérios que são importantes para nós. Isso pode não ser simples, pode ser entendido de várias formas e pode se tornar objeto de um intenso debate, mas a discussão precisa ser realizada com seriedade e seus resultados precisam determinar o que faremos ou não.

A história simples das armas químicas e biológicas é suficiente para provar um princípio de que é quase possível (na maioria das vezes) impedir um desenvolvimento, enquanto os exemplos bem conhecidos de radares, aviões monomotores de caça Spitfire e bombas nucleares demonstram que também é frequentemente possível conseguir a tecnologia necessária muito rapidamente. Mas o trabalho sobre o câncer mostra que, às vezes, mesmo quando queremos, não podemos ter o avanço instantâneo que gostaríamos.

Criamos o futuro que queremos por meio das coisas em que investimos e gastamos dinheiro. Novas tecnologias exigem pesquisa, desenvolvimento e implementação (P&D&I). Quando a P&D está concluída, é muito mais difícil impedir a I. Melhor ainda, se conseguirmos nem fazer a P em primeiro lugar. Algumas tecnologias devem passar fome, enquanto outras precisam de nutrição urgente. Os governos claramente têm um papel enorme em direcionar a pesquisa e apoiar as indústrias para as áreas certas, mas todos podemos ajudar com tudo em que gastamos dinheiro e investimos.

Simplesmente não podemos nos afastar da questão dos valores. Gostemos ou não, eles surgiram como fatores críticos ao lidar com os desafios de energia, ambiente e alimentos, e na maneira como construímos nossa economia e administramos nossas empresas. Por isso vamos tratar deles a seguir.

---

8. Valores, verdade e confiança

Todos os caminhos deste livro parecem convergir inevitavelmente para a questão dos valores. Acontece que é um ponto crítico. Não o direcionei para isso. Na verdade, se eu pudesse evitar uma discussão sobre valores, o livro teria sido mais simples de escrever. Estou consciente de não ser professor de ética, assim como não sou economista. Mas as evidências estão apontando para alguns valores que nos ajudarão a viver bem no Antropoceno, e outros que não. Então, escrevo esta seção de uma perspectiva pragmática. Estou simplesmente perguntando quais valores farão e quais não permitirão que as pessoas e o planeta prosperem no século XXI, e como podemos escolher os corretos. Felizmente, nossos valores são algo que podemos moldar, se quisermos.[1]

No início, esclareci os valores sob os quais escreveria, e aqui explicarei parte do motivo.

Qual é a base de evidências para escolher alguns valores em detrimento de outros?

Anteriormente, vimos que a questão de saber se alguém terá que ser desnutrido no futuro se resume não tanto a uma discussão sobre desafios tecnológicos ou a um debate sobre os limites da população, mas à questão incrivelmente simples de saber se aqueles que têm muito cuidam daqueles que não têm o suficiente.

A exploração de energia e mudança climática nos levou à conclusão de que são necessários acordos de política global. Então nos perguntamos que tipo de condições permitiriam ao mundo concordar com coisas essenciais, como deixar quase todo o combustível no solo e quem no mundo queimaria a quantidade de carbono restante. Descobrimos a necessidade de justiça e respeito universal.

Enquanto isso, a crescente complexidade da tecnologia, a interconectividade dos desafios práticos que enfrentamos e o fluxo crescente de análises, opiniões e notícias falsas significam que é cada vez mais difícil obter uma visão clara do que está acontecendo. Precisamos de valores que nos permitam evitar que nos afoguemos em um mar confuso de informações e desinformação.

Finalmente, à medida que a capacidade humana de impacto em nosso planeta aumenta, o mesmo ocorre com as consequências do descuido. Vimos que não podemos mais expandir da maneira que foi possível ao longo dos milênios até agora. Está se tornando cada vez mais fácil causar estragos, mesmo que para uma pequena facção independente da espécie humana. Vimos o potencial do conflito humano para destruir o mundo inteiro de uma maneira que não era possível antes. Então, vimos que precisamos ser capazes de nos importar e, pelo menos às vezes, restringir os processos. Precisamos ser capazes de dizer quando algo é suficiente e, quando isso acontecer, precisamos encontrar uma maneira de não querer ter mais.

Uma maneira útil de pensar sobre valores é categorizá-los em valores *extrínseco* ou *intrínseco*. Há uma extensa pesquisa mostrando que essa categorização funciona em muitas culturas diferentes, por maiores que sejam as outras diferenças. Valores extrínsecos incluem dinheiro, poder, status, imagem e bens materiais. Os valores intrínsecos incluem a autoaceitação, a consciência, a conexão com os outros, a valorização e o cuidado com o mundo e tudo o que nele existe, e o prazer de atividades em si mesmas. São nossos valores que nos motivam.

Há muitas pesquisas para mostrar que pessoas e sociedades que são governadas por valores e motivações intrínsecas acabam sendo mais felizes e saudáveis e tratam o planeta mais gentilmente do que aquelas que são governadas por valores e motivações extrínsecas. Valores intrínsecos estão associados a níveis mais altos de bem-estar pessoal, níveis mais baixos de angústia, depressão e ansiedade, agindo de maneira pró-social, compartilhando mais empatia, sendo menos manipuladores, e com atitudes e comportamentos ecológicos mais positivos. Pelo lado contrário, os valores extrínsecos também estão associados ao narcisismo, abuso de substâncias, comportamentos que prejudicam os outros, maior desigualdade e um estado geral de infelicidade e estresse. Essa correlação foi encontrada consistentemente em muitas culturas e em todas as idades.

Quais valores precisamos que sejam as novas normas culturais globais?

Claramente, precisamos nos concentrar mais fortemente em todos os valores intrínsecos. Mas quero enfatizar três em particular que parecem mais essenciais agora do que nunca. Esses são valores que precisam prevalecer em todas as culturas do mundo. Não importando se são inerentemente "mais agradáveis", precisamos deles por razões puramente práticas, a fim de sobrevivermos no Antropoceno. A diversidade cultural é ótima, desde que todas as culturas compartilhem essas características. Qualquer cultura que não seja diversa é imprópria para o século XXI, e isso deveria incomodar a todos.

Aqui estão os três valores:

(1) Todas as pessoas são inerentemente iguais em sua humanidade. Com isso, vem o princípio de que todos deveriam ter a permissão, incentivo e capacidade de viver suas vidas da maneira que acharem mais significativa, desde que seja *negociado junto com os direitos iguais dos outros para fazer o mesmo.* (O princípio, é claro, inclui, mas não se restringe a todas as questões de igualdade de raça, gênero, classe, nacionalidade, religião, sexualidade e qualquer outra coisa que você queira mencionar.)

(2) Respeitar e cuidar do mundo; sua beleza, complexidade de suporte à vida e todas as suas formas de vida.

(3) Respeito pela verdade – por si só. A honra dos fatos, na medida em que possam ser discernidos. Permitir que outras pessoas tenham uma visão mais clara do que você ou eles considerem evidência. Transparência sobre razões, métodos e interesses pessoais.

Todas as soluções descritas neste livro dependem desses valores. Os humanos não prosperarão sem elas.

Todas as evidências e análises nos dizem que, para que os humanos prosperem nos próximos cem anos e além, precisaremos aprender a ser o mais respeitosos, sinceros e gentis que pudermos uns com os outros. Eu poderia ter dito isso na primeira página. Qualquer um poderia ter dito isso, é claro. Tenho certeza de que milhões de pessoas disseram palavras nesse sentido antes de mim. De fato, enquanto escrevo, percebo que esses três valores se relacionam intimamente com o que Carl Rogers, o pai da terapia centrada na pessoa, denominou as três condições principais do relacionamento terapêutico; *empatia, autenticidade* e *consideração positiva incondicional*.[2] Eles são, obviamente, tão relevantes para a vida cotidiana quanto para o cenário terapêutico. Talvez tudo o que estou realmente acrescentando seja que aqui, no Antropoceno, esses valores não são mais uma escolha.

Provavelmente não sou melhor em praticá-las do que você. Mas todos precisamos tentar melhorar nisso. Simples, mas difícil.

Podemos mudar deliberadamente nossos valores?

A evidência mais clara de que nossos valores são variáveis provavelmente vem de contraexemplos. Neoliberais e defensores do livre mercado têm sido capazes de nos levar a uma mentalidade mais individualista por meio de uma variedade de técnicas; foco no dinheiro, estabelecer o status nos bens materiais, propagandas que vinculam felicidade a coisas materiais, mesmo quando essas coisas são claramente inúteis. Devemos levar isso a sério, porque, se o movimento na direção errada é possível, a outra direção também é possível.

E podemos aprender com esses movimentos negativos sobre o que pode nos empurrar para os valores que precisamos.

Existem também muitos estudos para mostrar que experiências diferentes podem desencadear valores diferentes.

O que faz nossos valores mudarem?

Nossos valores mudam com as **mensagens que recebemos** e as **coisas em que pensamos**. Em Ruanda, nos anos 1990, bastou simplesmente ter uma estação de rádio repetidamente enviando as mensagens de que algumas pessoas eram baratas (insetos) para mudar o grosso das opiniões, com consequências devastadoras.

De acordo com a teoria, e isso parece verdadeiro para mim, aumentar as motivações extrínsecas reduz as motivações intrínsecas e vice-versa. Assim, por exemplo, pagar às pessoas para fazer as coisas reduz o desejo de fazer essas coisas por seu valor intrínseco. E focar o valor intrínseco de um trabalho reduz a necessidade de motivadores extrínsecos.

Duas coisas em particular nos levam a valores extrínsecos: inseguranças e mensagens sociais materialistas. Se estivermos preocupados por não ter dinheiro suficiente para cuidar de nós mesmos ou por não sermos socialmente aceitos, é mais provável que desejemos mais dinheiro e status. E, se estamos constantemente recebendo mensagens de que nosso próprio valor e felicidade estão ligados à nossa riqueza e aos nossos bens, essas são as coisas que provavelmente buscaremos. Por exemplo, uma mensagem predominante, mas venenosa, é que, para conseguir a melhor pessoa para um emprego, você deve pagar o salário mais alto. Isso cria o medo de que quem não ganha muito dinheiro não seja considerado valioso o suficiente. Quanto mais o foco de um trabalho estiver nos salários e bônus, menos o funcionário estará pensando em razões intrínsecas para fazer um trabalho bom e útil.

Por outro lado, quando nos sentimos seguros de que, independentemente de nossa riqueza, sempre teremos nossas necessidades materiais básicas satisfeitas e sempre seremos incluídos socialmente, relaxamos sobre bens e símbolos de status. Isso requer infraestrutura social e comunidade (mas certamente não implica tolerância a comportamentos prejudiciais). E, se somos continuamente lembrados de nossos valores intrínsecos, o papel deles em nossas vidas cresce.

Como cultivar os valores que precisamos

- Criar mecanismos que reforcem valores intrínsecos. Isso inclui acesso incondicional aos cuidados de saúde e educação, além de outros aspectos de assistência social, como o direito a férias remuneradas adequadas, licença-maternidade paga e, possivelmente, um salário do cidadão (ver p. 184). Essas estruturas abrirão a possibilidade, para qualquer um de nós, de viver uma vida materialmente simples, sem temer pela saúde, pelos filhos ou pela velhice.
- Transformar prisões em ambientes humanos focados na reabilitação (ver a discussão sobre prisões, p. 185).
- Concentrar-se em métricas que enfatizem valores intrínsecos, por exemplo, diminuindo a importância do PIB e melhorando as medidas de bem-estar (ver o Capítulo 5, "Crescimento, dinheiro e métricas").
- Criar um ambiente de negócios no qual os lucros dos acionistas não precisem ser dominantes e outros objetivos empresariais, além do lucro, possam ocupar mais facilmente o centro do palco.
- Enfatizar a importância do serviço público e comunitário, talvez por meio de programas para jovens e o direito dos funcionários de tirar dias de serviço comunitário, além das férias normais.
- Encontrar maneiras de reduzir a publicidade materialista, por exemplo, através de restrições aos anúncios direcionados a crianças e a retirada de quaisquer subsídios para anúncios comerciais.
- Não tentar vencer uma discussão recorrendo a valores inúteis. Isso pode proporcionar uma vitória a curto prazo, mas no geral é um objetivo egoísta. Exemplos incluem tentar persuadir as pessoas a reduzir seu consumo de energia para economizar dinheiro. Embora possa obter alguma mudança imediata de comportamento, o mais importante é que você refor-

çou a ideia de que todas as ações giram em torno do dinheiro. Portanto, se não parecer financeiramente válido dar o próximo passo, há menos razões gerais para o fazer. Da mesma forma, não funciona vender estratégias ambientais para empresas apenas com base no aumento das vendas de produtos. O motivo deve ser, sem sentir vergonha, que é a coisa certa a se fazer.

NA ESFERA PESSOAL

- Passe algum tempo pensando nos valores de que precisamos, conversando e lendo sobre eles. Tente desenvolver comunidades que fazem isso. Identifique o que eles podem significar para você na prática.
- Consuma de forma crítica e consciente. Tente identificar e desafiar as mensagens e motivações explícitas e implícitas por trás de anúncios, filmes, notícias e argumentos políticos. Mostre aos nossos filhos como fazer o mesmo, perguntando coisas como: "O que acha que este anúncio está tentando fazer você acreditar?". Tente ver menos anúncios. Como diriam meus amigos budistas, o consumo consciente não se resume apenas ao que comemos, bebemos e inalamos, mas também a todas as informações e experiências que consumimos.[3]
- Tenha experiências que o levem a entrar em contato com uma grande variedade de pessoas. Faça contato pessoal com as pessoas em relação às quais você se sente mais desconectado e com menos empatia.

Já exploramos o primeiro valor da minha lista, até certo ponto, através das discussões sobre distribuição de riqueza, renda e até estatísticas sobre prisões. Espero que o segundo valor tenha permeado a maior parte do livro até agora.

Agora, após uma erupção de pós-verdade e notícias falsas em todo o mundo nos últimos anos, passamos ao terceiro valor; as questões críticas da verdade e da confiança.

Se quisermos viver bem, os humanos precisam melhorar sua performance nessa área. A crescente complexidade dos problemas e a inundação tanto de informações corretas como erradas, às vezes acidentais e, em outras, intencionais, significa que precisamos melhorar muito na eliminação de mentiras, desinformação e "notícias falsas".

Os dois lados do Atlântico estão vendo guinadas preocupantes na direção errada. As consequências certamente nos atingirão em breve e espero que deem origem a um movimento mais duradouro na direção certa.

Existe algo como "verdade" ou "fatos"?

Talvez você deva pular esta pergunta se meu uso das palavras "verdade" e "fato" não o incomoda.

Incluo essa pergunta e coloco as palavras entre aspas simplesmente porque tenho medo dos exércitos de cientistas sociais, pós-modernistas e quaisquer outros que podem estar esperando para discutir os conceitos. Receio ser um cara prático e simples e ter apenas um interesse limitado nesse debate filosófico específico, por isso espero muito que algumas palavras cuidadosamente escolhidas aqui possam evitar isso. Aqui vai.

Compreendo que os fatos podem não existir e que todos podemos ser apenas fruto de nossas próprias imaginações. No entanto, escolho viver como se houvesse uma realidade concreta, completa com fatos e verdades, mesmo que às vezes sejam difíceis de discernir ou mesmo chegar perto. Para constar, considero que o mundo é incrivelmente complexo em comparação com nossa capacidade limitada de entendê-lo. Ainda bem. Que chato se não fosse assim! Portanto, embora seja um exercício interessante tentar criar modelos para entender como o mundo funciona, todos devemos ter cuidado antes de privilegiar uma estrutura de compreensão em detrimento de outra. Como tal, me sinto desconfortável com todas as formas de fundamentalismo e, não menos importante, com o fundamentalismo científico. Se algum sociólogo por aí quer um rótulo para resumir minha posição, acho que "realismo crítico" é um termo tão bom quanto qualquer outro, embora eu o use com medo de abrir um debate linguístico irremediável, e recentemente conversei com um sociólogo que conota todo tipo de coisa com essa frase que não se aplica a mim. Se você gosta de etiquetas, tudo bem, me chame de realista crítico, mas apenas como definido aqui.

Para resumir, é útil pensar em termos de fatos, mesmo que sejam difíceis de discernir, mas tudo o que conseguimos é uma visão parcial. Quaisquer pessoas que queiram afundar em um turbilhão niilista de relativismo podem fazê-lo sem que eu me junte a elas, e isso não lhes importará, quer continuem lendo ou não.

A "verdade" é pessoal?

Quero esclarecer como estou usando essa palavra porque descobri que algumas pessoas, especialmente nos departamentos de sociologia, às vezes a usam de maneira um pouco diferente. No meu significado, não existe a verdade de uma pessoa tão distinta da verdade de outra pessoa. Se algo é verdade, então é um fato. Ponto. Não há nada subjetivo ou pessoal nisso. Uma *visão* pessoal da verdade é uma coisa completamente diferente e sempre *é* pessoal. A visão de uma pessoa pode estar mais próxima da verdade do que a de outra ou ela pode estar simplesmente vendo de um ângulo diferente. Ou um deles pode estar completamente errado.

Portanto, se alguém disser, por exemplo, que a mudança climática antropogênica não está acontecendo, não é útil dizer que essa é a verdade deles, porque não há nenhum tipo de verdade nisso. O fato é que eles estão errados. Têm uma visão da verdade que não combina com a evidência e, portanto, é falsa.

Frequentemente, duas pessoas podem ser capazes de ensinar umas às outras como ver mais da verdade do que conseguiriam fazer por conta própria, precisamente porque fazem abordagens a partir de diferentes ângulos. Isso pode ser difícil para as duas partes, mas, dada a necessidade de um entendimento mais rico, a capacidade de fazer isso é outra habilidade que todos poderíamos fazer para melhorar. Se um dos lados estiver errado, talvez haja razões muito interessantes para sustentar sua visão e compreensão que podem ser incrivelmente importantes.

Por que a dedicação à "verdade" é mais importante do que nunca?

Porque a situação é mais complexa do que nunca.

Sempre houve muita desinformação no mundo, por acidente e por propósito. Mas agora a complexidade das questões exige que elevemos nossos padrões e aumentemos nossa intolerância ao absurdo a um padrão que nunca vimos antes. Aqui no Antropoceno, já é bastante difícil descobrir o que fazer sem jornalistas, políticos, ativistas ou mesmo amigos desconsiderando os fatos. Mais do que nunca, precisamos da visão mais clara da situação que possamos ter e não devemos tolerar pessoas ou instituições que, deliberada ou descuidadamente, fornecem o contrário.

Se eu pudesse escolher apenas algumas coisas para que a humanidade pudesse ir além de sua resposta inadequada ao Antropoceno, uma delas seria criar, melhor do que nunca, uma insistência difundida e cotidiana na verdade.

O que é uma cultura da verdade?

De forma bem simples, um mundo em que todos sabem que terão problemas em suas carreiras se, dentro de sua vida profissional, uma mentira ou tentativa deliberada de criar mal-entendidos for exposta.

Além disso, existe uma cultura em que a credibilidade depende da capacidade de reconhecer e ser sincero com todos os lados válidos de um argumento, nem ser cego para um lado nem criar controvérsias espúrias. Essa cultura permitirá a clareza da análise e do debate de que tão desesperadamente precisamos e que ainda não estamos conseguindo. Isso permitirá que surja uma abordagem inteligente para o Antropoceno. É uma cultura na qual o público pode descobrir em quem confiar, por exemplo, para fazer análises dos prós e contras do *fracking* ou da energia nuclear ou sobre a redução das emissões de gases de efeito estufa.

É possível ter uma cultura mais verdadeira?

Se foi possível retroceder, também deveria ser possível avançar.

Acho que é factível; não perfeitamente, mas acho que podemos seguir na direção certa. As recentes guinadas para o lado errado nos dois lados do Atlântico provam que a insistência cultural na verdade é de fato uma variável. Acho que todos podem ajudar. Acho que será preciso esforço, mas os passos necessários são bastante simples.

Se você é político ou jornalista, é muito fácil entender seu papel para ajudar. Está bem para o resto dizer que nossos ministros e senadores, principais canais de notícias, jornais, blogueiros etc., deveriam fazer um trabalho melhor na defesa da verdade, mas o que todos podemos fazer para melhorar a situação?

O que eu *posso fazer para promover uma cultura da verdade?*

Na verdade, há apenas uma coisa: ***insista sempre na verdade.***

Mais especificamente, aqui estão quatro sugestões simples.

(1) Pergunte com muito cuidado se suas fontes de notícias estão dando a melhor visão da verdade que são capazes. Caso contrário, mude a fonte, informe seus motivos e explique a todos os seus amigos.

(2) Consulte várias fontes, não apenas uma.

(3) Certifique-se de que todos os candidatos eleitorais saibam o quanto a veracidade é importante para você. Deixe que saibam que você não vai votar em ninguém que não esteja à altura de seus padrões ou, se todos estiverem, vai votar nos mais confiáveis.

(4) Eleve os padrões de honestidade onde quer que vá. Enfrente as bobagens, em vez de ignorá-las. Faça com que seja arriscado propagar bobagens falsas. Pode tentar fazer isso com um sorriso tão amigável em seu rosto que deixe espaço para que a outra parte possa mudar de tática sem hu-

milhação excessiva. (Em algumas situações, isso também pode ajudá-lo a não ser espancado.)

(5) O mais difícil de tudo: diga a verdade. Cada um de nós, se formos honestos, acha isso difícil de tempos em tempos, mas precisa ser feito e, infelizmente, não existe mentira sem consequências.

O que os jornalistas podem fazer para promover a verdade?

Insista sempre na verdade. Aqui está o que fazer se houver fortes evidências de que alguém que você está entrevistando enganou o público, mentindo ou tentando criar uma impressão falsa, ou cometeu um equívoco: prossiga até obter um pedido de desculpas e um recuo ou uma explicação adequada ou a pessoa tenha de pedir demissão do cargo político. Não se distraia com outras coisas em discussão. Se você sabe que eles mentiram, enganaram ou estão claramente errados, faça com que seja a única coisa importante até que seja resolvido.

Exponha as incongruências. Se duas linhas políticas são incongruentes uma com a outra, exponha a incompatibilidade e não deixe passar. Pergunte algo como: "Será que você não entendeu a incongruência – nesse caso, espero que pense nisso e volte com novas ideias e uma clara mudança de posição – ou, se você sabia, nesse caso não deveria deixar seu cargo público?".

Respeite a privacidade. Obviamente, junto com isso, existe a obrigação de manter nossos narizes afastados de coisas que não nos interessam. A maioria de nós não gostaria de dar uma entrevista na rádio com a expectativa de ser 100% sincero sobre todos os aspectos de nossas vidas. Com a expectativa de veracidade vem o direito à privacidade.

Respeite aqueles que mudam de ideia. Na verdade, precisamos muito que isso aconteça. A mente aberta deve ser incentivada, dado o contexto em que ninguém tem todas as respostas.

Não apresente dois lados de um argumento igualmente se eles não forem iguais. Por exemplo, alguns canais de notícias fizeram um grande desserviço em relação à mudança climática por muitos anos e prejudicaram suas próprias reputações, apresentando visões periféricas que eram principalmente financiadas por interesses pessoais, como se estivessem em pé de igualdade com quase todos os mais respeitados cientistas do mundo. As opiniões minoritárias propagadas principalmente por aqueles com um interesse próprio precisam ser colocadas nesse contexto.

O que os políticos podem fazer?

É óbvio, mas vou explicar de qualquer maneira.

Seja honesto nas palavras e no espírito do que você diz. Não fique calado se um colega estiver enganando - mesmo que ele apoie sua posição. É deprimente ver políticos tolerando desonestidade em seus colegas apenas porque compartilham a mesma agenda política. Se você fizer isso, será parte da mentira. Se você discordar, será respeitado por aqueles que valorizam a verdade.

Como posso descobrir em quem e em que confiar?

Uma cultura de veracidade lida com um lado da equação. O outro lado é que todos nós ficamos mais espertos em descobrir em quem podemos confiar. A honestidade é uma grande parte disso, mas não a história toda. Muitos de nós, na maior parte do tempo, depositamos muita confiança nas pessoas e na mídia erradas.

Aqui estão seis testes, os quatro primeiros adaptados de "Chaves para o Desempenho", do treinador de gerenciamento Tim O'Connor - um modelo que ele desenvolveu para avaliar a capacidade de um indivíduo de fazer algo.

(1) **São competentes?** Você acha que são inteligentes o suficiente para fazer a análise? Têm experiência nas áreas que você precisa? Por exemplo, os alarmes podem começar a tocar se alguém sem formação científica começar a duvidar de um consenso mantido pela comunidade científica.

(2) **Tiveram tempo, recursos e acesso a informações** para entender os problemas?

(3) **Quais são suas motivações?** Essa pessoa ou organização tem um interesse estratégico ou financeiro que poderia levá-las a uma posição específica? São financiadas, direta ou indiretamente, por pessoas, empresas ou governos que possuem uma agenda específica? Nesse caso, pergunte com muito cuidado o quanto você confia na independência do trabalho. Enquanto falo de motivações, pergunte também sobre motivadores psicológicos. Elas ligaram sua identidade a uma posição específica que dificulta a mudança de ideia?

Exemplos claros de alarmes incluem uma rede de mídia de propriedade de uma família com interesses comerciais e alinhamentos políticos, um instituto de pesquisa financiado pela indústria de combustíveis fósseis ou um jornalista ou acadêmico que usou uma postura controversa para obter uma reputação que eles, de outra forma, não seriam capazes de conseguir.

(4) **Autoconsciência.** Dedicam algum tempo para refletir e entender suas próprias reações emocionais, inclinações e influências? Isso é importante porque, inconscientemente, essas coisas nos impulsionam, gostemos ou não. Se tivermos consciência, ainda podem nos impulsionar, mas pelo menos temos mais opções. São transparentes sobre suas próprias reações a evidências e eventos? Se um jornal é de esquerda ou direita ou de qualquer outra posição, ele tem uma compreensão profunda de como isso aconteceu? Se sim, você também acha que a experiência deles é convincente?

(5) **Possuem um histórico de mudar de ideia quando as evidências mudam?** Com que facilidade confessaram seus erros passados? Há evidências de serem capazes de evoluir de posição ao longo do tempo, à medida que o pensamento amadurece? Aqui no Antropoceno não há ninguém que saiba tudo que é preciso fazer. Qualquer um que não mude de ideia de vez em quando não está pensando adequadamente.

(6) **Já tentaram enganar o público?** Não quero dizer apenas que já mentiram. Quero saber se sempre tentaram criar uma visão pública que está

em desacordo com todas as evidências que conhecem. Exemplos incluem tentar fazer o público pensar que o Sistema Nacional de Saúde economizaria £ 350 milhões por semana se o Reino Unido deixasse a UE. Ou desencorajar o eleitorado de ouvir especialistas. Ou melhorar um dossiê para fortalecer o argumento a favor da guerra *mesmo se* essa pessoa acreditava honestamente que era o curso de ação certo. Ou tentar fazer o público acreditar, contra evidências claras, que uma multidão era maior do que realmente era. Se sua fonte de informações tentou fazer isso, você não pode confiar nelas *a menos que* tenha evidências convincentes de reabilitação desde que isso aconteceu.

Quais são alguns dos maus motivos para confiar?

- **Essa pessoa tem um tom de voz confiante** – as pessoas que praticam as habilidades de pensamento do século XXI entendem que os problemas são complexos e que ainda têm muito a aprender. Eles estão passando pelas nuances de uma maneira que pode exigir hesitação.
- **Essa pessoa nunca muda de ideia** – as pessoas inteligentes são capazes de fazer isso.
- **Essa pessoa faz com que tudo pareça simples** – embora seja uma ótima habilidade extrair pepitas importantes e simples, destilar as coisas e criar modelos de entendimento, em geral, os problemas que enfrentamos não são simples. Para todos nós, existe o perigo de nos arrastarmos para o conforto de respostas simplistas.
- **Essa pessoa *diz* que se importa** – procure evidências.
- **Você sempre leu essa fonte de mídia, assim como seus pais** – os jornais mais populares da maioria dos países têm um histórico ruim com a verdade.
- **Ela se veste de maneira inteligente** – alguns, mas nem todos os melhores pensadores, se importam com essas coisas. E *muitos dos piores pensadores se preocupam em demasia com isso.*

- **Status de celebridade** – você poderia pensar que este último ponto é certamente óbvio demais para valer a pena escrever.

Como posso saber se devo confiar em alguma coisa deste livro?

Esta é exatamente a pergunta que você deveria fazer... É complicado responder, portanto vou deixar que faça seu próprio teste, mas aqui estão algumas coisas que você pode considerar brevemente.

(1) Sou competente para escrever este livro? Admito ser um generalista, mas com a esperança de ter uma formação científica suficiente para poder publicar artigos esporadicamente em revistas decentes e administrar uma empresa que faz um trabalho importante no envolvimento corporativo com a mudança climática e ter dois livros publicados que ganharam apoio de algumas pessoas que são bastante confiáveis. Grande parte deste livro é minha própria pesquisa, muito foi revisado por pares.

(2) Minha carreira percorreu muitos lugares e espero que isso ajude quando se trata de escrever sobre ver as coisas de vários ângulos diferentes. Quase tudo o que eu fiz se alimenta em algum lugar. Aqui está um tour rápido: formação em física, tutor da Outward Bound (para todo tipo de aluno que você possa imaginar), professor, instrutor de desenvolvimento profissional (de aprendizes iniciantes a gerentes no alto da organização), consultor de desenvolvimento organizacional (da Oxfam à Coca-Cola e muita coisa entre as duas), residente de uma comunidade zen-budista, consultor de sustentabilidade (para gigantes da tecnologia, grupos comunitários locais e muitas outras coisas), apanhador de maçãs, trabalhador de call center (muito brevemente), gerente de produtos (de kits para atividades ao ar livre fabricados na China, no País de Gales e em alguns lugares entre estes dois), importador de roupas comercializadas de maneira justa, viajante de baixo orçamento, pai, acadêmico interdisciplinar, escritor. Vou parar por aí. Já fiz muitas coisas que alimentam essa grande mistura.

(3) Tempo, recursos e acesso à informação. Cinco anos intermitentes, mas antes disso muita reflexão, especialmente no decorrer da escrita dos dois livros anteriores. É verdade que muitas vezes me senti muito confuso e sobrecarregado de distrações. Muitos outros ajudaram, incluindo um pequeno exército de estagiários e funcionários remunerados, além de vários outros que ofereceram seus pontos de vista – ver Agradecimentos.

(4) Motivações. Sim, este livro pode me ajudar a ganhar a vida, mas, como escrever livros geralmente é uma maneira terrível de ganhar dinheiro, estou relativamente livre de interesses financeiros. Motivações egoístas, talvez. Não sou imune a isso mais do que os outros.

(5) Autoconsciência. Pelo menos eu estou realizando este exercício.

(6) Existe um registro de minha capacidade de mudar de ideia. Sim, acho que posso provar que tenho um histórico disso, por exemplo, tendo mudado meu tom em algumas passagens em relação a meus livros anteriores.

(7) Já tentei enganar o público? Não que eu possa lembrar, e também não acho que alguém tenha feito essa reclamação contra mim.

9. Conclusão: Habilidades de pensamento para o mundo de hoje

Vimos ao longo do livro como precisamos urgentemente aprender a pensar de uma forma que nos permita lidar de maneira mais eficaz com a situação que criamos para nós mesmos. Precisamos de habilidades e hábitos de pensamento que se encaixem no contexto do século XXI, de enorme poder e tecnologia humanos em um planeta agora frágil. Também vimos a interconectividade global de praticamente tudo o que fazemos. Não é de surpreender que os modos de pensar que nos levaram a este lugar possam não ser os mesmos que nos ajudarão a viver bem agora que chegamos aqui. As habilidades cerebrais que desenvolvemos ao longo dos milênios à medida que expandimos para um mundo grande e robusto não são as mesmas que nos permitirão viver bem na pequena nave espacial delicada em que nos encontramos agora.

Precisamos de quais novas formas de pensar no século XXI?

Aqui estão oito dimensões do pensamento em que precisamos melhorar rapidamente. Esta não é a lista completa de todos os tipos de atividade cerebral de que precisamos, e sim apenas aqueles nas quais precisamos melhorar urgentemente. As minhas não são as primeiras e não serão as últimas palavras sobre o assunto. Esta é apenas uma lista que, em minha opinião, provém de evidências sobre a natureza do desafio, como vimos até agora, e do que vimos sobre como deve ser a nossa resposta. Não estou reivindicando dicas mágicas e apenas ofereço essas oito áreas para consideração. Espero que deem um ponto de partida bastante bom, em vez de apenas uma desculpa para debater suas deficiências. No entanto, sei que há espaço para melhorias e, se você tiver sugestões ou uma lista melhor, envie-as para mim em Mike@TheresNoPlanetB.net.

A propósito, de nenhuma maneira estou afirmando ser um mestre neste conjunto de habilidades. Mas é uma lista de desejos das coisas que acho que cada um de nós precisa cultivar da melhor maneira possível.

(1) **Perspectiva geral.** Como os problemas que enfrentamos agora são globais, nosso pensamento precisa ser global. Neste livro, vimos várias vezes como quase tudo o que compramos e fazemos exige uma cadeia de suprimentos global e envia ondulações ao redor do mundo. Precisamos sintonizar isso, mesmo que raramente possamos ver com nossos próprios olhos. Também vimos como a dinâmica do sistema global geralmente garante que ações positivas de pequena escala de um local sejam desfeitas em outro lugar, a menos que a perspectiva global seja entendida adequadamente.

(2) **Empatia global.** Mil anos atrás, essa habilidade talvez não fosse necessária. Mas, agora, nossas vidas diárias afetam pessoas do outro lado do mundo que nunca encontraremos. Isso se aplica a todos nós, gostemos ou não. Como nosso círculo de influência é global, nosso círculo de preocupações precisa ser igual. Isso se aplica a todos nós. Muitos não estão acostumados a esse tipo de pensamento. E, gostem ou não, eles também têm influência sobre nós. Se nosso senso de tribo não abarcar o mundo inteiro, chegaremos a um momento muito desagradável. Isso não significa que ainda não há espaço para se sentir parte de tribos menores ao mesmo tempo. Ainda há bastante lugar para família, comunidade, local de trabalho, país e até equipe esportiva. Tudo isso ainda pode fazer parte do nosso senso de quem somos e a que pertencemos, mas, no final das contas, todos precisamos ter em mente nossa tribo global compar-

tilhada e abrangente. Temos que ter a cabeça e o coração em torno da ideia de que estamos juntos nisso, porque essa é a única maneira de que *qualquer um de nós* possa viver bem. Uma ideia possivelmente tentadora, porém desatualizada, é que podemos escapar, ao invés disso, garantindo que nossa própria "tribo" menor seja a vencedora. A razão pela qual essa estratégia tradicional não é mais viável é que, à medida que o mundo se torna mais frágil em comparação com o nosso poder, a desarmonia entre as pessoas tem consequências cada vez maiores. Um número cada vez menor de pessoas será capaz de estragar a festa de todos, se quiserem. Esse é o mundo que criamos e precisamos aprender a viver nele.

O que isso significa na prática é que uma pessoa que morre em uma explosão em outra parte do mundo precisa importar para nós tanto como se acontecesse em nossa rua. Uma empresa que usa trabalho escravo a 8.000 km de distância precisa nos preocupar tanto quanto uma em nossa cidade. O assassinato em série de crianças em escolas de nossa própria cultura não pode nos machucar nem mais nem menos que o mesmo tipo de evento em uma parte muito diferente do mundo.

(3) **Pensamento sobre o futuro.** O argumento para sintonizar em um futuro mais distante é o mesmo que nos diz que precisamos de uma melhor empatia global. Nosso círculo de preocupações precisa ser o mesmo que nosso círculo de influência, porque, caso contrário, essa influência será irresponsável e iremos destruir o local. Até o momento, a maioria das formulações políticas acha difícil pensar muito além do ciclo eleitoral de quatro ou cinco anos e a maioria das pessoas acha difícil se empolgar com eventos a mais de 40 anos. Uma possibilidade é que isso ocorra porque essa é a duração de uma carreira. Outra é que 40 anos é aproximadamente o número médio de anos que os leitores deste livro pensam que ainda resta para viver. Mas nossos filhos precisarão que tenhamos mais cuidado. Dentro de 80 anos, os impactos da mudança climática serão muitas vezes mais fortes do que daqui a 40 anos. Estarei morto há muito tempo, mas espero que meus filhos não. Quando eu estiver com os dias contados, meus filhos se importarão com o que minha geração fez. Nenhum de nós quer olhar para um mundo que está desmoronando, tendo a consciência de que nossos filhos sabem que deixamos isso acontecer. Certamente

esse pensamento sozinho, se pudermos contemplá-lo de forma profunda, deve ser suficiente para nos sintonizar na perspectiva de 80 anos. Vale a pena tentar, com certeza.

(4) **Apreciação do simples, pequeno e local.** Essa habilidade é a arte de desacelerar e apreciar as pessoas e as coisas ao nosso redor. Isso é aprender uma estratégia diferente para alcançar uma sensação de admiração com o mundo – perceber o que já temos, em vez de nos entorpecer com a crescente sobrecarga de coisas maiores, mais rápidas, mais novas e mais selvagens. Essa é a habilidade da gratidão simples. É também um antídoto essencial para a grande aceleração da qual todos fazemos parte atualmente. Esta é a habilidade de pensar que nos permitirá realmente nos contentar em não cultivar as coisas que sabemos que irão nos prejudicar e a todos os outros seres sencientes. Como não podemos mais, no geral, expandir nossas atividades, precisamos melhorar a apreciação do que já temos diante de nossos narizes. Não adianta ter mais, comprar mais, fazer mais e voar mais longe se nem percebermos essas coisas adequadamente. Essa é a habilidade que nos permitirá sentir saciados. Essa é a habilidade que nos permitirá realmente sentir que "pode ser suficiente".

(5) **Autorreflexão.** Estreitamente ligada à *apreciação,* essa é a capacidade de perceber nossa própria experiência. Trata-se de identificar como estamos reagindo, que emoções estamos sentindo e entender melhor nossas próprias motivações, para que não sejamos influenciados por elas tão cegamente. A autorreflexão permite que nos coloquemos em perspectiva. Trata-se de entender o mundo através da compreensão de nós mesmos. Envolve nos perdoar por nossas deficiências, para que possamos resolvê-las melhor. Como a apreciação, isso envolve um pouco de desaceleração do ritmo.

A autorreflexão também é a primeira das duas habilidades de pensamento relacionadas à verdade. Permite a humildade e a mente aberta para perceber quando é hora de mudar de ideia; quando nossos pontos de vista entram em conflito com as evidências ou quando nos apegamos, por qualquer motivo, a algo que não está mais certo. Em um mundo em que ninguém sabe as respostas e todos estamos tateando, a capacidade de mudar de ideia por um bom motivo é uma força, não uma fraqueza, e devemos aplaudi-la, até mesmo em nossos políticos.

(6) **Pensamento crítico.** A segunda das habilidades da verdade é a capacidade de tomar decisões bem fundamentadas sobre quem e em que confiar. Envolve perguntas cuidadosas sobre o que nos dizem, e as motivações, valores e competências que estão por trás disso. Juntamente com a autorreflexão, que nos permite avaliar nossas próprias vulnerabilidades e suscetibilidades, o pensamento crítico nos dá a capacidade de discernir fatos da ficção em um mar cada vez mais complexo de mídia e política de reivindicações e contrarreivindicações. Esta é a habilidade de voltar a colocar tudo o que vemos e ouvimos em seu *contexto* e em *perspectiva.* Os fluxos de informações do mundo deixam de ser divididos tão claramente em bons e maus, e tornam-se repletos de nuances. Soma-se a isso o contexto de suas motivações. Essa é a habilidade, mais do que qualquer outra, que pode conter a maré de notícias falsas. Essa habilidade obriga nossa mídia e nossos políticos a melhorar seu trabalho.[1]

(7) **Pensamento complexo e complicado.** Como criamos um mundo cada vez mais complicado E complexo, nossa capacidade para esse tipo de pensamento simplesmente precisa aumentar para acompanhá-lo. Abordamos as complexidades cada vez maiores de classificar a mistura de energia até mesmo em um único país. Vimos que nem a mudança climática, nem a segurança energética, nem a alimentação do mundo, nem nenhum dos outros desafios físicos apresentados podem ser enfrentados isoladamente. Precisamos entender as interdependências ao mesmo tempo que lidamos com os crescentes desafios técnicos que existem em cada pequena parte do quebra-cabeça.

(8) **Perspectiva conectada.** Se ao menos a tecnologia, ou as ciências naturais, ou a sociologia, ou a filosofia, ou a teologia, ou a política, a arte ou a literatura, sozinhas, pudessem lidar com o Antropoceno... Mas elas não podem. Mesma todas elas juntas não são suficientes quando agem isoladamente. Elas precisam se entrelaçar, por mais difícil que possa parecer. Os magos tecnológicos precisam entender que a ciência é apenas um ângulo da vida – útil até certo ponto, mas irremediavelmente reducionista e inadequada por si só. A ciência oferece uma explicação completa dentro de

seus próprios termos de referência, mas, felizmente, a existência é bilhões de vezes mais rica do que a ciência pode imaginar. Os psicólogos podem nos ajudar a lidar com os problemas, mas não podem nos dizer quais ações práticas irão nos ajudar. Enquanto isso, as artes, filosofias e espiritualidades sozinhas não podem alimentar o mundo, preservar a biosfera ou conter uma pandemia. Unir perspectivas é mais do que combinar as disciplinas acadêmicas e práticas. Trata-se de interligar todos os campos da existência, independentemente de como possamos percebê-los. Respeita o pensamento científico, mas também desafia seu domínio absoluto sobre a voz interior que às vezes *desafia* a análise racional.[2] Complicado, mas essencial.

Portanto, este é o meu mapeamento simples das habilidades que acho que mais precisamos desenvolver para prosperar daqui em diante. É apenas um pequeno modelo. É difícil para mim ler a lista porque, é claro, sou atingido pela consciência de como sou ruim em algumas das habilidades que estou prescrevendo. Há muito o que trabalhar. Se você gosta dessa lista, ela também pode ser usada, é claro, para avaliar escolas, políticos e locais de trabalho. Talvez não seja todo o critério de avaliação, mas é uma grande parte.

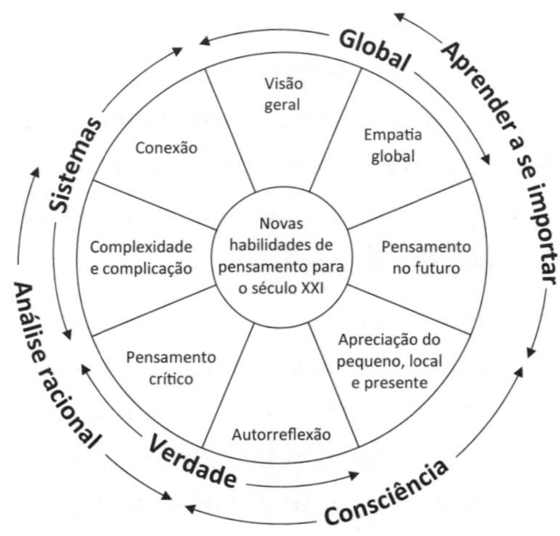

Figura 9.1 Novas habilidades de pensamento para o século XXI.

Como as habilidades de pensamento do século XXI podem ser desenvolvidas?

Como em todas as habilidades, tudo se resume à prática. O **pensamento geral** pode ser desenvolvido simplesmente dando um passo para trás e fingindo que você está olhando de Marte. De lá, o que podemos ver sobre como as coisas se encaixam e o que elas significam para o mundo? A **empatia global** envolve ler, assistir e talvez até experimentar como é a vida de pessoas do outro lado do planeta que vêm de culturas muito diferentes. Misture com pessoas de outros lugares, se puder. Apesar do ônus ambiental, talvez até faça uma viagem, mas, se for, não faz sentido ficar no local mais parecido com a vida em seu país e higienizar sua experiência. Se você vai ver e experimentar, precisa ser uma imersão total. **Pensamento sobre o futuro** significa contemplar as próximas gerações. A **apreciação** de pequenas coisas simples e a **autorreflexão** são incrivelmente simples e difíceis de fazer. Trata-se de parar e dedicar um tempo para estar mais consciente. Recuo do que agora se tornou um jargão, mas a atenção plena parece ser um bom termo para isso (a propósito, eu sou muito ruim nisso). O **pensamento crítico** começa com perguntas mais inteligentes sobre suas fontes de informação. Na p. 213, descrevi algumas diretrizes muito simples que podem ser básicas, mas, se todos as aplicassem antes de escolher sua fonte de notícias, o mundo rapidamente se tornaria um lugar melhor. Lidar com a **complexidade e a complicação** é apenas um bom jogo antiquado e doloroso para o cérebro, no qual sempre estamos melhorando e agora precisamos avançar ainda mais. Resista à tentação comum de se esquivar das coisas importantes apenas porque não são simples. **Perspectiva conectada** tem a ver com sair de nossas zonas de conforto. Não sinta pressão para ser bom em todas as áreas, basta que você as esteja enfrentando. Se você é um cientista ou trabalha em uma gigante da tecnologia, passe pelo menos algum tempo fora dessa bolha de pensamento. O primeiro passo pode até ser perceber que *se trata de* uma bolha de pensamento (é óbvio para quem está de fora). Entre no mundo das histórias, emoções, humanidades e outras coisas assustadoras e arriscadas que não podem ser perfeitamente controladas pelos seres humanos. Deixe a tecnosfera de tempos em tempos. Por outro lado, se você é um artista, jornalista ou político, obtenha uma compreensão científica suficientemente boa dos desafios e oportunidades técnicas e científicas práticas que estão acontecendo. Saia do seu casulo, seja ele qual for. Se você é um acadêmico, certifique-se de usar uma linguagem que as outras pessoas possam entender, para que também possam mergulhar a ponta dos dedos em seu mundo. Quem quer que seja, vá além de sua especialidade e ajude os outros a fazer o mesmo.

Resumindo, para desenvolver essas habilidades, precisamos praticar. Gulp. Escolha uma habilidade. Dedique dez minutos para pensar, conversar, ler ou escrever sobre ela. Agora mesmo? Depende de você, é claro.

Onde estão a religião e a espiritualidade em tudo isso?

Como na questão dos valores, eu abordo isso de uma maneira pragmática. Os sistemas, comunidades e práticas de crenças espirituais permitem nosso avanço no século XXI? Estaremos confusos sem elas? Não vou tentar falar sobre o que pode ser verdade e o que pode não ser. Já deixei claro que trato o mundo como um lugar complexo em comparação com nossa capacidade finita de entendê-lo, e que devemos, portanto, ser cautelosos em nosso julgamento de maneiras diferentes de entender a vida. Devemos ser tolerantes com tudo que não seja intolerância, é claro. Além disso, faz sentido que devemos ser curiosos e respeitosos com outras maneiras de ver as coisas, mantendo-nos abertos à ideia de que eles podem permitir maneiras de ver coisas para as quais nossa própria estrutura atual nos mantém cegos.

Nos meus encontros com a tecnosfera no Vale do Silício e em outros lugares, me disseram muitas vezes que a religião é uma grande razão pela qual o mundo não está lidando com a mudança climática. Ouvi dizer que as bobagens fundamentalistas estão atrapalhando as evidências. Entendo o argumento deles, pois é frustrante para um cientista ouvir que, como o mundo tem menos de 6.000 anos, a mudança climática antropogênica não pode ser real. E há claramente exemplos de religiões sendo distorcidas para fins neoliberais, individualistas, completamente gananciosos e até terroristas que parecem ser totalmente contrários aos seus princípios originais. Enquanto isso, também vejo algumas das melhores ideias e ações sobre mudança climática, por exemplo, saindo de uma variedade de comunidades baseadas na fé e na espiritualidade. Também vimos a inadequação das lentes científicas, quando usadas isoladamente, para lidar com problemas "*bigger-than-self*".[3]

O foco budista na interdependência e compaixão, por exemplo, deve ser útil para lidar com problemas globais. A forma como tratam a interdependência, que vai muito além do domínio físico, indo a todos os aspectos da existência, é uma linguagem alternativa para a junção das disciplinas pelas quais tenho ilustrado a necessidade ao longo deste livro. E, em termos de prática, a atenção plena certamente conta como um bom treinamento para o desenvolvimento de muitas das habilidades de pensamento do século XXI que estou defendendo.[4]

Destaquei o budismo apenas a título de exemplo, porque, embora eu não seja praticante, sua filosofia é uma das que chamam minha atenção. Mas não é minha intenção privilegiá-la acima de outras formas de prática espiritual. Comunidades e líderes baseados na fé e na espiritualidade, no mundo todo, estão buscando modos de vida que permitam a prosperidade na Terra e ajudando suas comunidades a obter o tipo de perspectiva em que todos precisamos melhorar.

A espiritualidade passou por uma época tão fora de moda que uso a palavra com cautela. Mas a tendência reducionista dominada pela tecnociência das últimas décadas precisa ser reavaliada agora. É o pensamento desatualizado de ontem. Não é mais inteligente zombar de algo que não possa ser cientificamente comprovado. Já sabemos que a ciência sozinha, embora seja uma estrutura lógica internamente consistente, nos leva ao lugar errado. Pode explicar o comportamento, mas não a sensibilidade. Dá uma estrutura incompleta e inadequada para viver. Isso está claro. É suficiente dizer isso, pelo menos por mim. Não estou qualificado para comentar mais sobre esse tema extremamente importante.

Que perguntas estavam faltando? Que respostas estavam erradas?

Seja parte do processo. Adicione as perguntas e respostas que faltam em www.TheresNoPlanetB.net.

Decidi fazer e responder a todas as perguntas mais importantes e úteis para a vida prosperar no Antropoceno, e ajudar as pessoas que estão lendo a pensar no que poderiam fazer. Mesmo com muita ajuda, claramente isso nunca seria possível. Quais foram as maiores omissões? E em que partes você acha que eu (nós) erramos?

Este projeto nunca foi um empreendimento individual. Nunca teve o objetivo de tentar resolver tudo isso isoladamente. O que é necessário, é claro, é um grande processo colaborativo.

Por favor, faça parte disso mandando suas perguntas, respostas e outras contribuições. As contribuições serão destiladas, combinadas e moderadas. De alguma forma. Um processo emergente, dependendo do que acontece.

Obrigado pela ajuda.

Website: www.TheresNoPlanetB.net

E-mail: Mike@TheresNoPlanetB.net

Resumo do quadro geral

O aumento do poder humano nos levou ao Antropoceno

Esta é uma mudança recente e enorme no contexto em que vivemos. Exige uma reavaliação de como operamos. A Terra já não é mais robusta para nossas atividades. Comparado a nós, o resto do ecossistema fica mais frágil a cada dia. Os seres humanos devem aprender como *não* expandir no futuro próximo. *Não* vamos fazer viagens espaciais importantes por muito tempo, então temos que aproveitar ao máximo o Planeta A – que felizmente ainda é maravilhoso.

Temos a oportunidade de viver melhor do que nunca

Mas, do jeito que as coisas estão indo, uma pilha de crises ambientais ameaça nos atrapalhar muito e talvez muito em breve. Entendemos melhor algumas dessas ameaças que outras.

Um dos desafios mais bem compreendidos do Antropoceno que enfrentamos é a mudança climática. Grande parte do peso do esforço foi direcionada para soluções tecnológicas. Não é que não precisemos das tecnologias certas, mas por si só elas não vão nos ajudar – nem um pouco.

As tecnologias de baixo carbono de que precisamos estão avançando muito, mas por si só elas não ajudarão

Alimentos, terra e mar apresentam uma série de outras crises iminentes para serem superadas. A tecnologia sozinha não resolverá nada disso. As maiores alavancas para a mudança são sociais, incluindo dietas, população, igualdade, desperdício e o modo como pensamos e como trabalhamos com a terra e o mar. Não devemos usar grande parte de nossa terra para biocombustíveis.

Os desafios do Antropoceno são globais, sistêmicos e estão inevitavelmente entrelaçados

Até agora, apesar de toda a conversa, nós, seres humanos, tivemos zero ação sobre nossas emissões de gases de efeito estufa. Isso não significa que *não podemos* agir, mas precisamos reconhecer que ainda não estamos apertando os botões certos. A maioria das formulações políticas não leva em devida conta o funcionamento da dinâmica global do sistema, e o resultado é ter um pensamento inadequado sobre o que é necessário – ou ignorar completamente o problema.

Precisamos nos afastar mais do problema, e isso implica desacelerar a maior parte do tempo

As maneiras habituais pelas quais os humanos costumavam pensar e tomar decisões se mostraram inadequadas para o desafio, e a evidência é que mais do mesmo também não funcionará. Toda essa tomada de perspectiva e religação exige que, de alguma forma, desaceleremos ainda mais. Precisamos passar mais tempo desenvolvendo visões de futuros de que gostaríamos e que sejam realistas o suficiente para serem empolgantes.

Precisamos de um novo sistema econômico adequado para o século XXI

Precisamos pensar do zero os papéis de crescimento, empregos, investimentos, tecnologia, a maneira como a riqueza é distribuída, as métricas que usamos e o papel dos mercados. Dentro disso, existem mensagens e oportunidades grandes e desafiadoras para as empresas, incluindo algumas reformulações do próprio conceito.

Alguns tipos de crescimento ainda são saudáveis, mas outros não

Devemos reduzir nossos impactos ambientais. O crescimento do PIB agora é prejudicial como medida de sucesso. As coisas de que precisamos para crescer o mais rápido possível incluem empatia global, administração, diversidade e qualidade de vida para todas as espécies e nossa capacidade para os tipos de pensamento que nos permitirão seguir nosso caminho pelo Antropoceno.

Exigiremos valores de respeito globalmente compartilhados por todas as pessoas, pelo planeta e pela verdade

Valores culturais e estruturas econômicas se reforçam. Os valores podem ser deliberadamente cultivados.

Nós, humanos, precisamos urgentemente desenvolver nossas habilidades e hábitos de pensamento em pelo menos oito aspectos

Isso inclui pensamento amplo, pensamento conectado, pensamento sobre o futuro, pensamento crítico, dedicação à verdade, autoconsciência, empatia global e uma melhor apreciação das pequenas coisas neste mundo maravilhoso em que vivemos.

O que posso fazer? Resumo

Quando os desafios são tão globais e cada um de nós é tão pequeno, pode ser tentador, mas errado, pensar que não há nada que um indivíduo possa fazer para ajudar os humanos a se controlar. Isso é uma desculpa. É uma forma de negação humana do desafio do Antropoceno. A natureza global e sistêmica de nossa situação tem implicações enormes para os papéis de indivíduos, organizações e até Estados. É verdade que os ajustes sistêmicos podem desfazer completamente os benefícios diretos de muitas ações fragmentadas. Então, precisamos ver tudo o que fazemos como parte de um jogo maior.

Isso significa que o indivíduo precisa pensar de maneira diferente sobre seu papel. O que estamos procurando é uma mudança sistêmica. Cada um de nós precisa fazer a seguinte pergunta:

Como posso ajudar a criar as condições nas quais o mundo que eu quero ver se tornará possível?

Essa é uma pergunta mais profunda e mais ponderada do que "Como posso viver de maneira sustentável?", embora ainda esteja incluída nela.

O livro inteiro está repleto de ideias mais específicas, mas aqui está um resumo.

- Desenvolva os oito hábitos e habilidades de pensamento do século XXI da melhor maneira possível. Incentive seus filhos a fazer o mesmo.
- Apoie os políticos que demonstram esses hábitos e habilidades. Rejeite aqueles que não o fazem. Seja exigente quanto à diferença.
- Seja o mais exigente e crítico possível ao escolher em quem e em que acreditar. Insista sempre na verdade. Rejeite políticos, empresas e fontes de mídia que não fazem o mesmo. Deixe que eles e outras pessoas saibam que é isso que você está fazendo.
- Leve tudo isso para o seu local de trabalho e sua urna de votação. E também para as lojas e em toda vez que gastar dinheiro.
- Seja um modelo para uma vida sustentável da melhor maneira possível – e encontre maneiras de fazer isso que tornem sua vida melhor:
    - ▹ encontre maneiras de consumir menos, mas apreciar mais;
    - ▹ consuma menos carne e laticínios e produza menos resíduos;
    - ▹ conheça suas cadeias de suprimentos e apoie aquelas das quais você gosta toda vez que gasta ou investe.
- Não desanime com suas deficiências, mas também não pense que está livre.
- Sonhe com o mundo que você quer ver. Compartilhe o sonho e viva por ele.

Finalmente, cada um de nós precisa perguntar: em que momento é hora de fazer mais do que tudo isso? Pela falta de progresso, ano após ano, é realmente hora de sair às ruas? E, se sim, qual a melhor forma de fazer isso? O pensamento da desobediência civil tradicional não me enche exatamente de alegria. Idealmente, encontraríamos uma forma mais inteligente e positiva de ação direta, que não apenas se faça ouvir, mas que possa conquistar o mundo, despertá-lo e energizar a humanidade para buscar um futuro melhor. Não tenho uma resposta clara, mas, considerando onde chegamos, essa deve ser a pergunta com a qual terminar este livro.

Apêndice: Fundamentos da mudança climática

Aqui estão 14 pontos que acho que, por exemplo, todo político precisa entender antes de estar apto para o cargo.

Você pode pular esta seção se tiver certeza de que já conhece o básico. Mas, antes de fazer isso, talvez queira verificar rapidamente se já entendeu tudo da minha lista, porque mesmo entre os formuladores de políticas climáticas isso o colocaria em uma pequena minoria.

Parte do que segue foi apresentado em mais detalhes por Duncan Clark e por mim em The Burning Question,[1] *embora a posição resumida aqui também contenha algumas atualizações importantes.*

PAREM AS ROTATIVAS: Quando este livro chegou à sua edição final, o tão esperado relatório especial do IPCC "Aquecimento Global de 1,5 °C" chegou às primeiras páginas de todas as boas mídias. É o apelo a ação mais urgente do IPCC até agora e é um avanço muito útil. Como se baseia principalmente no mesmo material que usei como fonte, não surpreende que o relatório seja totalmente coerente com os pontos deste apêndice. Felizmente, ao contrário do IPCC, não tive que negociar o conteúdo com nenhum político, por isso é mais fácil para mim chegar rapidamente ao ponto sem necessidade de usar o tato.[2]

Ponto 1: Um aumento da temperatura global de 2 °C parece muito arriscado, mas 1,5 °C não é muito menos pior

Na verdade, ninguém sabe realmente até que ponto serão ruins as consequências de qualquer aumento de temperatura específico. Não temos uma boa compreensão dos vários momentos críticos potenciais que poderiam ocorrer no sistema ambiental, nem se os seres humanos conseguirão lidar com eles. A verdade desconfortável é que, quando nos envolvemos com o clima, mexemos com coisas que realmente não entendemos e que não podem ser corrigidas se errarmos. Mesmo 1,5 °C pode ser suficiente para desencadear uma mudança drástica nas condições climáticas, como um fluxo imparável de metano fervendo do derretimento do permafrost ou um colapso do ecossistema oceânico. Por outro lado, também é quase concebível, embora muito improvável, que 3 °C possa não ser tão ruim de conviver. A maioria dos cientistas climáticos está confiante de que 4 °C teria consequências muito desagradáveis para a humanidade.

Existe um amplo acordo científico, endossado por quase todos os países (incluindo os EUA pré-Trump), de que um aumento de temperatura de 2 °C seria muito perigoso e, para manter um nível de risco confortável, deveríamos reduzir as emissões para limitar a mudança de temperatura a apenas 1,5 °C.

Muitos modelos de clima assumem que a mudança de temperatura é aproximadamente proporcional às emissões. Mas não está absolutamente claro que isso será assim. Também é muito possível, talvez até provável, que em algum momento acionemos "mecanismos de feedback positivo"; círculos viciosos nos quais a mudança de temperatura faz com que aconteçam coisas que, por sua vez, provocam mais mudanças na temperatura. Isso possivelmente provocaria uma mudança radical no clima que provavelmente seria impossível de parar por meio da atividade humana. Um artigo recente e confiável analisou cinco desses feedbacks positivos e estimou que o ponto de gatilho para uma mudança de etapa poderia muito bem ocorrer em torno de 2 °C.[3]

Ponto 2: Enquanto não desencadearmos uma mudança de etapa no clima, o aumento da temperatura corresponderá aproximadamente à quantidade total de carbono que já queimamos

Em outras palavras, são as emissões cumulativas que mais importam. Qualquer aumento de temperatura será determinado, grosso modo, pela *cota que podemos usar de carbono* em todos os tempos. Ninguém sabe exatamente quanto carbono leva a uma mudança exata de temperatura e, portanto, exatamente quais são essas quantidades, mas, graças a uma modelagem climática altamente sofisticada, temos estimativas muito boas. De fato, o vínculo entre emissões de carbono e mudança climática acaba sendo pelo menos tão previsível quanto muitas das previsões econômicas padrão que os políticos levam muito a sério, como crescimento do PIB ou taxas de desemprego.

Esse método de pensar a cota de carbono de maneira cumulativa é muito útil, mas é apenas uma aproximação. Outros gases de efeito estufa, como o metano, também têm um impacto e, muito importante, afetam a velocidade com que aumenta a temperatura global. Todas as estimativas da cota de carbono referem-se apenas ao CO_2 e são baseadas em suposições de fundo sobre o que estará acontecendo com os outros gases de efeito estufa.

Ponto 3: As emissões de dióxido de carbono, o gás de efeito estufa mais importante, cresceram exponencialmente por 160 anos

Quando digo "exponencialmente", não me refiro a nenhum gráfico antigo em forma de banana. A curva de carbono sempre teve uma taxa de crescimento anual estranhamente estável no longo prazo de 1,8%, o que significa que as emissões dobram a cada 39 anos. É realmente exponencial no sentido matemático da palavra. Isso é interessante pois é uma propriedade das curvas exponenciais que, quando dobram, fazem isso de várias maneiras diferentes ao mesmo tempo. Em particular, quando a altura dobra (neste caso, representa as emissões anuais de carbono), a inclinação também dobra (neste caso, representa o crescimento anual das emissões de carbono) e a área abaixo da curva dobra (representando a soma total de todas as emissões de carbono anteriores – conhecida como emissões cumulativas). Portanto, para a nossa curva de carbono, as emissões anuais, o crescimento anual das emissões e a soma de todas as emissões que já produzimos duplicaram, mais ou menos como um relógio, a cada 39 anos.

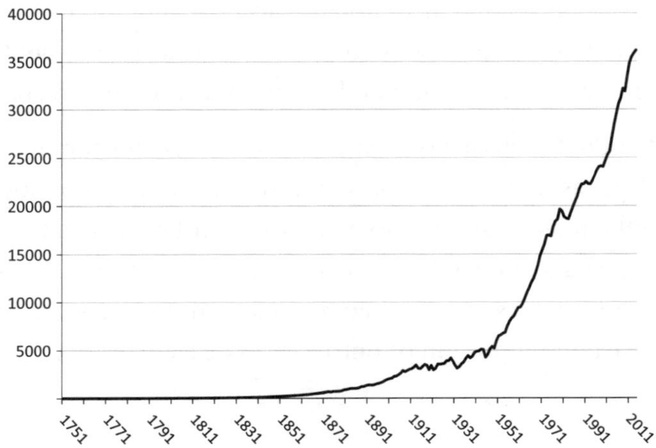

Figura A.1 Emissões globais anuais de CO_2 1751-2014.[4] As emissões de CO_2 aumentaram acentuadamente desde o início do século XX.

(Obviamente, a curva não é totalmente suave; ela possui uma pequena quantidade de ruído. Existem altos e baixos entre os anos e, às vezes, períodos de alguns anos abaixo da linha de tendência, mas eles são precedidos e seguidos por alguns anos acima da tendência. Veja a nota para obter mais informações sobre essa oscilação que, apesar de muito interessante, é uma distração dos pontos principais).[5]

Ponto 4: Ainda não reduzimos essa curva de carbono

Algumas pessoas ficaram bastante empolgadas com os três últimos anos de emissões estáveis entre 2014 e 2016. Infelizmente, havia pouco significado estatístico nisso.[6] Em outras palavras, a ligeira queda abaixo da linha de tendência de crescimento de 1,8% ficou dentro do ruído usual. Lembre-se de que, ao longo dos anos, houve várias vezes em que o carbono caiu por um tempo antes de subir novamente acima da linha de tendência. Portanto, esses anos estáveis foram inteiramente consistentes com o normal, embora, olhando pelo lado positivo, também seria verdade dizer que eles pareciam consistentes com os primeiros passos que demos para domar as emissões de carbono. De qualquer maneira, eles não nos contam muita coisa.

Em seguida, as emissões de 2017 saltaram 2%, colocando em risco quaisquer interpretações otimistas dos três anos anteriores. Há pouca ou nenhuma base para a alegação de que os seres humanos já diminuíram a curva. Parece claro que as ações até o momento resultaram em zero influência. Afirmação forte, mas é verdade. E, se quisermos que seja diferente, é melhor enfrentá-la.

Ponto 5: Na taxa atual de emissões de carbono, o restante da quantidade viável de carbono tanto para 1,5 °C quanto para 2 °C está diminuindo rapidamente – apesar de algumas boas notícias recentes dos modelos de carbono

Em uma rara boa notícia da comunidade de ciências climáticas, em 2017, uma nova execução dos modelos climáticos usando dados mais atualizados estimou um pouco mais de carbono na cota estabelecida tanto para 1,5 °C quanto para 2 °C do que se havia pensado inicialmente.[7] No entanto, não relaxe, porque tudo isso significa que agora parece que, em vez de ultrapassar nossa cota para 1,5 °C em 2022 (Gulp!), nos níveis de emissões atuais, ainda temos 66% de chance de só chegar a esse patamar entre 2030 e 2040. Alguns de meus colegas acham que essa é uma diferença trivial, mas acho que devemos levar boas notícias sempre que possível. É significativo o suficiente para fazer com que a ambição de 1,5 °C pareça um pouco menos distante do alcance. Só para deixar claro, não há espaço para complacência.

(Pensa-se que cerca de 2,2 trilhões de toneladas de CO_2 eleva a temperatura global em cerca de 1 °C, enquanto costumávamos pensar que era mais como 1,8 trilhão de toneladas por grau.)[8]

No lado mais preocupante, uma continuação da duplicação tradicional de carbono acumulado a cada 39 anos significaria que 4 °C estaria apenas 39 anos atrás do limiar de 2 °C e 8 °C, apenas 78 anos atrás.

Ponto 6: Leva muito tempo para pisar no freio

Dirigir o clima não é como dirigir um carro de corrida. Não é bom esperar até começarmos a ter um clima desagradável para agir, porque nosso clima reage como um petroleiro. Para entender isso, imagine se todos no mundo decidissem agora mesmo que tínhamos que pisar no freio da mudança climática o mais rápido possível. Primeiro, precisamos fazer um plano e depois começar a implementá-lo antes mesmo que as emissões comecem a cair. Durante essas fases, ainda estaríamos piorando as coisas e todos os dias nos comprometendo a ainda mais mudança de temperatura. Mesmo quando atingíssemos zero emissões, teríamos que esperar mais, com os dedos cruzados quanto à gravidade dos sintomas que encontramos, enquanto a temperatura continuaria subindo por um tempo. Porque o gelo do mundo continuará derretendo muito tempo depois que a temperatura começar sua longa jornada de volta aos níveis pré-industriais. E *se* conseguirmos desenvolver a tecnologia para tirar o carbono da atmosfera, poderemos estabilizar as temperaturas rapidamente e até esperá-las novamente, mas, sem isso, ainda teremos mais algumas décadas de aumento antes que o equilíbrio seja alcançado.

O capitão de um navio petroleiro pensa muito antes de considerar uma mudança de rumo, mas, como espécie, ainda não somos bons o suficiente para fazer isso. Esse é um dos déficits de habilidades mais sérios para a humanidade no Antropoceno: a pouca capacidade de planejar com antecedência.

Ponto 7: Todo o combustível que é tirado do solo é queimado, portanto, ele precisa permanecer no chão

É surpreendente que tenha demorado tanto para que o mundo político entendesse um ponto tão óbvio – e ele ainda não o compreendeu completamente. Uma vez que o combustível sai do solo, tudo é queimado para atender às necessidades do consumidor. A pegada de carbono do combustível extraído é quase igual à pegada de carbono dos combustíveis queimados e a pegada de carbono de todos os bens e serviços ao consumidor. Funciona como três vagões de um trem acoplados. Eles empurram e puxam um ao outro, garantindo que todos viajem na mesma velocidade. Ou diminuímos a velocidade de todos eles ou nada vai acontecer.

A única exceção real a isso é uma proporção trivial de petróleo extraído que entra na fabricação de plástico, no entanto, aumentando a quantidade já vasta que está entulhando nosso planeta (ver a discussão sobre plásticos nas pp. 78-80).

Ponto 8: Muitas das coisas que podemos imaginar que ajudarão ainda não ajudaram

O efeito "aperto do balão" ou, para dar o nome correto, "efeito rebote" descreve a infeliz tendência de economia em um lugar que acaba sendo neutralizada por ajustes em outras partes do sistema. Muitas pessoas que pensam entender os efeitos do rebote ainda subestimam muito seu verdadeiro significado. A razão para isso é que você não pode quantificar completamente os efeitos de rebote somando-os um a um, pois eles funcionam enviando ondulações por toda a economia. Na verdade, existe um número infinito de possíveis vias de rebote. Como exemplo, apenas para dar uma ideia de como funciona, se você comprar um carro mais eficiente, aqui estão apenas algumas das maneiras pelas quais a economia de carbono pode se perder: você pode dirigir ainda mais, provavelmente gasta o dinheiro que economizou em outras coisas que possuem uma pegada de carbono, os postos de gasolina ajustam um pouco os preços e vendem mais a outros; os fabricantes de automóveis ajustam seu marketing para vender seus carros de alto carbono para outros, a indústria do petróleo ajusta suas vendas e marketing para outras pessoas e outros países; é mais provável que você viva mais longe da cidade em uma propriedade maior que exija mais aquecimento, seu aumento de quilometragem aumenta a necessidade de manutenção de estradas... E assim por diante. Não é possível listar todos esses efeitos, muito menos quantificá-los. Tentativas de fazer isso estão fadadas a subestimar o fenômeno total de rebote.[9] No entanto, talvez possamos fazer melhor se recuarmos e olharmos as coisas no nível do sistema global. Na verdade, a natureza resolutamente exponencial das curvas de carbono e de energia (crescimento de 1,8% e 2,4% ao ano, respectivamente) significa que podemos dizer que o efeito geral de rebote de carbono e energia de todos os ganhos de eficiência combinados do mundo foi de 101,8% e 102,4%.[10] Agora, de repente, fica claro por que podemos usar mais energia do que nunca, não apenas *apesar de* todas as melhorias de eficiência que tivemos ao longo dos anos, mas talvez até *por causa* delas.

Figura A.2 O efeito "apertão do balão": quando as emissões são comprimidas em parte do mundo ou parte da economia, as emissões do restante do sistema se expandem para compensar. Então, se quisermos mudar, precisamos de uma maneira de espremer tudo de uma vez.

Pouco antes de arrancar todos os vidros duplos e esvaziar os pneus, observe que não estou dizendo que ganhos de eficiência não possam ser úteis no futuro. Mas isso diz que a eficiência precisa ser associada a uma restrição no uso total de recursos. A menos que guardemos as economias que elas geram em aumentos de produtividade.

Ponto 9: As energias renováveis em crescimento, embora essenciais, não serão suficientes para lidar com a mudança climática

Nós, humanos, sempre quisemos mais energia do que tínhamos. Desde que as pirâmides foram construídas com poder escravo humano, sempre tivemos fome de mais energia. Novas tecnologias e ganhos de eficiência nos permitiram aumentar o fornecimento de forma mais ou menos contínua. Se esse processo continuar, ainda podemos esperar que uma explosão nas energias renováveis cause um impacto temporário significativo no apetite por mais energia e reduza a fome de combustíveis fósseis de alguma forma durante um período em que possamos nos sentir relativamente inundados de energia. Mas isso não será o suficiente para manter o combustível no solo. As energias renováveis podem facilitar a interrupção do uso de petróleo, gás e carvão, mas não farão com que isso aconteça sem nossa intervenção.

(Na mitologia budista tibetana, ser um *fantasma faminto* é pior do que estar no inferno. É um estado em que, quanto mais você é alimentado, mais faminto fica. O inferno não é tão ruim assim. O que pode acontecer com você lá, por exemplo, é que o cobre derretido pode ser derramado na sua garganta, após o que você voltará magicamente à vida para que o processo possa ser repetido. É sombrio, mas temporário. Como fantasma faminto, no entanto, você não tem trégua da tortura de seu próprio apetite e é quase impossível interromper o ciclo descendente; quanto mais você consegue o que deseja, mais sofre. Estes somos nós. Viciados em energia. É por isso que uma das questões centrais deste livro é como podemos alcançar a saciedade.)

Ponto 10: Precisamos urgentemente de um acordo global viável para deixar o combustível no solo

Ações fragmentadas de indivíduos, empresas e países não reduzirão as emissões de carbono por causa dos efeitos de rebote. O momento mais fácil de pisar no freio é no ponto de extração. Por mais desafiador que isso possa ser, ainda é o caminho mais fácil. Restringir o carbono no ponto de emissão também é uma rota possível, mas é mais difícil de monitorar e oferece muito mais possibilidades para o balão se expandir nos lugares que não conseguimos espremer.

Ponto 11: Precisamos gerenciar outros gases também

Como se o desafio do carbono não fosse suficientemente complicado por si só, os outros gases de efeito estufa são importantes o suficiente para que não resolvamos a mudança climática se não lidarmos com eles também. Em particular, precisamos lidar com o metano e o dióxido de nitrogênio. Isso significa que precisamos examinar o que comemos e como o criamos. Menos produção animal, especialmente os animais ruminantes (por exemplo, vacas e ovelhas). Uso mais criterioso de fertilizantes. Reduzir as emissões de aterros através da diminuição desse tipo de método de descarte de lixo e da escolha de melhores locais para eles. (Ver Capítulo 1, "Comida".)

Para se ter uma ideia de como os outros gases são importantes, os resultados mais recentes da modelagem sugerem que a diferença entre ação forte em gases que não são o CO_2 e ações menos fortes seria adicionar cerca de 40 Gt de carbono à cota restante para 1,5 °C. Isso representa cerca de 4 anos das emissões do CO_2 de hoje.[11] Lembre-se de que todas as cotas de carbono também se baseiam em suposições sobre os níveis de ação dos outros gases.

Em termos numéricos, você pode pensar nas emissões de não carbono como algo como um quarto do problema da mudança climática, mas de uma maneira enganosa, porque não podemos lidar com as mudanças climáticas sem separá-las também. São as pobres relações esquecidas com o carbono, mas muito influentes para serem ignoradas.

Ponto 12: A extração e queima de combustível fóssil deve se tornar muito cara, ilegal ou as duas coisas

A maneira mais fácil de torná-la muito cara é ter um preço de carbono (e precisará ser alto; algumas centenas de dólares por tonelada em breve). As pessoas que dizem que isso é muito difícil de conseguir deixam de apresentar soluções igualmente eficazes que poderiam funcionar. Pelo menos com o preço global do carbono, todas as dificuldades estão à vista. Uma vez implementado e apoiado por mecanismos adequados de aplicação, a parte mais difícil pode ter acabado.

(Ver a discussão sobre o preço do carbono, p. 175.)

Ponto 13: Esse acordo precisará funcionar para todos

Todo mundo precisa estar do mesmo lado, porque apenas alguns elos fracos já são capazes de quebrar tudo. Isso faz com que seja um grande desafio conseguir esse acordo. Mas a dificuldade não o torna menos essencial.

No momento, é muito tentador para os políticos de muitos países considerar que não é do interesse de seus países que o mundo precise enfrentar a mudança climática. Alguns países terão de deixar ativos, enquanto outros descobrirão que sua abundância de recursos de energia renovável lhes dará uma vantagem no mundo de baixo carbono. Enquanto isso, as ameaças da mudança climática afetarão alguns países de forma mais dura desde o início, enquanto outros experimentarão benefícios a curto prazo. Enquanto as Maldivas afundam e Bangladesh inunda, é provável que a Rússia veja sua produção agrícola crescer, seus portos ficar sem gelo por doze meses ao ano em vez de oito, e as reservas de energia fóssil ficarem ainda mais acessíveis. Nos países mais pobres, uma restrição de carbono certamente afetará o bem-estar mais do que nos países ricos, onde o vínculo entre energia e felicidade provavelmente já foi quebrado da mesma forma que o vínculo entre bem-estar e PIB.

Um acordo global será muito difícil de ser conseguido, porque exige compreensão das diferentes implicações para cada país e um "jogo limpo" internacional que o mundo nunca conheceu. As dificuldades não mudam a realidade de que devemos ter esse acordo.

Ponto 14: Precisamos retirar o carbono da atmosfera

Nossa capacidade de pisar nos freios é tão fraca e a necessidade tão urgente que é claro como precisamos dar a marcha à ré. Não estou falando apenas de tirar carbono das chaminés das fábricas. O que quero dizer é que precisamos desenvolver maneiras de tirá-lo do ar que respiramos. Ainda não sabemos como fazer isso na escala necessária, mas parece provável que um investimento sério também poderia resolver isso. Mesmo com a tecnologia resolvida, sempre será caro, mas o preço do carbono pode resolver esse problema.

Finalmente, neste ponto, não caia na armadilha, nem permita que outros caiam, pensando, até mesmo por um segundo, que a remoção de carbono possa significar que não precisamos nos preocupar tanto com o corte de emissões.

Breve vocabulário

Esta seção oferece uma imersão super-rápida em grande parte do terreno coberto pelo livro. Se você quiser ler apenas um parágrafo antes de dormir, essa é a seção que deveria usar. Também me dá a chance de incluir algumas coisas que não entravam adequadamente em nenhum outro lugar, mas merecem uma menção. Deixei muita coisa de fora.

Ao colocar as coisas em ordem alfabética, tudo se mistura de uma nova maneira, enfatizando novamente a interconectividade geral e as diferentes maneiras como tudo se encaixa.

Acidificação do oceano

Consequência desagradável e mal compreendida da queima de muito combustível fóssil. Um resultado bastante óbvio é que isso ameaça o colapso do estoque de peixes. Outras consequências também poderiam ser terrivelmente profundas para a vida terrestre. Muito difícil de ser revertido uma vez que aconteceu.

Ações pessoais

Dependendo de como e do que todos nós fazemos, elas podem ser o caminho para todas as mudanças ou totalmente fúteis. Como podemos saber a diferença? Como podemos saber se nossas ações pessoais estão se perdendo nos rebotes do "aperto do balão" do sistema global, ou estão ajudando a criar as condições para que a humanidade esteja pronta para se transformar em um modo de existência adequado ao Antropoceno? São as ondulações mais amplas de nossas ações que mais importam.

Acordar

Um ponto-chave para o desafio do Antropoceno. Um sapo numa panela de água não percebe a temperatura subir até que seja tarde demais. Percebemos o que está acontecendo - mais ou menos -, mas nossa letargia ainda está muito mais próxima do sono do que da consciência. Já teve um sonho em que você quer acordar, mas tem que lutar através das várias camadas? É onde estamos agora.

Agricultura

Cultivar alimentos com respeito ao mundo e à vida selvagem deve ser uma das maneiras mais úteis como uma pessoa pode passar seus dias. Um mercado livre incentiva a minimização do número de pessoas necessárias para produzir um determinado rendimento, mas isso é loucura, porque é preciso cuidado, atenção, habilidade e trabalho duro para que isso aconteça. E não temos falta de pessoas. Na verdade, temos mais do que nunca, com pelo menos mais uns 2 bilhões a caminho. Precisamos de mais pessoas trabalhando na terra e fazendo isso corretamente.

Alimentação animal

Aqui não estamos falando de grama ou pasto. Estamos falando de matéria vegetal que é digerível pelos seres humanos, mas é dada como alimento aos animais. Globalmente, existe o suficiente para fornecer cerca de 1.800 calorias por dia a todas as pessoas no planeta; isso representa cerca de três quartos da necessidade global de alimentos para energia humana. Em troca, os animais devolvem cerca de 10% na forma de carne e laticínios. Cortar a ração animal nos ajudaria muito a alimentar o mundo e preservar a biodiversidade.

Antropoceno

A era em que nos tornamos muitas pessoas em um planeta pequeno, e não o contrário. A era em que a atividade humana é o que mais afeta o ambiente e o clima. Entramos nela recentemente e isso exige um grande ajuste na maneira como nos comportamos enquanto espécie – um ajuste com o qual estamos lutando até agora. Nossa estrondosa chegada ao Antropoceno é a razão deste livro.

Aperto do balão

Mais conhecido como **efeito rebote**, é dessa maneira que o efeito das microações pode ser anulado por ajustes de contrapeso em outras partes do sistema global; o resto do balão se expande para compensar que uma parte esteja sendo apertada. O aperto do balão é responsável pela maneira brutal como a soma de todas as economias de carbono locais e nacionais até o momento levou a nenhuma ou, na melhor das hipóteses, a apenas uma pequena mudança na tendência de emissões globais. Não é possível listar uma a uma todas as diferentes maneiras pelas quais os rebotes ocorrem e, consequentemente, muitas pessoas minimizam o efeito geral. Toda a análise séria sobre isso que vi e que afirma que os rebotes na eficiência de energia e carbono são inferiores a 100% não leva em conta os efeitos no nível do macrossistema.[1]

O aperto do balão ocorre em nível nacional quando os cortes nas emissões são acompanhados por aumentos iguais e opostos em outros países. Exemplos proeminentes dos últimos anos incluem o Reino Unido tendo mais de seus produtos fabricados na China e os EUA exportando mais de seu carvão para que outros queimem.

Arroz

A colheita de cereais é responsável por 19% das calorias globais e 13% das proteínas do mundo. Há uma oportunidade de economizar entre 500 e 800 milhões de toneladas de CO_2e, simplesmente sendo mais criterioso com o uso de fertilizantes e evitando a inundação de arrozais.[2]

Autoflagelo

Os métodos de autoflagelo são em grande parte desnecessários na batalha contra a mudança climática e também no desafio mais amplo dos seres humanos que respondem ao Antropoceno. Infelizmente, ainda é o que muitas pessoas imaginam quando pensam em cuidar do ambiente e criar uma sociedade na qual todos possam viver bem. O truque, para evitar essas medidas, deve ser abandonar as coisas na vida que não contribuem para o bem-estar, usar mais imaginação e se concentrar nas oportunidades de bem-estar que surgem após o crescimento para além da corrida de ratos do século XX.

Aviões

O meio essencial pelo qual pessoas de diferentes partes do mundo podem se encontrar pessoalmente e pelo qual uma população mundial tem a oportunidade de conhecer outras culturas e pessoas em primeira mão. Infelizmente, o A380, o avião de passageiros mais eficiente do mundo, requer cerca de 450 toneladas de combustível para voar de Londres a Pequim e, no momento, não há nenhuma previsão de tecnologia para substituir a queima de combustíveis líquidos nos motores de aviões - pelo menos para voos de longa distância. Portanto, as opções são combustível fóssil (mas veja "Combustível fóssil", adiante), biocombustível (mas a troca com alimentos é muito séria; veja a p. 101), não voar (mas isso é muito doloroso - ver "Autoflagelo", tópico anterior) ou criar combustíveis líquidos a partir de eletricidade renovável (que é viável, mas ineficiente; ver a p. 95). O caminho através de todas essas opções de Hobson parece ser voar de maneira mais econômica, desenvolver combustível a partir da energia solar e eletrificar voos curtos.

Bem-estar

Estive recentemente em um evento em que um respeitado filósofo zombou da nova moda de pessoas que buscavam o bem-estar. Uma plateia de várias centenas riu da banalidade de uma busca tão superficial e fiquei imaginando o que estava perdendo. Vamos apenas dizer que o bem-estar das pessoas e do planeta deve ser uma meta melhor que o crescimento do PIB.

Biocombustíveis

Energia obtida a partir de matéria vegetal. Há um lugar limitado para isso em um sistema de energia sustentável; florestas gerenciadas para queima de combustível, conversão de resíduos em combustíveis líquidos e, talvez, uma pequena quantidade de terras cultiváveis para biocombustível, para permitir a aviação no mundo de baixo carbono. Se a terra é usada para culturas de biocombustíveis, e não para alimentos, o sacrifício nutricional é enorme em troca de apenas uma pequena contribuição ao suprimento de energia do mundo. Uma explosão de biocombustíveis como substituto do petróleo representaria uma ameaça real à nutrição global. (Ver "Os biocombustíveis são uma bobagem?", p. 101.)

Biodiversidade

A variabilidade dos organismos vivos, aplicada a um local específico ou globalmente. É essencial para uma vida saudável na Terra e atualmente está em queda livre por causa de uma variedade de impactos (principalmente humanos), por exemplo, poluição, destruição de habitat e mudança climática. No Reino Unido, as populações de aves em áreas agrícolas diminuíram 56% entre 1970 e 2015. Os insetos voadores nas reservas naturais alemãs caíram 76% em 27 anos (1989-2016).[3] A biodiversidade é muito difícil de substituir uma vez perdida. (Ver p. 76.)

Bobagem

Qualquer tentativa de levar os outros a uma compreensão imprecisa do que está acontecendo. Além de mentiras e notícias falsas, isso inclui todas as deturpações deliberadas da análise de fatos. Exemplos famosos incluem tentativas de confundir as evidências de que a mudança climática é uma grande questão e a sugestão de que o Brexit liberaria 350 milhões de libras por semana para o Serviço Nacional de Saúde.

Aqui no Antropoceno, não podemos nos dar ao luxo de tornar as coisas mais difíceis para nós do que já são, e precisamos de uma grande purga das bobagens. Todos precisamos melhorar a diferenciação entre fato e ficção, sermos mais inteligentes em descobrir em quem confiar e menos tolerantes com aqueles em quem não podemos confiar. Aplica-se especialmente à mídia, políticos, líderes empresariais e colegas.

The Burning Question

Eu e Duncan Clark escrevemos um livro com este título como uma introdução à mudança climática de uma perspectiva sistêmica global. Se você deseja obter detalhes sobre curvas exponenciais de energia e emissões, efeitos rebote, por que precisamos deixar o combustível no solo e o que está nos impedindo, então aqui está um lugar para procurar. Embora tenha sido escrito antes da cúpula climática de Paris e tenhamos consumido ainda mais combustível nos cinco anos desde sua publicação, há poucas palavras dessa análise que eu gostaria de corrigir se a escrevesse hoje.

Captura e armazenamento de carbono (CAC)

Tecnologia importante, mas não um divisor de águas. Tirar o carbono de grandes fontes pontuais, como usinas de energia, é útil enquanto ainda se utiliza combustível fóssil, e, se aplicado em usinas de biocombustível, poderia até levar a emissões negativas. O armazenamento não é isento de riscos, mas nada o é. Custa dinheiro e, portanto, exige um preço para o carbono e/ou subsídios para decolar.

Carnes e laticínios

Quando os animais são alimentados com plantas comestíveis para os humanos, essa é a parte mais ineficiente do suprimento global de alimentos em termos de calorias, proteínas e micronutrientes. A ineficiência também é onerosa em termos de gases de efeito estufa, especialmente quando os animais são ruminantes (ovelhas e gado) e normalmente dobram seu impacto arrotando metano. Outros problemas incluem os dois terços dos antibióticos do mundo que são usados na criação de animais e o bem-estar dos animais.

Carros elétricos

Uma nova tecnologia indispensável, mas não uma bala de prata. Eles poluem menos, podem usar um pouco menos de energia e, mais importante, no futuro essa energia pode vir de fontes renováveis, embora, por enquanto, mais carros ainda signifique mais uso de combustível fóssil. Assim como seus antecessores dos combustíveis fósseis, os carros elétricos exigem muito recurso, tanto na fabricação como no uso, o que sempre precisa ser feito com mais moderação.

Carvão

O combustível fóssil mais barato, mais poluente e mais abundante. O que precisa com mais urgência parar de ser tirado do solo em todos os países. Isso requer um acordo global envolvendo todos. Também precisamos que todos os países parem de queimá-lo. E precisamos que todas as cadeias de suprimentos garantam que não haja uso de carvão. Qualquer política climática ou estratégia de negócios que não seja consistente com o movimento nessa direção deve ser considerada um fracasso.

China

Cerca de um sexto da população mundial e quase um terço das emissões de carbono do mundo (e crescendo). Livre de muitos dos pontos fortes e fracos dos sistemas democráticos de hoje, talvez possa liderar em muitas das coisas que mais importam, ou talvez será profundamente prejudicial. Mais do que na maioria dos países, se uma ideia política é vista como uma coisa boa, os chineses podem realizá-la.

Choque

Um mecanismo para acordar. Algumas pessoas dizem que é o único que os humanos são capazes de usar. É melhor que isso não seja verdade, porque existe um longo tempo útil para solucionar os problemas ambientais. Portanto, se esperarmos os primeiros sintomas seriamente chocantes, teremos um tempo muito desconfortável. A boa notícia é que só porque geralmente precisamos de grandes choques no passado, não significa que devemos concluir que precisamos ter um grande choque agora. (Ver também "Evolução" e "Determinismo".)

Talvez mais perigoso seja a nossa falta de choque, nossa aceitação gradual de um mundo degradado e padrões decadentes da verdade. George Monbiot chama isso de "síndrome do padrão de valor móvel" e Charles Handy usou a analogia do sapo em uma panela de água que aquece lentamente e não percebe que está sendo cozido.[4]

Ciclismo

Na ausência de bicicletas elétricas solares movidas inteiramente por fontes renováveis, essa é a forma mais eficiente de transporte terrestre conhecida por homens e mulheres. Maravilhosamente saudável, desde que você não tenha um acidente ou respire muita poluição causada pelo diesel. Pesquisas recentes do Reino Unido descobriram que ir trabalhar de bicicleta reduz o risco de morte prematura em 40%.[5] Surpreendente. Contra isso, apenas 100 ciclistas por ano morrem nas estradas do Reino Unido (número pequeno em comparação com 160.000 de doenças cardíacas e circulatórias, e com 164.000 mortes por câncer e 1.775 mortes no trânsito). E, quanto mais pessoas pedalam, mais seguro é.

A palavra de cautela sobre a poluição é porque causa uma estimativa de 40.000 mortes prematuras por ano, e um ciclista em uma movimentada estrada urbana está muito exposto e quase certamente está respirando mais profundamente do que a maioria das pessoas próximas. O caso de amor da Grã-Bretanha pelos carros a diesel (agora encerrado) tornou nosso problema muito pior do que precisava ser.

Curiosamente, a bicicleta movida a energia solar supera confortavelmente a bicicleta convencional em termos de terreno necessário para gerar o combustível para alimentar a máquina (ver p. 127).

Combustível fóssil

Quase todo o combustível fóssil deve permanecer no solo ou ser colocado lá novamente depois de queimado. Isso é incontestável e nenhum político que não seja claro sobre isso merece um voto, independentemente do que dizem sobre qualquer outra coisa. Nenhum executivo da empresa que não entende isso é adequado para o cargo que ocupa. E nenhum amigo, membro da família ou companheiro de bar que ainda pensa em termos de um futuro com combustíveis fósseis deve permanecer sem contestação. Não podemos permitir outra coisa senão clareza nesse ponto simples. Junto com "Dirija do lado correto da estrada", "Lembre-se de carregar o telefone" e "Escove os dentes à noite", guarde "Mantenha o combustível no solo" na categoria "chato, mas importante" do seu cérebro para referência frequente.

Comida local

Às vezes, uma ideia muito boa, mas nem sempre. O transporte marítimo é eficaz o suficiente para tornar aceitáveis os alimentos de todo o mundo. Não é um problema que as pessoas em climas frios comam laranjas, bananas e arroz. É muito menos aceitável que elas comam legumes produzidos localmente em estufas ou carne local alimentada com soja cultivada no outro lado do mundo.

Comida para viagem, fast food e refeições prontas

Todas essas formas de alimentos adquiriram más reputações, mas podem ser maneiras saborosas, saudáveis, convenientes e ecológicas de fornecer alimentos que podem ser adaptados a quase qualquer orçamento. Apenas precisamos fazer direito. A comida de rua bem feita é excelente, principalmente para quem não possui uma panela, não sabe como usá-la ou, por qualquer motivo, está tentando reduzir ao mínimo as tarefas diárias da vida. O problema das embalagens precisa ser resolvido.

Consumismo

O nome de uma era que precisa chegar ao fim. Um substituto pobre, mas sedutor, para a felicidade, ao qual ninguém está imune. Quanto mais nos envolvemos nisso, mais devemos tratá-lo como um sinal de alerta de que outro aspecto em sua vida não está certo.

Crescimento (ver também "Crescimento exponencial" e "Crescimento de energia")

Algumas formas de crescimento são mais essenciais do que nunca (empatia global, capacidade de apreciar a vida sem alto consumo materialista, pensamento crítico e sistêmico), enquanto outras formas que consideramos normais ou saudáveis agora parecem tão perigosas quanto o inferno. Em algum lugar no meio disso tudo, e altamente contestado, está o crescimento do PIB.

Crescimento de energia

Quanto mais temos, mais aumentamos nosso uso. O crescimento da energia humana oscilou em torno de 2,4% ao ano nos últimos 50 anos. A taxa de crescimento na verdade aumentou de 1% nos 100 anos anteriores e foi ainda mais baixa antes disso. Portanto, parece superexponencial. Enquanto algumas pessoas especulam que os seres humanos podem estar chegando ao fim de seu apetite por mais energia, sem a necessidade de moderação consciente, isso parece uma ilusão ao extremo para mim.

Crescimento exponencial

Uma taxa de crescimento proporcional à quantidade que já existe. Se você colocar duas raposas em uma ilha cheia de coelhos, a taxa de crescimento é exponencial, desde que não haja escassez de coelhos e mais ninguém tome medidas para controlar o crescimento. O dinheiro no banco pode crescer exponencialmente, assim como a sua dívida – a menos que alguém intervenha para alterar esse processo. Uma curva exponencial não é apenas uma curva em forma de banana; é aquela em que a inclinação é matematicamente proporcional à altura. Sempre que você obtém uma, é evidência de um mecanismo de feedback positivo em que, quanto mais algo existe, mais rápido esse algo cresce. (Ver "Emissões".)

Curativos (band-aids)

Um termo para descrever ações que lidam com sintomas, mas não com os problemas subjacentes. Essencial às vezes, mas irremediavelmente insuficiente para nós no Antropoceno. Um índice A a Z de questões que podem precisar de curativos pode começar com resistência a antibióticos, biodiversidade, mudança climática, surto de doenças, eutrofização, escassez de alimentos, germes... É uma lista muito grande. Enquanto isso, um índice A a Z de questões que os curativos não conseguem alcançar podem incluir consciência, cultura da verdade, empatia global, igualdade, pensamento crítico e sistêmico, repensar o crescimento, respeito, verdade...

Democracia

Talvez o melhor sistema de governo conhecido pelo ser humano, embora haja pessoas na China que o observam e o desafiam. Ele se baseia em eleitores atenciosos e bem informados, e mesmo assim não se espera que o público deva votar diretamente em decisões políticas altamente detalhadas e complexas. Obviamente, não está funcionando bem o suficiente no momento, por exemplo, no Reino Unido ou nos EUA, para oferecer políticas "adequadas ao Antropoceno". Parece que os políticos e os eleitores precisam melhorar o jogo e/ou precisamos de uma evolução do próprio conceito.

A democracia adequada ao objetivo implica não apenas votar, mas também informações precisas e um amplo senso de responsabilidade pelo bem comum.

Desigualdade

Muito alta e piorando. Relaciona-se inversamente com a maioria das medidas de bem-estar. A grande desigualdade é um inibidor essencial da governança global, principalmente quando se trata de algo que envolve concordar em compartilhar os recursos do mundo.

Deslocamento para o trabalho

A maneira como chegamos e saímos do trabalho pode ser qualquer coisa, desde uma perda de tempo evitável, monótona, poluente e cara até uma parte da vida alegre, ampliadora, sociável e ecologicamente correta. A diferença entre os dois geralmente se resume a um pouco de criatividade e quebra de hábitos. Pense em caronas, bicicletas, caminhadas, veículos elétricos, trens, ônibus e trabalho em casa.

Desperdício de alimentos

Depois da carne e dos laticínios, o desperdício é a maior fonte de ineficiência do sistema alimentar mundial. Há perdas em todas as etapas da cadeia de suprimentos, do campo ao garfo. As maiores áreas são perdas na colheita, perdas no armazenamento em países menos desenvolvidos e desperdício do consumidor nos países desenvolvidos. No total, perdemos globalmente mais de 1.000 calorias por pessoa por dia (ver pp. 57-64).

Determinismo

Se existe ou não o livre-arbítrio não é algo que possa ser provado ou refutado. Eu vivo a vida como se houvesse algo assim, e aposto que você também. No entanto, encontro muito pensamento determinista em torno do Antropoceno. Ele aparece em duas formas, e ambas resultam em desobrigação do desafio. Ou "Nós ficaremos bem porque sempre estivemos" ou "Estamos perdidos porque os humanos são míopes e egoístas demais para sobreviver ao Antropoceno". A primeira declaração também poderia ter sido feita pelos dinossauros. A segunda afirmação não prova que não podemos mudar. Como não está provado que devemos fracassar, vale a pena lutar e qualquer outra abordagem é preguiçosa e covarde.

Dietas

Para a maioria das pessoas que lê isso, uma dieta saudável e sustentável significa: (1) menos carne e laticínios; (2) especialmente menos produtos produzidos a partir de vacas e ovelhas (os ruminantes que arrotam metano); (3) mais frutas e vegetais (que sejam locais ou trazidos de fora via navio); (4) menos açúcar e sal; e (5) muita variedade.

Dinâmica global

O modo como a economia mundial e nosso uso de energia funcionam no nível global do sistema não é discutido o suficiente. Quando você se afasta, algumas coisas incrivelmente importantes o atingem, com enormes consequências para a política climática e, mais amplamente, toda a resposta da humanidade ao Antropoceno. A eficiência, por exemplo, leva, mais frequentemente, a um aumento no uso de recursos, em vez de uma economia. Ver também "Eficiência", "Efeito rebote" e "Tecnologia".

Distribuição Maxwell-Boltzmann

A maneira como a energia é distribuída entre os átomos de um gás. A distribuição da riqueza humana se parece um pouco com isso, mas na maioria dos países a semelhança é eliminada entre os muito ricos. Enquanto átomos muito rápidos costumam passar parte de sua energia quando colidem com outros, pessoas muito ricas geralmente ficam ainda mais ricas quando têm uma interação financeira com pessoas mais pobres. A riqueza começa a gerar riqueza. Como as pessoas podem ser mais parecidas com átomos?

Diversão

Dizer que não faz sentido salvar um mundo no qual não será divertido viver não significa realmente que precisamos rir o tempo todo. Mas digo que a vida precisa parecer digna de ser vivida – e o máximo possível. Se uma mudança proposta parece ser uma medida de sofrimento, é provavelmente um sinal de que ainda não foi adequadamente pensada. No geral, um planeta vivo tem muito mais a ver com oportunidade do que com custo.

Dois graus

Esse "limite seguro" previamente acordado para o aumento da temperatura acima dos níveis pré-industriais não é mais considerado seguro. É por isso que as negociações de Paris em 2015 concordaram em 1,5 °C, se possível. O limite de 2 °C foi baseado em avaliações de risco que datam da década de 1990, substituídas por uma ciência mais avançada. Agora parece muito arriscado, principalmente devido à probabilidade de desencadear mecanismos irreversíveis de feedback positivo, o que levaria a aumentos de temperatura muito além de 2 °C.

Economia

Uma disciplina que precisa de uma reforma. A economia dominante, em parte por meio de métricas inadequadas, nos deixa presos a formas prejudiciais de crescimento e nos leva a valores inúteis. Difícil mudar porque é uma estrutura tão arraigada pela qual tantas pessoas, organizações e países entendem o mundo. (Ver os capítulos 5, 6 e 7, pp. 147-200.)

Educação

O principal meio pelo qual habilitamos as próximas gerações a lidar com os problemas que deixamos para elas. Adultos preparados para o Antropoceno demonstrarão as oito habilidades de pensamento listadas na conclusão.

Efeito rebote

Ver "Aperto do balão". Um conceito-chave para entender a dinâmica do sistema global e que todos os formuladores de políticas climáticas precisam entender, mas que muitas vezes acham muito inconveniente contemplar. (Ver, por exemplo, pp. 105-107, 118-122, 235 e ss.)

Eficiência

Uma qualidade que os seres humanos desenvolvem continuamente há milênios e que sempre acompanha o aumento do consumo total, o uso de recursos e o impacto ambiental. Sempre foi e ainda é parte integral da dinâmica do crescimento, com todos os seus benefícios e, cada vez mais, seus problemas. Avançando, se pudermos colocar um limite firme na carga ambiental que colocamos no ecossistema, incluindo limitar o carbono, o papel da eficiência mudará fundamentalmente e seremos capazes de chamá-lo, sem reservas, de uma força para o bem. Poderia então ser o meio pelo qual podemos fazer mais, se quisermos, com menos impacto.

Emissões

As emissões de carbono nos últimos 160 anos foram extraordinariamente exponenciais, com uma taxa de crescimento de 1,8% ao ano (ver "Crescimento exponencial"). Recentemente, algumas pessoas ficaram entusiasmadas com três anos de estabilidade, mas isso nunca foi estatisticamente significativo e, no momento em que escrevo, os últimos números anuais estão acima da linha de tendência em 2%.

Empregos

Uma maneira de passar o tempo que pode ser útil, gratificante e que pode ser um mecanismo para uma distribuição apropriada da riqueza. Vale a pena ter quando pelo menos dois desses três critérios forem atendidos, caso contrário, não. Portanto, deve ser usado com cautela como uma métrica de desempenho nacional.

Empresas

A fonte da maioria dos nossos impactos ambientais e extremamente influente no desejo humano de viver de forma menos ou mais sustentável. Além disso, a fonte de muito *greenwashing* autocongratulatório, que é uma forma de besteira (ver acima). Em perspectiva, a soma total da resposta das empresas à mudança climática até agora resultou em um crescimento nas emissões de carbono delas. Portanto, não há nenhum espaço para a autocongratulação. Em todos os fatores ambientais, as empresas precisam fazer três coisas, sendo que apenas duas delas não são suficientes: (1) reduzir seu impacto, (2) produzir bens e serviços que permitam que outras pessoas façam o mesmo e (3) pressionar, de todas as formas possíveis, por um acordo global para limitar os impactos, especialmente entradas e saídas para o meio ambiente, como extração de combustível e emissões de carbono. Apenas duas delas não são suficientes.

Empresas de combustível fóssil

Podemos argumentar que temos uma grande dívida com as empresas de combustíveis fósseis por possibilitarem o rico mundo tecnológico de hoje.

No entanto, o contexto agora mudou e elas precisam evoluir ou desaparecer em alta velocidade.

Energia solar

O grande avanço das energias renováveis, que possibilita a transição da energia fóssil, ainda que com o vento, a energia hidrelétrica e talvez a nuclear em papéis de apoio. A energia solar se posiciona para tornar os desertos produtivos e fornece uma alternativa de receita para vários países dependentes de petróleo. O perigo é que simplesmente usamos o combustível solar ao mesmo tempo que o combustível fóssil, em vez de empregar o primeiro como substituto do segundo.

Energias renováveis

Fornecimento de energia do amanhã. Dominada pela energia solar, mas significativamente apoiada pelo vento, maré e hidrelétrica. A ampliação ou substituição do combustível fóssil dependerá da existência de um limite firme no uso do combustível fóssil.

Especialistas

À medida que a complexidade dos problemas aumenta, precisamos entender melhor o que os especialistas nos dizem. Os especialistas precisam ser mais inteligentes em suas especialidades, mas ao mesmo tempo se unir a outras disciplinas e se comunicar melhor com quem estiver interessado. É uma consequência desafiadora da tecnologia.

Espiritualidade

Se existe um limite para o escopo deste livro, certamente esse deve ser o caso. Mas isso é bom o suficiente? De um ponto de vista puramente prático, podemos sobreviver sem ela? Talvez seja o meio essencial pelo qual desenvolvemos as habilidades de pensamento das quais eu disse que os humanos precisam urgentemente. Às vezes ridicularizada pelos cientistas, às vezes fora de moda e nem sempre estritamente lógica. Não estou qualificado para dizer mais sobre isso, mas peço respeito por quem puder.

Evolução (dos humanos)

Algo que precisamos reequilibrar. Desenvolvemos a tecnologia e o poder. Agora precisamos complementar isso com novos conjuntos de habilidades de pensamento; empatia global, pensamento sistêmico, apreciação pelo que temos e valores que permitem a vida na aldeia global, onde todos os ovos estão em uma cesta, gostemos ou não.

Fake news

Um fenômeno que sempre esteve conosco, mas que recentemente explodiu com consequências devastadoras. As ferramentas para sua propagação ficam mais sofisticadas, todos nós temos que melhorar nossa capacidade de identificá-las e o vigor com que a rejeitamos. Muitas das habilidades de pensamento que descrevi para a vida no século XXI estão relacionadas ao aumento de nossas defesas contra notícias falsas.

Fatos

Coisas que precisam ser honradas como nunca antes. Já é difícil ver o que está acontecendo sem deturpações deliberadas ou descuidadas da mídia, políticos ou empresas. Todo cidadão pode ajudar, quase a todo momento, a insistir na visão mais limpa possível dos fatos. Desde a mesa do escritório até a cabine de votação, a escolha da estação de notícias e o bate-papo no bar.

Filhos (nossos)

As pessoas que terão de entender, melhor que seus pais, a natureza do desafio do Antropoceno e como lidar com ele.

Fotocópia frente e verso

Um exemplo e uma metáfora para medidas muito pequenas de eficiência de recursos que devem, é claro, ser adotadas rotineiramente, mas que são tão pequenas que comprometem, se mencionadas, a credibilidade de qualquer declaração de responsabilidade corporativa.

Fracking

Em princípio, essa técnica para retirar gás natural das rochas de xisto poderia desempenhar um papel marginal como combustível de transição no caminho para o mundo de baixo carbono, porque o gás é um combustível menos intensivo em carbono que o carvão ou o petróleo. No entanto, o processo de extração requer energia e há sérias questões ambientais para corrigir. Sem uma regulamentação muito rígida e uma avaliação confiável dos riscos e benefícios, certamente deve permanecer no solo. O Reino Unido, por exemplo, ainda está longe de atender a esses critérios.

Fusão nuclear

A promessa teórica de energia ilimitada atormentou os cientistas por muitas décadas. Se isso resolveria todos os nossos problemas ou seria um desastre total, depende se você confiaria em nossa espécie ainda com mais energia ou se acha que causamos danos suficientes com o suprimento existente.

Ganância

Um termo simples para individualismo. E um dos sete pecados capitais. Juntamente com o ódio e a ilusão, uma das três raízes do sofrimento, de acordo com a filosofia budista. A ganância é a motivação que guia a agenda neoliberal. O oposto de empatia. Seria simplista ou conciso dizer que superar a ganância é o segredo do bem-estar no Antropoceno, e todo o resto neste livro são apenas detalhes?

Gás (gás natural)

O combustível fóssil menos intensivo em carbono em termos de energia por tonelada de dióxido de carbono. Emite cerca de metade do dióxido de carbono por unidade de energia que o petróleo produz e é ainda melhor em comparação ao carvão. Infelizmente, a extração de gás e a de petróleo geralmente caminham junto. A exceção, *fracking*, é marcada por outras preocupações ambientais. (Ver "*Fracking*".)

Gelo

A coisa que está derretendo até o ponto de extinção, em sua forma natural, de trechos cada vez maiores da superfície da Terra.

Geoengenharia

Soluções técnicas para a mudança climática que não incluam o fim da emissão ou a retirada do carbono do ar. As soluções de geoengenharia variam desde as muito arriscadas, não experimentadas e totalmente tolas até as viáveis, mas limitadas.

O aspecto mais sensato parece ser o gerenciamento da radiação solar usando aerossóis de sulfato. Isso envolveria a pulverização de sulfato na estratosfera, a fim de refletir a luz solar e compensar o aquecimento global. Os argumentos a favor disso incluem seu potencial baixo custo e abordagem de baixa tecnologia, bem como a imitação de um processo natural (isto é, quando o gás dióxido de enxofre é liberado durante erupções vulcânicas). No entanto, o melhor que isso pode fazer por nós é limitado – vários possíveis efeitos colaterais incluem a destruição do ozônio, alterações na radiação solar (uma catástrofe potencial para as plantas), alterações na precipitação e talvez alguns efeitos na saúde humana.

Gotejamento

A ideia de que, se os ricos ficarem mais ricos, todos ganham porque a riqueza goteja. Um conceito popular entre os profissionais do livre mercado (ver a discussão sobre neoliberalismo, p. 159) e muitos dos mais ricos. Mas isso funciona? Não.

Governança global

Isso é algo de que precisamos para podermos gerenciar os desafios globais. Não se trata de substituir a governança regional, nacional, local, familiar ou pessoal; é tão bom quanto. Precisamos de governança em todos os níveis em que tivermos responsabilidades e interesses. Até recentemente, poderíamos não incluir global na lista. Aqui no Antropoceno, não podemos. O fato de acharmos difícil executá-la é uma evidência da necessidade de mais prática.

Grãos de soja

Uma colheita extremamente nutritiva que também pode ser muito saborosa. Quilo a quilo, o simples grão de soja ganha da carne em quase todos os nutrientes essenciais para a saúde humana: calorias, proteínas, incluindo todos os aminoácidos, vitaminas, minerais e fibras. No entanto, a soja é frequentemente cultivada como alimento para o gado, apesar de que as vacas convertem menos de 10% do valor calórico do grão de soja em carne e são igualmente ineficientes com os outros nutrientes que a soja fornece. A prática de alimentar vacas com grãos de soja, portanto, é basicamente louca. A soja como alimento para animais pressiona as terras responsáveis por um desmatamento considerável. Mas não culpe a inocente soja, culpe as fazendas de gado.

Greenwash

Comum, às vezes por meio de ilusões, e outras vezes de modo deliberado. A maneira mais fácil para uma consultoria ambiental ganhar a vida é conspirar com isso, e, mesmo que você não queira, é difícil saber quando você foi enganado. Todos precisamos estar atentos e desafiar quando virmos alguém fazendo isso. O teste-chave é recuar e perguntar com cuidado: "Isso nos leva à sobrevivência da humanidade no Antropoceno?". Se não, então é *greenwash*.

How Bad Are Bananas? The Carbon Footprint of Everything

Uma publicidade rápida do meu primeiro livro, que é um lugar para você procurar se quiser mais informações sobre as pegadas de carbono. Desde sua publicação, em 2010, alguns números se ajustaram um pouco, sou muito mais favorável aos subsídios a microrrenováveis e adotaria uma postura mais forte contra o plástico hoje, mas, tirando isso, os princípios gerais ainda permanecem.

Imposto

Um mecanismo essencial para permitir um futuro melhor. Uma maneira de desencorajar as "coisas ruins", tornando-as mais caras, e também criando um pote de dinheiro para gastar em "coisas boas". "Coisas ruins" podem incluir a queima de combustíveis fósseis. As coisas boas podem incluir subsídios para alternativas aos combustíveis fósseis, aos sistemas de saúde e educação e outras infraestruturas para permitir que todas as pessoas da sociedade tenham vidas saudáveis e gratificantes, e compensação para os países que dependem de combustíveis fósseis. Os impostos não tornam, por si só, as pessoas de um país mais ricas ou mais pobres, porque a quantidade de dinheiro retirada é igual à quantidade de dinheiro devolvida de uma forma ou de outra. Tampouco, se equilibrados, inibem a liberdade.

Os impostos costumam ter má fama, provavelmente porque o lado negativo, a parte em que o dinheiro é retirado, geralmente é mais visível do que o lado bom – todas as ótimas maneiras pelas quais esse dinheiro pode ter sido gasto ou até devolvido para nós, bem como os benefícios que obtemos de todos os impostos que outros pagaram.

Individualismo

Na moda em ambos os lados do Atlântico e em outros lugares. Uma base fundamental do neoliberalismo e da economia de livre mercado. No entanto, há uma desconexão lógica entre o individualismo e o tratamento dos desafios globais. O primeiro é inadequado para o segundo.

Investimento

Desde que os humanos começaram a não comer toda a comida disponível, para que algo pudesse ser plantado para o próximo ano, o investimento tem sido o meio pelo qual aumentamos a economia. O que investimos determina o futuro em que crescemos. Tudo em que gastamos dinheiro apoia um tipo de futuro em detrimento de outros. Isso se aplica a uma simples ida ao mercado, ao seu portfólio de investimentos para a aposentadoria e ao orçamento nacional.

Como há tanto dinheiro para gastar, o desinvestimento libera a oportunidade de investimento em outro lugar. Apenas para dar um exemplo importante, o investimento em combustíveis fósseis é inútil. No entanto, o desinvestimento neles cria oportunidades para investimentos em coisas que precisamos urgentemente, como energias renováveis, transporte ecológico e captura direta de carbono do ar.

IPCC

Painel Intergovernamental sobre Mudanças Climáticas (IPCC, na sigla em inglês). Um grande grupo de cientistas muito inteligentes e com bons recursos que reuniram uma avaliação incrivelmente ponderada e robusta da mudança climática; os riscos e incertezas. No passado, teve duas deficiências principais. A primeira foi a crença equivocada de que apresentar os argumentos cada vez mais claramente com rigor cada vez maior é o necessário para vencer a discussão e precipitar as ações apropriadas sobre a mudança climática. (Ver "Negação humana", "Bobagem", "Notícias falsas" e o Capítulo 8 – "Valores, verdade e confiança".) A segunda falha foi que, na tentativa de evitar críticas, ele se inclinou a subestimar alguns dos riscos mais incertos da mudança climática. Seu último relatório, "Aquecimento Global de 1,5 °C", é o chamado mais convincente até agora para uma ação global urgente.

Lavagem de carbono (ou captura direta do ar)

Potencialmente um divisor de águas, com o potencial de tirar carbono do ar ambiente, usando terra e plantas ou através de "árvores sintéticas". Poderíamos realmente fazer isso, mas no momento ainda é uma tecnologia emergente cara. O grande investimento em P&D levará a uma solução rápida? Será parecido com construir a bomba ou mais como curar o câncer? Deveríamos descobrir.

Liderança

Uma qualidade escassa e muito necessária para lidar com os problemas abordados neste livro. Qualquer pessoa pode exibi-la em qualquer estilo de vida e pequenas ações ocasionalmente podem se tornar virais. Infelizmente, falta entre a maioria dos políticos no mundo todo no momento em que escrevo isso, mas pode ser encorajado pelos eleitores por meio de um simples treinamento com incentivos (ou "método do chicote e da cenoura", criado a partir do inglês "*carrot-and-stick*").

Maldivas

Estão entre as primeiras e mais óbvias vítimas da mudança climática. As Maldivas tornam o problema menos abstrato, mas, para a maioria de nós até agora, ainda não são suficientemente viscerais para inspirar a resposta necessária.

Meios de comunicação

São fundamentais para nos ajudar a entender o que está acontecendo, desde que mantenham uma clara distinção entre fato e ficção. Para esse fim, precisamos ser mais exigentes e críticos. Escolha o que você assiste, lê e apoie a melhor mídia com seu dinheiro com cuidado. (Ver Capítulo 8 – "Valores, verdade e confiança".)

Metano

Na expressão "carvão, petróleo e gás", o metano é o gás sobre o qual estamos falando. Além de ser extraído comercialmente, também é produzido por vacas e ovelhas quando mastigam a comida regurgitada (ruminam), por arrozais se forem inundados, advém do permafrost se derreter e é produzido por matéria orgânica em decomposição em aterros sanitários. Quando queimado, libera muita energia térmica (isso é bom), mas produz dióxido de carbono (ruim). Muito mais problemático é o fato de que, se for lançado na atmosfera sem queimar, será um gás de efeito estufa muito mais poderoso que o dióxido de carbono. De fato, se você comparar o impacto do metano no aquecimento global por mais de 20 anos com o mesmo peso de dióxido de carbono daquele período, descobrirá que é 76 vezes pior. No entanto, o metano tem uma vida útil de cerca de 12 anos na atmosfera, portanto, durante um período de 100 anos, a ação lenta, mas duradoura, do dióxido de carbono acaba se igualando e o metano é "apenas" 25 vezes pior. Existe uma convenção arbitrária de estudar um prazo de 100 anos para a maioria dos propósitos. No entanto, há um argumento muito forte de se considerar prazos muito mais curtos do que esse, em cujo caso o metano precisa ser considerado como um gás de efeito estufa ainda mais poderoso.

Morte violenta

Em 1994, o genocídio em Ruanda elevou a taxa global de mortes violentas em até 2%, mas mesmo assim, em média, desde 1990, pouco menos de 1% dos seres humanos morreram por assassinatos, conflitos, terrorismo ou execução estatal.[6] Este é um número surpreendentemente baixo em comparação com a média do século XX de cerca de 4%.[7] Não está claro, no entanto, se a recente desaceleração é uma indicação de que estamos aprendendo a não atacar o outro – nesse caso, podemos esperar que a trajetória possa continuar assim – ou se, mais alarmante, é um sinal de que estamos em risco de que o pêndulo balance na outra direção. Estamos em um período especialmente perigoso em que, como poucos de nós conseguem se lembrar do terror da guerra, nos tornamos descuidados com a paz? O tempo pode dizer. E talvez possamos influenciá-lo também, principalmente abordando desigualdades extremas.

Mudança climática

Um sintoma claro da desajeitada chegada da humanidade ao Antropoceno. Não é o único e não será o último. Ao lidar com isso como uma questão específica, seria muito sábio desenvolver as habilidades e estruturas que nos ajudarão a lidar com questões futuras do Antropoceno, incluindo aquelas que nos dão menos tempo para reagir.

Negação humana

Fenômeno fascinante e extremamente importante, pelo qual os seres humanos (todos nós, inclusive você e eu, infelizmente) tornam-se capazes de demonstrar incrível destreza mental para evitar confrontar fatos que nos causam emoções desagradáveis quando pensamos neles. Bem entendida no mundo da terapia e do aconselhamento para luto, a negação tem sido fundamental para que nossa espécie consiga não lidar com a mudança climática, apesar das evidências irrefutáveis de que precisamos nos mexer.

A negação de nossa responsabilidade de agir sobre o desafio do Antropoceno assume várias formas, incluindo: ignorá-lo, pensamento positivo sobre possíveis soluções (como a tecnologia por si só, migração para outros planetas), determinismo, pequenas ações para salvar a consciência.

Neoliberalismo

A ideia de que o livre mercado é a melhor maneira de governar o mundo, juntamente com a ideia equivocada de que tornar os ricos mais ricos também ajuda os pobres (gotejamento). Este livro mostrou repetidamente que a inadequação do livre mercado em lidar com os desafios do Antropoceno e o gotejamento também foram desmascarados. O neoliberalismo pertence à lata de lixo.

Neurociência

Ciência rapidamente emergente da química do cérebro, com mensagens tranquilizadoras sobre a plasticidade da mente humana; nossa capacidade de aprender a pensar de maneiras diferentes, incluindo, por exemplo, a capacidade de adotar valores apropriados ao Antropoceno e habilidades de pensamento descritas neste livro.

Pais

Pessoas (incluindo eu) que agora têm a responsabilidade de ajudar seus filhos a desenvolver as habilidades de pensamento para enfrentar os desafios do Antropoceno com os quais eles mesmos não conseguiram lidar.

Países desenvolvidos

Estes são os lugares onde o impacto humano no planeta per capita é mais alto. Lar da maioria, mas não de todos os super-ricos, bem como de alguns, mas não da maioria, dos 10% mais pobres do mundo. O local de nascimento da maioria das tecnologias que estão destruindo o ecossistema, bem como da maioria das que poderiam nos ajudar a gerenciá-lo adequadamente. As partes do mundo que mais urgentemente precisam começar a descobrir que já é suficiente, mas que não são necessariamente o lar do melhor pensamento nessas linhas.

Peixe

O consumo global gira em torno de 19 kg/capita/ano.[8] Uma fonte importante de proteínas e micronutrientes, especialmente em muitas comunidades pobres para as quais é essencial que sua pesca fique fora do mercado global de alimentos. Embora o peixe selvagem seja um recurso escasso, ameaçado pela pesca excessiva e pela acidificação oceânica causada pela queima de combustíveis fósseis, a criação de peixes incorre em todas as ineficiências dos animais terrestres alimentados com ração, além das emissões de metano da decomposição de resíduos e dos alimentos no mar ou no fundo de lagoas. Coma com moderação, se for consumir, e com um bom entendimento da cadeia de suprimentos.

Petróleo

Junto com o carvão e o gás, uma das três substâncias que precisamos deixar no solo. Sua densidade e fluidez de energia o tornam a escolha fácil para alimentar carros, navios e, talvez o mais crítico, aviões. Mas é hora de terminar rápido.

Plástico

Maravilhosamente útil, convenientemente barato e devastadoramente durável. Outro exemplo de uma grande invenção que foi usada sem cuidados suficientes. A maioria é descartada em aterros ou espalhada por terra e mar, onde se separa, mas não se desmaterializa. Então, estamos presos a ele por todo o tempo, depois que é fabricado. (Ver pp. 78-80.)

Poder nuclear

Uma fonte de energia contínua, confiável, cara, arriscada, permanentemente poluidora e contenciosa, como era de se imaginar. A extensão de seu devido lugar na mistura de energia mundial depende de uma análise muito complexa desses fatores em comparação com aqueles associados à necessidade de conseguir energia de outro lugar. Um futuro fóssil somado ao nuclear é o pior de todos os mundos. Um futuro renovável e nuclear poderia ser melhor do que qualquer futuro com combustíveis fósseis. (Ver "A nuclear é ruim?", p. 99.)

População

Não é a raiz de todos os nossos problemas, como algumas pessoas pensam: 12 bilhões de pessoas cuidadosas poderiam viver bem no planeta Terra, enquanto 1 bilhão de pessoas descuidadas, não. (Ver "Tudo se resume à população?", pp. 179.) No entanto, uma população menor provavelmente tornaria tudo mais fácil.

Prisão

Geralmente, é um lugar muito desagradável para se passar o tempo, e a probabilidade de que isso aconteça depende muito da sua nacionalidade, etnia, gênero e riqueza. Às vezes gerenciadas por lucro, às vezes por vingança, às vezes para manter o público seguro. Em alguns países iluminados, são lugares humanos onde a reabilitação é a principal preocupação. O resultado são custos mais altos por prisioneiro, mas custos mais baixos de prisão e crime em geral. Uma nação expressa seus valores através de suas prisões? Talvez. Que deprimente para os EUA e o Reino Unido. (Ver "Quais são as chances de que eu acabe na prisão?", p. 185.)

Psicologia humana

Um componente essencial do grande quebra-cabeça, que não recebe tempo suficiente de reflexão ou divulgação. Todos queremos nos sentir competentes, estar conectados aos outros e ter escolha em nossas vidas. A análise racional é subserviente a esses objetivos. O que é inconveniente, do ponto de vista dos desafios apresentados na primeira metade do livro, é que não somos seres racionais que agem automaticamente sobre as evidências e honram a verdade.

Refugiados

Pessoas que precisaremos tratar de maneira totalmente diferente quando os valores adequados ao Antropoceno se tornarem predominantes. Pessoas que, esperamos, veremos menos quando as desigualdades globais tiverem sido reduzidas a um nível que permita a cooperação global que os desafios do Antropoceno exigem.

Rússia

O maior país do mundo. Os primeiros impactos das mudanças climáticas incluirão o descongelamento de seus portos, o aumento da fertilidade de algumas de suas terras, as novas reservas de petróleo e gás acessíveis e os invernos mais amenos. O mundo ainda precisa da Rússia apoiando um acordo climático global. Ilustra a necessidade de relações internacionais radicalmente melhoradas.

Sistema alimentar

Quase 6.000 calorias são cultivadas por pessoa por dia e há uma abundância ainda maior de proteínas. Mas um bilhão não recebem os nutrientes necessários para a saúde, enquanto o dobro desse número de pessoas come muitas calorias. A produção atual de alimentos é suficiente para 9,7 bilhões em 2050, mas somente se cortarmos a alimentação animal (reduzindo carne e laticínios), reduzir o desperdício e limitar os biocombustíveis. E depois precisamos distribuir corretamente. Não há nenhuma razão física para que tudo isso não possa ser feito e ao mesmo tempo melhorar a biodiversidade, especialmente se mais pessoas se tornarem agricultores.

Suficiência

Há um tempo para que tudo pare de se expandir. Os seres humanos alcançaram isso em algumas áreas-chave. Uma das questões cruciais para nossa espécie agora é: "Como podemos sentir que é suficiente o que temos, se se torna insalubre querer ainda mais disso?". Ainda há muito espaço para ambição na vida – só precisamos direcioná-la de maneira positiva.

Tecnologia

Algo que desenvolvemos continuamente ao longo dos milênios e essencial para nossa chegada ao Antropoceno. Nós a dirigimos ou ela está nos dirigindo? Um desafio importante para o nosso tempo é se agora podemos ou não controlá-la, usá-la onde isso nos ajuda e aprender a deixá-la quando não o fizer.

Transporte

Os meios pelos quais a maioria das toneladas de alimentos e frete do mundo ocorre. A fonte de 3% das emissões mundiais de GEE em troca de 90% do comércio internacional mundial de produtos. É difícil eletrificar o transporte de longa distância porque requer uma forma leve de armazenamento de energia. Assim como na aviação (ver "Aviões"), podemos ter que usar os hidrocarbonetos líquidos no futuro próximo. Eles não podem sair do chão e os biocombustíveis pressionam demais a segurança alimentar e a biodiversidade; portanto, a melhor aposta é provavelmente fabricá-los usando energia solar.

Valor da vida humana

Isso é universal ou varia entre as pessoas? Você pode colocar um valor financeiro nisso? Quer gostemos ou não da ideia, é exatamente isso que fazemos o tempo todo. No Reino Unido, o Serviço Nacional de Saúde pode justificar um tratamento se puder salvar um ano de vida por £ 20.000-30.000.

Como regra geral, muitas economias colocam o valor da vida humana aproximadamente no nível da capacidade média de rendimentos de alguém naquele país. Avaliar a vida por sua capacidade de rendimentos é inconsistente com os valores de que estou escrevendo ou prescrevendo.

Verdade

As complexidades da vida no Antropoceno tornam mais fácil do que nunca distorcer a "verdade". Essas mesmas complexidades tornam a verdade uma coisa ainda mais preciosa. Precisamos da visão mais clara da realidade que pudermos ter. Como podemos criar uma cultura que espera e insiste na verdade a todo momento? Como podemos melhorar a identificação dos fatos reais dos falsos? Um acupunturista que trabalha em todo o desafio multidisciplinar do Antropoceno assumiria a "cultura da verdade" como um dos principais pontos de pressão.

Viagem ao espaço

A rota para o Planeta B? Para os sonhadores, esse é o meio pelo qual os humanos podem continuar se expandindo como de costume. Para os muito ricos e ambientalmente imprudentes, existe o potencial turístico de passar um tempo em uma cápsula em órbita ou talvez um dia viajar para Marte. Para realistas pensativos, as viagens espaciais são ficção científica para as próximas gerações. (Ver p. 144.)

Viés de otimismo

Uma tendência humana de pensar que as coisas serão melhores do que são. Muitos de nós pensam que nossos filhos são mais espertos que a média, que ganharemos mais que a média e viveremos mais que a média. E, para alguns, isso se aplica à sobrevivência humana no Antropoceno: "Ficaremos bem porque sempre estivemos". Existem dois problemas com essa linha de argumento. Em primeiro lugar, os humanos infligiram momentos muito difíceis a si mesmos no passado, às vezes destruindo comunidades inteiras. Agora que somos uma vila global, goste ou não, seria uma pena se nossa comunidade tivesse tantos problemas quanto as pessoas na Ilha de Páscoa que cortaram a última árvore. O segundo problema com essa linha de raciocínio é que, na verdade, não diz nada, porque todos os membros de todas as espécies que já viveram podiam dizer, durante seu período de vida, que suas espécies sempre sobreviveram. É o viés de otimismo que me diz que temos tudo para ganhar esse jogo?

Votação

A capacidade de fazer isso é o que chamamos de democracia, mas em que circunstâncias é uma boa ideia votar? No Reino Unido, nos últimos cem anos, pelo menos, nenhuma cadeira no parlamento foi determinada por um único voto. Portanto, se você só está votando para promover seus próprios interesses, acaba sendo uma maneira incrivelmente ineficiente de passar minutos do seu tempo, talvez o equivalente a trabalhar por alguns centavos por hora. Melhor gastar o tempo melhorando seu próprio ninho de alguma outra maneira, certamente, se esse é seu objetivo. Apenas um tolo perderia tempo votando por seu próprio interesse. Mas, se você está votando de acordo com o melhor interesse das milhões de pessoas afetadas pela eleição, seu voto se torna milhões de vezes mais valioso e pode ser a coisa mais importante que você faz naquele dia, mês ou ano. Pessoas inteligentes votam com o bem comum em mente ou ficam em casa.

Notas sobre unidades

Este livro está cheio de cálculos e números, alguns "escritos no guardanapo" e outros mais cuidadosos e detalhados. Tentei relacionar as coisas às comparações diárias, sempre que possível. A maioria dos números possui unidades anexadas a elas, que podem não significar muito, a menos que você conheça essas unidades. Odeio ser informado de que um terremoto atingiu 7 na escala Richter, porque não tenho ideia se esse é um número grande no contexto. Qual é a utilidade de conhecer uma estatística em hectares, Terra Watts ou barris, se você não tem ideia do tamanho de alguma dessas coisas? Esta seção tentará esclarecer isso.

Poder e energia

1 kcal é igual a 4,2 kJ e representa a energia necessária para aquecer um litro de água em um grau centígrado (°C). Portanto, o requisito médio diário de alimento humano de 2.353 kcal é aproximadamente a quantidade necessária para usar uma grande banheira quente.

1 Joule (J) é a quantidade de energia necessária para levantar um saco de 1 kg de açúcar a 10 cm no ar. Pode aquecer uma grande gota de chuva em cerca de um grau centígrado ou alimentar uma pequena tocha por um segundo.

1 Watt (W) é uma taxa de uso (ou geração) de energia. 1 W é 1 J por segundo. São necessários cerca de 20 W para iluminar uma sala doméstica razoavelmente grande com LEDs.

1 quilowatt (kW) é o equivalente a mil Watts. Uma chaleira típica consome 1,8 kW.

1 quilowatt-hora (kWh) é a energia que você usa se tiver uma potência de 1 kW por 1 hora. Isso é mais ou menos o suficiente para dirigir um carro elétrico eficiente por cerca de 6,5 km ou um carro a gasolina convencional por 1,6 km. Ou você poderia usar a chaleira por 33 minutos. 1 kWh é igual a 3,6 MJ (ou seja, 3,6 milhões de Joules).

1 megawatt-hora (MWh) poderia levá-lo de Los Angeles a Nova York em um carro eficiente, embora um "bebedor de gasolina" iria parar em algum lugar perto da fronteira do estado da Califórnia.

Giga Watts (GW) – bilhão de watts.

Terra Watts (TW) – trilhão de watts (ou seja, 12 zeros). Em um momento médio, a humanidade está usando energia a uma taxa de quase 20 TW.

1 terrawatt-hora (TWh) é aproximadamente a energia cinética da minha bicicleta (sem mim) viajando a um décimo da velocidade da luz (que seria de Londres a Nova York em meio segundo). Isso faz um TWh parecer real o suficiente? Talvez não. Tente isso. É suficiente energia para ferver 580 piscinas olímpicas e depois secá-las.[1]

(Eta Watts, Zeta Watts e Yeta Watts – todas essas unidades têm ainda mais zeros e, portanto, não as uso neste livro.)

Distância

Milhas: Antiquada, mas a maior parte do mundo de língua inglesa ainda usa essa medida em vez de quilômetros. 1 milha = 1,61 km, então 1 milha quadrada = 2,6 km quadrados.

Emissão de gases de efeito estufa

kg de CO_2e – quilogramas de equivalência em dióxido de carbono. É uma maneira grosseira de combinar todos os diferentes gases de efeito estufa, especialmente dióxido de carbono, metano e óxido nitroso, em uma medida.[2] Às vezes, neste livro, uso "carbono" como uma abreviação de "gases de efeito estufa".

A humanidade cria cerca de 50 bilhões de toneladas de CO_2e por ano. Em kg, é um 5 e, em seguida, 13 zeros. Cada um dos itens a seguir tem uma pegada de carbono de aproximadamente 1 kg de CO_2e: pouco mais de 1 kWh de eletricidade chinesa ou russa ou queimar 0,4 litro de gasolina. A pessoa média do Reino Unido tem uma pegada de carbono de cerca de 15 toneladas de CO_2e por ano – isto é, se você contar todos os gases de efeito estufa que estão por trás de tudo o que fazem e compram em um ano, e o cidadão norte-americano médio tem quase o dobro disso.[3]

Massas

1 kg equivale a 2,2 libras. Sempre que falo em toneladas, quero dizer as métricas: 1.000 kg ou 2.200 libras. 1 L de água pesa 1 kg, então 1 m^3 de água pesa 1 tonelada.

Coisas que não uso

Evitei hectares (que são 100 m x 100 m, então existem 100 deles em 1 km^2) e acres, que são pouco mais da metade do tamanho de hectares. Gostaria que ninguém nunca mencionasse barris de petróleo ou, pior ainda, barris de equivalente a petróleo, porque quase ninguém entende o tamanho deles.

Notas finais

Introdução

1 Para a estimativa de energia do tsunami de 1 x 10^{17} J, agradeço à Wikipedia por uma deliciosa lista de energias por ordem de magnitude. Disponível em: www.wikipedia.org/wiki/Order_of_magnitude_ (energia). Este em particular vem de "USGS Energy and Broadband Solution". Centro Nacional de Informações de Terremotos, US Geological Survey. [Original arquivado em 4 de abril de 2010. Acessado em 9 de dezembro de 2011.] Para o uso global de energia, os dados vêm da revisão estatística da BP 2017. Disponível em: https://tinyurl.com/bpstats17. Não incluí a energia do alimento humano consumido aqui, embora mais tarde no livro eu a inclua como parte do suprimento de energia humana. É cerca de 5% do total.

2 Da seção de perguntas e respostas após a segunda palestra Reith de Stephen Hawking em 2016. Você pode ler a transcrição completa aqui: https://tinyurl.com/ReithHawking.

3 "Não há planeta B". Agradecemos a Emanuel Macron por colocar esta frase útil nas manchetes em 2018. Acho que foi originalmente criada em 2011 por José María Figueres, ex-presidente da Costa Rica e mais tarde

usada em 2014 pelo secretário-geral da ONU, Bhan Ki-Moon. É também o nome de um projeto internacional nas escolas primárias para combater a mudança climática. Disponível em: http://www.theresnoplanetb.co.uk/.

4 Não sou, de forma alguma, a primeira pessoa a identificar isso. Por exemplo, ver Ken Wilbur, *The Theory of Everything: An Integral Vision of Business, Politics, Science and Spirituality*, Shambhala, 2000.

1. Comida

1 2.353 kcal por dia (9,9 MJ) é a necessidade diária média de energia (ADER), estimada pela Organização das Nações Unidas para Alimentação e Agricultura como uma média ponderada em todas as idades, gêneros, pesos e estilos de vida.

2 Uma chaleira elétrica usa tipicamente 1,8 kW.

3 M. Berners-Lee, C. Kennelly, R. Watson e C.N. Hewitt (2018). Current global food production is sufficient to meet human nutritional needs in 2050 provided there is radical societal adaptation. Elementa: Science of the Anthropocene. Disponível em: https://tinyurl.com/LancFoodPaper. Este artigo contém a análise global de alimentos mencionada extensivamente nesta seção, bem como muitos outros detalhes. As informações suplementares possuem uma planilha de Excel para permitir a avaliação dos fluxos da maioria dos nutrientes essenciais ao ser humano nos níveis global, regional e nacional. (Contudo, é preciso ter cuidado com o fato de que a qualidade dos dados geralmente falha no nível nacional.) Deu muito trabalho!

4 Ver a nota anterior.

5 Saltzman, A. et al. Global Hunger Index: The Challenge of Hidden Hunger. Intl Food Policy Res Inst, Bonn/ Washington D.C/Dublin, 2014. Também Muthayya, S. et al. The global hidden hunger indices and maps: an advocacy tool for action, PLOS ONE 8, e67860, 2013. A escassez de iodo pode ser resolvida por meio de suplementos a um custo entre US$ 0,02 e US$ 0,05 por pessoa, por dia.

6 Berners-Lee, M.; Kennelly, C.; Watson, R.; Hewitt, C. N. Current global food production is sufficient to meet human nutritional needs in 2050 provided there is radical societal adaptation. Elementa: Science of the Anthropocene, 2018. Disponível em: https://tinyurl.com/LancFoodPaper.

7 1 kg de peso corporal humano exige cerca de 7.700 calorias de comida, além da energia usada. Portanto, 100 calorias por dia acima do requisito levariam a 36.500 calorias em excesso por ano. Quase 5 kg por ano (4,74 para ser exato), ou 95 kg em 20 anos.

8 330 kcal por pessoa por dia é o excesso líquido, depois de levar em consideração as pessoas que passam fome. O excesso consumido por quem come muito provavelmente equivale a 500 kcal por pessoa por dia para todos os que vivem hoje. Isso é suficiente para alimentar mais de um quinto da população atual de aproximadamente 7,5 bilhões. Então, meu número de 1 bilhão está errado para baixo.

9 Observe que também há potencial para feedback negativo aqui. Dietas melhores aumentariam a expectativa de vida e contribuiriam para o crescimento da população.

10 Berners-Lee, M.; Kennelly, C.; Watson, R.; Hewitt, C. N. Current global food production is sufficient to meet human nutritional needs in 2050 provided there is radical societal adaptation. Elementa: Science of the Anthropocene, 2018. Disponível em: https://tinyurl.com/LancFoodPaper.

11 A batata-doce contém 709 mcg de vitamina A por 100 g, de acordo com o Departamento de Agricultura dos Estados Unidos (Food Composition Databases, 2017. Disponível em: http://ndb.nal.usda.gov [acessado em 13 de setembro de 2017]), em comparação com a ingestão diária recomendada de 900 e 700 mcg para homens e mulheres. Os dados sobre a produção de batata-doce na China provêm da Divisão de Estatísticas da Organização das Nações Unidas para Alimentação e Agricultura, 2016. Disponível em: http://faostat3.fao.org/browse/FB/FBS/E [acessado em 13 de setembro de 2017].

12 O iodo também é importante, mas os suplementos são tão baratos (~ US$ 0,02 a US$ 0,05 por pessoa por ano) que os deixei de fora da discussão.

13 Conteúdo de vitamina A de alguns alimentos (fonte: USDA, veja nota anterior):

	Microgramas de vitamina A/100 g
Batata-doce	709
Azeitonas	26
Milho	11
Tomates	38
Vegetais de folhas verdes	95
Pimenta-doce	1524
Carne de aves	173
Manteiga	684
Ovos	160

14 Há muita incerteza em torno do uso global de antibióticos pela falta de monitoramento eficaz, mas estimativas de Aarestrup, F. Sustainable farming: Get pigs off antibiotics. *Nature*, v. 486, n. 7404, p. 465, 2012, e um relatório da Organização Mundial da Saúde intitulado "The evolving threat of antimicrobial resistance, Options for Action" (disponível em: https://tinyurl.com/reportwho) sugerem que o uso de antibióticos em animais é o dobro do empregado em humanos. O *The Guardian* afirma que é ainda mais alto, com quase 75% dos antibióticos do mundo usados em animais. Disponível em: https://tinyurl.com/farmingantibiotics.

15 Van Boeckel, T. P.; Brower, C.; Gilbert, M.; Grenfell, B. T.; Levin, S. A.; Robinson, T. P. *et al.* Global trends in antimicrobial use in food animals. *Proceedings of the National Academy of Sciences*, v. 112, n. 18, pp. 5649-54, 2015.

16 Centro de Mídia da Organização Mundial da Saúde, Ficha técnica sobre resistência a antibióticos. Disponível em: https://tinyurl.com/whoantibiotics.

17 Normas da Soil Association sobre bem-estar animal. Disponível em: https://tinyurl.com/organicanimals.

18 O valor de 23% foi a nossa estimativa em *The Burning Question*, e a derivação está nas notas. Mais recentemente, um artigo importante (e alta-

mente recomendado) na revista *Science* coloca a cadeia de suprimentos de alimentos em 26% (13,7 bilhões de toneladas por ano) e outros 5% (2,8 bilhões de toneladas por ano) associados a culturas não alimentares.

The Burning Question – Mike Berners-Lee and Duncan Clark, Profile Books, 2013.

Poor, J.; Nemecek T. Reducing foods environmental impacts through producers and consumers. *Science*, 2018 (ver a próxima nota).

19 Poore, J.; Nemecek, T. Reducing food's environmental impacts through producers and consumers. *Science*, v. 360, n. 6392, pp. 987-92, 2018. Em quase todos os casos, os resultados são surpreendentemente semelhantes à minha própria pesquisa, incluindo meu trabalho em supermercados e a pesquisa incluída em um dos meus livros anteriores, *How Bad Are Bananas?* Não surpreende, porque a maioria das fontes é a mesma. A maior diferença é que Poore et al. reforçam a importância da mudança no uso da terra de uma maneira que eu ainda não havia feito quando escrevi *Bananas*. Essa obra entra em muito mais detalhes sobre alguns alimentos, especialmente frutas e vegetais, e o efeito da sazonalidade, local e importado.

20 Ver o texto "Fowl Deeds" de George Monbiot. Disponível em: https://tinyurl.com/MonbiotChickens. Também BBC Countryfile: "Free-range poultry farming contributing to increase in river pollution, warn authorities", outubro de 2017. Disponível em: https://tinyurl.com/yayk3l66.

21 Berners-Lee, M. *How Bad Are Bananas? The Carbon Footprint of Everything*. Profile Books, 2011. Berners-Lee, M.; Hoolohan, C.; Cammack, H.; Hewitt, C. N. *The relative greenhouse gas impacts of realistic dietary choices.* Energy Policy, 2011. Disponível em: http://dx.doi.org/10.1016j.enpol.2011.12.054. Hoolohan, C.; Berners-Lee, M.; Mckinstry-West, J.; Hewitt, C. N. Mitigating the greenhouse gas emissions embodied in food through realistic consumer choices. *Energy Policy*, n. 63, pp. 1065-74. 2013. Disponível em: http://dx.doi.org/10.1016j.enpol.2013.09.046.

22 Creating a Sustainable Food Future, Installment 8, do World Resources Institute, cobre o gerenciamento da água com mais detalhes. Disponível em: https://tinyurl.com/globalriceGHG.

23 A pegada de gases de efeito estufa de Booths (2015). Disponível em: https://tinyurl.com/ghgbooths.

24 Marschke, M.; Vandergeest, P. Marine Policy. Slavery scandals: Unpacking labour challenges and policy responses within the off-shore fisheries sector. 2016. Disponível em: https://tinyurl.com/Fishingslavery.

25 Também ácidos graxos B13, D3, potássio e ômega 3. Mas os minerais listados no texto principal são uma contribuição mais importante do peixe para a nutrição no mundo em desenvolvimento.

26 Rijnsdorp, A. D. et al. Resolving the effect of climate change on fish populations. *ICES Journal of Marine Science* [On-line], v. 66, n. 7, pp. 1570-83, 2009. Disponível em: https://tinyurl.com/climatefish. [Acessado em 10 de fevereiro de 2017.]

27 Marine Conservation Society. Disponível em: https://www.mcsuk.org.

28 A triste possibilidade de que o Marine Stewardship Council possa fracassar totalmente por interesses financeiros é articulada no seguinte artigo no site Fish Information & Services (FIS): "On The Hook: UK supermarkets caught in 'unsustainable tuna scandal'". Disponível em: https://tinyurl.com/marinesc.

29 Jacquet, J. L.; Pauly D. Trade Secrets: Renaming and mislabelling of seafood. *Marine Policy*, v. 32, pp. 309-18, 2007. Disponível em: https://tinyurl.com/seafoodlabels. [Acessado em 10 de fevereiro de 2017.]

30 Para obter orientações mais detalhadas sobre como abordar seu peixeiro, visite Wetherell, 2018: The sustainable food trust. Disponível em: https://sustainablefoodtrust.org/articles/eating-values-five-questions-ask-fishmonger/.

31 Disponível em: https://www.mcsuk.org/goodfishguide.

32 Para detalhes sobre as calorias por etapas e regiões da cadeia de suprimentos, ver: Berners-Lee, M.; Kennelly, C.; Watson R.; Hewitt, C. N. Current global food production is sufficient to meet human nutritional needs in 2050 provided there is radical societal adaptation. *Elementa: Science of the Anthropocene*, 2018. Disponível em: https://tinyurl.com/LancFoodPaper.

33 Moult, J. A.; Allan, S. R.; Hewitt C. N.; Berners-Lee, M. Greenhouse gas emissions of food waste disposal options for UK retailers. *Food Policy*, 2018.

34 Com base na captura de 70% do metano, que é o que consegue o aterro sanitário. Ver o documento mencionado anteriormente.

35 718 kcal para uma pizza marguerita assada na pedra da Sainsbury. Disponível em: http://tinyurl.com/gta4ryx.

36 Em caso de dúvida sobre se a carne de laboratório é um conceito mais atraente que a indústria de carne atual, este vídeo de 6 minutos do SAMSARA pode ajudá-lo a se decidir: https://vimeo.com/73234721.

37 A Fundação Bill & Melinda Gates concedeu financiamento ao Instituto Internacional de Pesquisa do Arroz (IRRI) para o seu projeto C4 Rice em 2008. O projeto está atualmente na Fase III (2015-2019). Mais informações disponíveis aqui: http://c4rice.irri.org/ e aqui: https://c4rice.com/.

38 Dados extraídos de: Berners-Lee, M.; Kennelly, C.; Watson R.; Hewitt C. N. Current global food production is sufficient to meet human nutritional needs in 2050 provided there is radical societal adaptation. *Elementa: Science of the Anthropocene,* 2018. Disponível em: https://tinyurl.com/LancFoodPaper.

39 A ONU projetou que a população global aumentará para 9,7 bilhões até 2050 em seu relatório "Perspectivas da População Mundial" de 2015, disponível aqui: https://tinyurl.com/UNworldpop.

40 Para mais detalhes, a Convenção sobre Diversidade Biológica tem vinte metas. Disponível em: https://www.cbd.int/sp/targets/.

2. Mais sobre clima e ambiente

1 O relatório da Convenção sobre Diversidade Biológica, "Sustentando a Vida na Terra" (2000), estabelece 13 milhões (disponível em: https://tinyurl.com/cbdreport). Estudos mais recentes estimam em torno de 8 milhões (Mora, C.; Tittensor, D. P.; Adl, S.; Simpson, A. G.; Worm, B.

How many species are there on Earth and in the ocean? *PLoS Biology*, v. 9, n. 8, p. e1001127, 2011. Disponível em https://tinyurl.com/totalspecies), embora se reconheça que estimativas de até 100 milhões de espécies poderiam ser defendidas (May, R. M. Tropical arthropod species, more or less? *Science*, v. 329, n. 5987, pp. 41-2, 2010. Disponível em: https://tinyurl.com/speciesscience).

2 De acordo com as estimativas do World Wildlife Fund, disponíveis em: https://tinyurl.com/wwfbio.

3 As estimativas vêm da Lista Vermelha da União Internacional para a Conservação da Natureza, que enfatiza que isso pode estar parcialmente relacionado com mudanças na classificação das espécies e na definição de "ameaçado". A lista vermelha está disponível em: https://tinyurl.com/redlistiucn.

4 World Wildlife Fund, Living Planet Report 2016. Disponível em: https://tinyurl.com/wwflivingplanet.

5 Hallmann, C. A.; Sorg, M.; Jongejans, E.; Siepel, H.; Hofland, N.; Schwan, H. et al. There has been more than a 75 percent decline over 27 years in total flying insect biomass in protected areas. *PLoS ONE*, v. 12, n. 10, p. e0185809, 2017. Disponível em: https://doi.org/10.1371/journal.pone.0185809.

6 Cardinale, B. J.; Duffy, J. E.; Gonzalez, A.; Hooper, D. U.; Perrings, C.; Venail, P. *et al.* Biodiversity loss and its impact on humanity. *Nature*, v. 486, n. 7401, p. 59, 2012. Este artigo da Nature baseia-se em centenas de outras pesquisas. "Para serviços de provisionamento, os dados mostram que (1) a diversidade genética intraespecífica aumenta o rendimento das culturas comerciais; (2) a diversidade de espécies arbóreas aumenta a produção de madeira nas plantações; (3) a diversidade de espécies vegetais nas pastagens aumenta a produção de forragens; e (4) o aumento da diversidade de peixes está associado a uma maior estabilidade dos rendimentos da pesca. Para regular processos e serviços, (1) o aumento da biodiversidade das plantas aumenta a resistência à invasão por plantas exóticas; (2) patógenos vegetais, como infecções fúngicas e virais, são menos predominantes em comunidades vegetais mais diversas; (3) a diversidade de

espécies de plantas aumenta o sequestro de carbono acima do solo por meio da produção aprimorada de biomassa (mas ver a declaração 2, relativa ao armazenamento de carbono a longo prazo); e (4) a mineralização de nutrientes e a matéria orgânica do solo aumentam com a riqueza das plantas."

7 A entrevista com Jane Lubchenco na revista online *Yale Environment 360* pode ser encontrada aqui: https://tinyurl.com/janelubchenco.

8 O pH do oceano diminuiu 0,1 desde a Revolução Industrial. Isso pode não parecer muito, mas corresponde a pelo menos um aumento de 26% na concentração (ou acidez) de íons de hidrogênio na água do mar, e projeções indicam que aumentará para 150% até 2100 (Capítulo 3: Oceanos no Quinto Relatório de Avaliação do IPCC, Physical Science Basis 2013, disponível aqui: https://tinyurl.com/ipccoceans). Além disso, os cientistas acreditam que a taxa de aceleração da acidificação é maior do que qualquer outra mudança geoquímica oceânica nos últimos 300 milhões de anos, o que significa algo sem precedentes e que poderíamos estar entrando em território desconhecido quando se trata de mudanças no ecossistema marinho (Honisch, B.; Ridgwell, A.; Schmidt, D. N.; Thomas, E.; Gibbs, S. J.; Sluijs, A. *et al.* The geological record of ocean acidification. *Science*, v. 335, n. 6072, pp.1058-63, 2012.)

9 Citado em um relatório arquivado da National Geographic, disponível aqui: https://tinyurl.com/ThomasLovejoy.

10 Todos os números sobre produção e destino dos plásticos, exceto quando indicado de outra forma, provêm de Geyer, R.; Jambeck, J. R.; Law, K. L. Production, use, and fate of all plastics ever made. *Science Advances*, n. 3, v. 7, e1700782, 2017. Disponível em: https://tinyurl.com/fate-of-plastic.

11 O suficiente para envolver a Terra 1,33 vez, de acordo com minhas somas. A superfície da Terra é de 510 milhões de km². Assumindo uma espessura de aproximadamente 8 μm, que é o que você encontrará na maioria dos filmes plásticos domésticos, o volume necessário para envolver o mundo seria de 4 bilhões de m³. O volume de plástico descartado até 2015 foi de 5,4 bilhões de m³ (supondo que, neste caso, tudo tenha densidade do filme plástico: 0,92 g/cm³), o que significa que a Terra pode ser envolvida

1,33 vez, deixando espaço suficiente para uma espessura dupla sobre a Terra ou também para envolver a Lua quatro vezes.

12 Jambeck, J. R.; Geyer, R.; Wilcox, C.; Siegler, T. R.; Perryman, M.; Andrady, A. *et al.* Plastic waste inputs from land into the ocean. *Science*, v. 347, n. 6223, pp. 768-71, 2015. Eles fizeram suas estimativas de resíduos plásticos entrando no oceano, vinculando dados mundiais sobre geração de resíduos sólidos, densidade populacional e qualidade do gerenciamento de resíduos. Disponível em: https://tinyurl.com/y7mwfmx5.

13 De acordo com Lusher, A. L.; McHugh, M.; Thompson, R. C. Occurrence of microplastics in the gastrointestinal tract of pelagic and demersal fish from the English Channel. *Marine Pollution Bulletin*, v. 67, n. 1, pp. 94-9, 2013. Disponível em https://tinyurl.com/plasticinfish.

14 Observe que, embora se decompor em pedaços pequenos, o que às vezes é descrito como biodegradar, possa levar apenas algumas centenas de anos, isso não é o mesmo que mineralização – a decomposição real das próprias moléculas, algo que geralmente não acontece no oceano.

15 Governo do Reino Unido, Foresight Review of Evidence: Plastic Pollution, 2017 (https://tinyurl.com/foresightplastic), por sua vez fazendo referências a Jambeck, J. R.; Geyer, R.; Wilcox, C.; Siegler, T. R.; Perryman, M.; Andrady, A. *et al.* Plastic waste inputs from land into the ocean. *Science*, v. 347, pp. 768-71, 2015.

16 A quantidade de plástico lançada em aterros ou no ambiente natural por ano continuará aumentando durante a próxima década, e serão necessárias mais duas décadas antes de retornar aos níveis atuais.

17 Em 2015, a taxa de produção de petróleo foi de cerca de 92 milhões de barris por dia, ou seja, 4,561 bilhões de toneladas por ano. Assumi que cada tonelada de petróleo pudesse produzir 1,37 tonelada de PET (com base no peso do carbono), um dos plásticos mais comuns usados para garrafas de plástico e produção de poliéster. Portanto, se todo esse petróleo fosse usado para fabricar plástico, teríamos produzido 6,255 bilhões de toneladas, o equivalente a 83% de todo o plástico já produzido em 2015.

18 Agradecimentos ao *The Guardian* por toda esta seção "Is there life after plastic? The new inventions promising a cleaner world", fevereiro 2018. Disponível em: https://tinyurl.com/lifeafterplastic.

3. *Energia*

1 Exceto na parte de comida, os dados vêm da revisão estatística da BP 2017 (https://tinyurl.com/bpstats17). Dados sobre alimentos e outras fontes que colocam o consumo médio global em 2.545 kcal por dia, um pouco acima do valor da FAO para a exigência média de energia na dieta de 2.353 kcal.

2 Com base em 65 kcal/h, o que é quase certo para uma pessoa de 65 kg, de acordo com várias fontes, incluindo a Calculadora de Calorias Queimadas durante o Sono da Captain Calculator (https://tinyurl.com/sleepcalories).

3 Todos os dados, além de Alimentos, são provenientes de Consumo de Energia no Reino Unido, 2018, BEIS (https://tinyurl.com/UKenergyuse). As estimativas de comida são retiradas da análise anterior deste livro.

4 Ver a nota 7.

5 BP Statistical Review of World Energy 2017 - Underpinning data. A energia primária na forma de eletricidade (nuclear e renovável) é convertida em "equivalente a petróleo" com base em uma eficiência de 38% das usinas de petróleo. Resulta em um fator de correção de 2,6 (https://tinyurl.com/bpreview17).

6 A Terra tem uma seção transversal de 1,274 x 10^{14} m^2 e a constante solar (incidência solar por m^2, perpendicular) é 1,361 W/m^2, então 1,74 x 10^{17} W no total. Mas 30% são refletidos, deixando cerca de 953 W/m^2 ou 1,22 x 10^{17} W totais. Com 7,5 bilhões de pessoas, isso deixa 16.277 kW por pessoa ou 391.000 kWh por pessoa por dia, em comparação com o uso de 59 kWh por pessoa por dia. Então, usamos 1/6.621.

7 Baseando-se em uma piscina de 3.000 m^3 e em um aumento da temperatura de 32 °C.

8 Tomei a medida de uma chaleira elétrica típica como 1,8 kW. Para o voo, usei como base um longo curso de um A380 com 500 pessoas a bordo e um modelo inteligente de emissões de aviação desenvolvido para mim por David Parkinson na Sensus, que faz um bom trabalho espelhando o consumo de combustível no mundo real para diferentes tipos de aviões, cargas e distâncias de voo. O A380 percorre cerca de 500 kW por passageiro em média durante o voo.

9 Baseado em painéis baratos com 16% de eficiência e uma distribuição aleatória de locais, em vez de escolher os mais adequados para energia fotovoltaica. De modo que isso é conservador.

10 Mais uma vez, dados da BP Statistical Review of World Energy 2017.

11 Eu escrevo "talvez". Chris Goodlall fez o seguinte comentário: "40% de eficiência parece agressivo. Exige camadas duplas, provavelmente com perovskita".

12 Obrigado a Chris Goodall por isso. Para uma visão otimista da revolução solar, recomendo o livro dele: *The Switch*, publicado pela editora Profile Books.

13 Por exemplo, ver o livro de Vaclav Smil de 2015, *Energy Transitions: History, Requirements, Prospects*, publicado por ABC-CLIO.

14 Os cálculos são feitos usando dados da NASA sobre intensidade da luz (https://power.larc.nasa.gov/new/) e dados do Banco Mundial sobre área terrestre e população (https://data.worldbank.org/indicator/SP.POP.TOTL) e software ARC GIS.

15 Sobre a extração de recursos para baterias: a maioria das baterias de íon lítio requer cobalto, e grande parte desse metal vem de minas não regulamentadas na República Democrática do Congo, repletas de trabalho infantil, altos níveis de lesões e doenças misteriosas. A partir de 2016, a Anistia Internacional constatou que nenhum país exige que suas empresas reportem suas cadeias de suprimento de cobalto. Em termos de ação corporativa, em 2017, a Anistia classificou a Apple e a Samsung como "Adequadas" e todas as outras, Microsoft, Lenovo, Renault, Vodaphone, Huawei, L&F, Tinjin, B&M, BYD, CosLight, SHenzhan e ZTE, com

a pontuação "Nenhuma ação tomada". ANISTIA INTERNACIONAL. *Time to Recharge: Corporate Action and Inaction to Tackle Abuses in the Cobalt Supply Chain*. 2017.

16 BUDT, M.; WOLF, D.; SPAN, R.; YAN, J. A review on compressed air energy storage: Basic principles, past milestones and recent developments. Applied Energy, 2016.

17 SMILL, V. *Energy Transitions: Global and National Perspectives*. 2. ed. Santa Barbara, Califórnia, EUA: Praeger, 2017.

18 Adams, A. S.; Keith, D. W. Are global wind power resource estimates overstated? *Environmental Research Letters*, v. 8, n. 1, 025021, 2013.

19 Com base no fato de que a área terrestre do Reino Unido é de 242.495 km^2 e a população, 66,6 milhões.

20 Este mapa estima a energia cinética total média em uma faixa de ar 50 m acima do nível do solo para cada país. Não é de forma alguma comparável às estimativas da luz do Sol, porque a primeira é uma medida de energia por dia e a outra é uma medida de energia a qualquer momento, antes que qualquer uma delas seja aproveitada. Este mapa ignora fatores muito importantes, como o terreno e as possibilidades no mar. As fontes de velocidade do vento são da NASA (https://power.larc.nasa.gov/new/), que estabelece a energia cinética pela densidade do ar, área terrestre e K.E. = $1/2\ mv^2$. Observe também que usei o quadrado da velocidade média do vento em vez do quadrado médio - o que teria sido melhor, mas eu não tinha os dados.

21 Estimei em 19,5 TW, com base em dados de precipitação e altitude por 50 km^2 locais e software ARC GIS. Smil (2015) estimou em 11,75 TW na publicação *Energy Transitions*. A dele é provavelmente mais robusta, mas as duas estimativas são apenas para obter uma ordem de magnitude do potencial da hidrelétrica.

22 Tomando minha figura mais alta para o potencial de energia nas chuvas, temos 19,5 TW x 5% x 80% = 0,78 TW. O número de 11,75 de Smil e as mesmas suposições significariam que já teríamos explorado todo o potencial. Claramente, o "fator de captabilidade" de 5% é crítico.

23 De acordo com os sistemas Commonwealth Fusion, baseados no MIT, eles estão a apenas 15 anos de distância de uma planta que pode fornecer para a rede. *MIT Technology Review*, 9 mar. 2018. Disponível em: https://tinyurl.com/fusion15yrs.

24 A ingestão média de energia na dieta necessária para uma vida saudável nos EUA é de 2.500 kcal por dia, de acordo com a FAO, que faz ajustes nacionais com base no tamanho corporal e nos níveis de atividade. Isso é um pouco mais alto que a média global, porque os norte-americanos tendem a ser maiores. Nos EUA, mais de 4.000 kcal por pessoa por dia são usados para biocombustíveis.

25 Huang, W. D.; Zhang, Y. H. P. Energy efficiency analysis: Biomass-to--wheel efficiency related with biofuels production, fuel distribution, and Powertrain systems. *PLOS One*, 2013. Disponível em: http://dx.doi.org/10.1371/journal.pone.0022113.

26 Para mais informações sobre algas como fonte de biocombustíveis: Hannon, M.; Gimpel, J.; Tran, M.; Rasala, B.; Mayfield, S. Biofuels from algae: challenges and potential. *Biofuels*, v. 1, n. 5, pp. 763-784, 2010. Disponível em: https://tinyurl.com/ya8zuty3.

27 William Stanley Jevons (1865), *The Coal Question*. Jevons apontou que mais eficiência tornaria o carvão mais atraente e aumentaria a demanda, em vez de reduzi-lo.

28 Embora quase todo mundo que pensa nisso esteja preparado para reconhecer "rebotes" de ganhos de eficiência, a questão crítica é se eles normalmente somam ou não mais de 100%. Todas as análises que vi afirmando que não somam chegam à conclusão colocando um limite nos caminhos do rebote que são considerados. Na verdade, não é possível analisar o efeito dos ganhos de eficiência observando isoladamente qualquer parte da economia durante um curto período de tempo. A única medida real é observar o efeito combinado de todos os ganhos de eficiência do mundo em todas as áreas e acompanhá-lo em relação ao uso global de energia. Ao fazer isso, você encontra um rebote total de energia média de 102,4% nos últimos 50 anos (ou seja, o crescimento global anual no uso de energia).

Um dos trabalhos mais ponderados sobre rebote foi publicado pelo Conselho de Pesquisa Energética do Reino Unido em 2007 (The Rebound Effect Report, https://tinyurl.com/UKERCrebound), com 127 páginas. Ele categoriza os rebotes em vários tipos (rebotes de substituição, de receita/resultado, incorporados e secundários). Conclui que os rebotes são muito importantes, mas que geralmente o paradoxo de Jevons não existe porque os rebotes não costumam somar mais de 100%. No entanto, essa conclusão é alcançada porque mesmo este documento não leva em consideração todos os rebotes. Um exemplo de rebote que não foi incluído neste estudo seria a iluminação mais eficiente, levando alguém a ter um ambiente de trabalho mais propício, podendo, por outro lado, ter uma ideia melhor de como o petróleo pode ser extraído do oceano.

Muitos outros estudos subestimam o rebote de forma muito mais séria. Ver a próxima nota.

29 Por exemplo, o SMARTer 2030, um relatório da Global e-Sustainability Initiative - GESI (www.smarter2030.gesi.org), afirma que as TCI podem reduzir o carbono global em 20% até 2030, desde que os rebotes não sejam levados em consideração. O efeito rebote é reconhecido em um apêndice, mas o efeito é bastante subestimado porque os caminhos do rebote macroeconômico são ignorados.

30 Mais notavelmente, é isso que a BP faz em sua revisão estatística anual de energia amplamente usada. É por isso que a geração de energia renovável é frequentemente medida em "toneladas de petróleo equivalente" - em outras palavras, as toneladas de petróleo que seriam necessárias para gerar a mesma quantidade de eletricidade.

31 Strefler, J.; Amann, T.; Bauer, N.; Kriegler E.; Hartmann J. Potential and costs of carbon dioxide removal by enhanced weathering of rocks. *Environmental Research Letters* [doi:10.1088/1748-9326/aaa9c4], 2018. Disponível em: https://preview.tinyurl.com/rockweatherring. Agradeço também a Chris Goodall e seu excelente boletim semanal Carbon Commentary por isso. Uma excelente fonte de atualizações de tecnologia de baixo carbono com assinatura gratuita (https://www.carboncommentary.com/).

32 Por exemplo, o DNV GL Energy Transition Outlook 2017 (https://eto.dnvgl.com) estima a demanda de energia atingindo o pico por volta de 2050 e depois caindo constantemente. Mas baseia-se na eficiência de 2,5% ao ano (contra 1,4 nos últimos 20 anos), assumindo que a demanda por serviços públicos será independente disso – em outras palavras, efeito rebote zero. Também usa a previsão populacional mais otimista que já vi (com um pico de 9,4 bilhões do Wittgenstein Center for Demography and Global Human Capital – https://tinyurl.com/2017wittgen) e também nenhum efeito rebote na redução do crescimento populacional. Mesmo com tudo isso, eles preveem um aumento totalmente inaceitável de temperatura a 2,5 °C. Da mesma forma, o estudo "Energy Perspectives 2017 Long-term macro and market outlook", da Statoil, tem um cenário de renovação na qual a energia tem uma queda de demanda de 8% em 2050 (https://tinyurl.com/2017statoil).

4. Viagem e transporte

1 Um estudo analisando os níveis de atividade diária de mais de 700 mil pessoas em mais de 111 países descobriu que os usuários de smartphones andaram em média 4.961 passos por dia. Os 10 mil passos recomendados por dia são quase 5 milhas/8 km – então, em média, caminhamos 2,5 milhas/4 km por dia. Multiplicado pela população total mundial e 365 dias em um ano, obtemos uma estimativa da distância total percorrida em um ano para toda a população. Althoff, T.; Sosic, R.; Hicks, J. L.; King, A. C.; Delp, S. L.; Leskovec, J. Large-scale physical activity data revela worldwide activity inequality. *Nature*, v. 547, pp. 336-9, 2017.

2 Dados de passageiro/km para viagens aéreas obtidas da ICAO, viagens de trem, do Banco Mundial e transporte rodoviário, da OCDE. Convertido em milhas.

3 Energia e transportes da UE em números, Boletim estatístico (2002).

4 COMISSÃO EUROPEIA. Special Eurobarometer 406: Attitudes of Europeans towards Urban Mobility, 2013.

5 A Pesquisa Nacional de Viagens do Reino Unido em 2017 (Departamento de Transportes) estimou que o residente médio do Reino Unido andava de bicicleta 96 km/ano. Os barcos não estão incluídos na pesquisa, por não serem significativos (https://tinyurl.com/ONS2017TravelSurvey).

6 Mais alguns detalhes. Assumi que a eletricidade usada por motos e carros veio de painéis solares no ensolarado sul da Califórnia. No Reino Unido, mais nublado, com o Sol mais baixo no céu, teríamos apenas dois terços da quilometragem. Para pedalar, usei o rendimento médio global do trigo e assumi que o pão que você pode comer para alimentá-lo pode ser simplesmente fabricado, ignorando a energia necessária para assar, e eu tenho uma estimativa de 50 kcal/km e o dobro da caminhada.

7 Estimating Local Mortality Burdens associated with Particulate Air Pollution, Public Health England (2014) (https://tinyurl.com/deathsdiesel) e Every breath we take: the lifelong impact of air pollution, Royal College of Physicians (2016) (https://tinyurl.com/pollutiondiesel).

8 Carros a diesel emitem 15 vezes mais PM2.5 em comparação com a gasolina e cinco vezes mais NOx. Para bons veículos leves, as proporções são 23 e 1,65. Dados da National Atmospheric Emissions Inventory - NAEI do Reino Unido. Fatores de emissão do tráfego rodoviário ponderados pela frota (https://tinyurl.com/emissionsroad).

9 O óxido nítrico (NO) é produzido através de uma variedade de processos naturais (micróbios do solo, incêndios florestais) e antropogênicos (queima de combustíveis fósseis). É um radical livre com um elétron não emparelhado e reage rapidamente com o oxigênio (O_2) no ar para produzir dióxido de nitrogênio (NO_2):

$$2NO + O_2 \rightarrow 2NO_2.$$

Alternativamente, o NO pode reagir com o ozônio (O_3) para formar oxigênio e NO_2.

$$NO + O_3 \rightarrow NO_2 + O_2.$$

O dióxido de nitrogênio é um gás marrom-avermelhado e é um componente importante da poluição atmosférica.

10 Extraído da análise da Small World Consulting sobre os benefícios das empresas que eletrificam as frotas de veículos urbanos. Para mais detalhes, é melhor entrar em contato diretamente com info@sw-consulting.co.uk.

11 Acredita-se que as 40.000 mortes prematuras causadas pela poluição do ar resultem em 12 anos de vida perdidos. Esta é a base sobre a qual cheguei aos min/km. Não quero dizer que uma pessoa perca uma hora, é claro, mas muitas pessoas perdem um momento. É uma análise estatística. O que minhas somas não levam em consideração é que, como a poluição do trânsito ocorre bem ao lado dos pulmões humanos, é desproporcionalmente provável que cause problemas de saúde em comparação, digamos, com as fumaças das chaminés das fábricas. Portanto, todas as minhas estimativas estão significativamente, ou talvez drasticamente, no lado cauteloso.

12 Resumido no artigo do Independent: https://tinyurl.com/scandalvw. Relatório original: Chossière, G. P.; Malina, R.; Ashok, A.; Dedoussi, I. C.; Eastham, S. D.; Speth, R. L.; *et al.* Public health impacts of excess NOx emissions from Volkswagen diesel passenger vehicles in Germany. *Environmental Research Letters*, v. 12, n. 3, p. 034014, 2017

13 Aqui estão as somas. Um A380 transportando 550 passageiros na viagem de 12.974 km do aeroporto JFK para Hong Kong queima 192 toneladas de combustível de aviação (usando, novamente, nosso simulador de aviação, construído para mim por David Parkinson). Se o avião pudesse voar com biocombustível (o que por si só exige modificações na tecnologia), isso implica em plantar 2.166 toneladas de trigo (com base na eficiência média atual de 27% de conversão de trigo em biocombustível e 3.390 kcal por kg de trigo). O rendimento do trigo californiano é de cerca de 0,56 kg/m^2 por ano, assim seriam necessários 24 km^2. A necessidade média global de calorias para os seres humanos é de 2.353, de acordo com a Organização das Nações Unidas para Agricultura e Alimentação. São 4 anos de calorias para cada passageiro.

14 Pensei em painéis solares na Califórnia, lado a lado, sem espaços entre eles. A insolação média diária é de 5,1 kWh por m^2 por dia, e utilizo

20,4% de eficiência dos painéis e 85% de eficiência na captura de energia para as baterias.

15 Só para confirmar, de onde vem esse fator 270? São os fatores de eficiência multiplicados da captura da energia do Sol usando painéis solares em vez de trigo e a eficiência aprimorada do combustível da eletricidade em comparação com o combustível do trigo.

16 Ver meu primeiro livro, *How Bad Are Bananas? The Carbon Footprint of Everything*, que também compara e contrasta outros numerosos modos de viagem.

17 Um navio de carga de Hong Kong a Londres, mantendo a velocidade de 15 nós para obter eficiência, consegue usar apenas 0,03 kWh por milha por tonelada de carga útil (aproximadamente 0,018 kWh por quilômetro por tonelada de carga útil). (Derivado do uso de combustível. Bialystocki, N; Konovessis, D. On the estimation of ship's fuel consumption and speed curve: A statistical approach. *J Ocean Eng Sci*, v. 1, n. 2, pp. 157-66, 2016. A viagem levaria duas semanas.)

18 O modelo de aviação de David Parkinson nos diz que um A380, dividindo a jornada em pedaços de 2.000 milhas náuticas por eficiência, usa cerca de 2 kWh por tonelada por milha (1,24 kWh por tonelada por quilômetro).

19 O Harmony of the Seas transporta 9.000 passageiros e tripulantes e queima 0,7 tonelada de óleo combustível marinho por milha náutica (que equivale a 1,15 milha terrestre). A DEFRA fornece fatores de emissão de 3.248 kg de CO_2e por tonelada para o combustível. Isso nos dá 0,29 kg de CO_2e por pessoa por milha. Nenhum desses cálculos leva em consideração o carbono incorporado na construção do próprio barco. Fonte: https://tinyurl.com/HarmonySeas.

20 Para pedalinhos, o livro de Steve Smith *Pedalling to Hawaii* deve ser uma das melhores histórias de aventura maluca que eu já li, e para jangadas, *The Kontiki Expedition* de Thor Heyerdahl também está entre as principais. Sobre velejar, *Taking on the World* de Ellen MacArthur.

21 Por exemplo, Stephen Hawking, respondendo a uma pergunta do público após uma de suas palestras Reith da BBC em 2016: "Não estabeleceremos colônias autossustentáveis no espaço por pelo menos 100 anos, por isso temos que ter muito cuidado nesse meio-tempo". Disponível em: https://tinyurl.com/ReithHawking.

22 Energia cinética = 1/2 mv ^{2}. m = 50 x 70 kg = 3.500 kg. Velocidade da luz (c) = 300.000.000 m/s. v = c/10. KE = 1,5 x 10^{18} J = 440 TWh ou 18,3 TW por um dia.

5. Crescimento, dinheiro e métricas

1 Por exemplo, *The Spirit Level: Why More Equal Societies Almost Always Do Better*, de Richard Wilkinson e Kate Pickerty, apresenta um argumento invencível para a redução da desigualdade e para diminuir o PIB nos países ricos. *The Limits to Growth*, de Donella Meadows, Jorgen Randers e Dennis Meadows, estabeleceu talvez o primeiro desafio propriamente do mantra "mais é melhor" e *Prosperidade sem crescimento: Vida boa em um planeta finito*, de Tim Jackson, e *Economia Donut: Uma alternativa ao crescimento a qualquer custo*, de Kate Raworth, tratam desses temas, assim como a New Economics Foundation (https://neweconomics.org).

2 Para uma análise mais detalhada da ligação entre o PIB e as emissões de carbono, ver o capítulo 9, "The Growth Debate", do livro *The Burning Question*, por Mike Berners-Lee e Duncan Clark, publicado em 2013 pela Profile Books.

3 Bobby Kennedy, Universidade do Kansas, março de 1968, falando aos manifestantes contra a Guerra do Vietnã (https://tinyurl.com/Bobby-Kennedy-onGDP).

4 Tom Peters pode não ter sido o primeiro a usar a frase, que também é amplamente associada a Peter Drucker. A ideia remonta a pelo menos um século atrás.

5 O Índice Planeta Feliz, desenvolvido por Nic Marks, mede o desempenho de cada país na obtenção de vidas felizes e sustentáveis. A métrica

incorpora quatro princípios fundamentais: bem-estar, desigualdade, felicidade e sustentabilidade (http://happyplanetindex.org/). O One Planet Living da Bioregional, por outro lado, abrange dez princípios, com uma amplitude maior de questões ambientais, incluindo: saúde e felicidade; igualdade e economia local; cultura e comunidade; terra e natureza; água sustentável; comida local e sustentável; materiais e produtos; viagens e transporte; desperdício zero; carbono zero (https://www.bioregional.com).

6 Para uma ilustração poderosa e divertida das falhas da economia planejada, tente o romance de Francis Spufford, *Red Plenty: Inside the Fifties Soviet Dream*.

7 CROMPTON, T. *Common Cause: The Case for Working with our Cultural Values*, 2010. Disponível em: https://tinyurl.com/ccTomCromp.

8 Ver, por exemplo, o artigo de Max Lawson, chefe de defesa e políticas públicas da Oxfam na Grã-Bretanha, no site do Fórum Econômico Mundial, disponível em: http://tinyurl.com/gsmfx6x). Ver também as postagens da Wikipedia sobre economia do lado da oferta e redistribuição.

9 Relatório Global de Riqueza do Credit Suisse 2017 (https://tinyurl.com/globalhwealth).

Por riqueza, estamos falando da soma de todos os ativos; casa, dinheiro, fundo de pensão, roupas, escova de dentes – o conjunto todo.

10 Ver a nota 9.

11 Usando dados compilados sobre Giving What We Can (https://tinyurl.com/meanmedianwealth) bem como o Credit Suisse. O fator 4 é uma estimativa aproximada, mas provavelmente conservadora, com base em um chute sobre a distribuição de renda na metade mais pobre da população da África.

12 Ver *The Spirit Level: Why More Equal Societies Almost Always Do Better*, de Wilkinson e Pickett. Também relevante é o livro de Andrew Sayer *Why We Can't Afford the Rich*. O site de Equality Trust nos fornece uma ampla visão geral dos problemas (https://www.equalitytrust.org.uk/).

13 A distribuição de Maxwell-Boltzmann, conforme definida para moléculas que se deslocam em um gás entre as velocidades c_1 e c_2:

$$f(c) = 4\pi c^2 \left(\frac{m}{2\pi k_B T} \right)^{3/2} \frac{-mc^2}{e^{2k_B T}}$$

* m é a massa da molécula
* k_B é a constante de Boltzmann
* T é a temperatura absoluta.

14 O dinheiro gasto na Loteria Nacional do Reino Unido é empregado da seguinte maneira:

- 53% são pagos em prêmios;
- 25% vão para "boas causas" (algumas das quais, algumas pessoas argumentam, são causas que raramente são usadas pelas pessoas que compram a maioria dos bilhetes de loteria);
- 12% vão para o governo como imposto;
- 5% vão para a empresa de jogos de azar que a administra, a Camelot;
- 4% vão para a loja que vendeu o bilhete.

Então, quando você compra um bilhete, doa quase metade do dinheiro. E disso, pouco mais da metade é para as "boas causas". O imposto que você paga é bastante regressivo, pois a maioria dos bilhetes de loteria é comprada por pessoas que têm menos dinheiro disponível em primeiro lugar. As estatísticas são do site da Gambling Commission (https://tinyurl.com/Nationalloterycon).

15 A KPMG estimou que o Tesouro perderia 1,1 bilhão de libras em três anos após a entrada em vigor do limite de £ 2 (ver https://tinyurl.com/UKgambling1), ou seja, cerca de £ 350 milhões por ano. Os FOBTs geraram £ 400 milhões em impostos em 2017 e isso está abaixo de uma média de impostos de 25% (https://tinyurl.com/UKgambling2). Se apenas £ 50 milhões em impostos estiverem sendo pagos a 25%, a receita anual terá caído de £ 1,8 bilhão para meros, relativamente, £ 200 milhões, resultando em uma enorme economia para os apostadores.

16 Embora o problema do jogo custe à economia, segundo estimativa da GambleAware/IPPR, £ 1,2 bilhão (que está bem abaixo do valor de £ 2,6 bilhões que o governo cobra em impostos de todo o setor), este estudo não levou em consideração os efeitos indiretos sobre os empregadores, os encargos financeiros e o estresse exercido sobre as famílias de doentes. O custo real pode estar subestimado (ver https://tinyurl.com/UKgambling3).

17 Publicado pelo *The Guardian* em 15 de junho de 2018 (https://tinyurl.com/FOBTdelay).

18 IPCC Aquecimento global de 1,5 °C – Resumo para criadores de políticas. 2018. Disponível em: http://report.ipcc.ch/sr15/pdf/sr15_spm_final.pdf.

19 Muito do trabalho de Lew foi extraído dos estudos de Deci e Ryan sobre a teoria da autodeterminação. Nos livros, tente *Self Determination Theory: Basic Psychological Needs in Human Motivation, Development and Wellness*, de Edward Deci e Richard Ryan. Ou, para a versão enxuta, recomendo *Why We Do What We Do*, de Edward Deci. Outro modelo que achei útil ao longo dos anos, pelo menos quando pergunto o que será necessário para que diferentes grupos se envolvam com a mudança climática, é considerá-la através das lentes de três necessidades psicológicas essenciais.

(1) **Parentesco** (pertencimento) – todo mundo gosta de fazer parte de um grupo. Poucas pessoas gostam de ser as únicas agindo de forma sustentável. Nesse sentido, certa vez fui informado por um pesquisador que dirigia grupos focais sobre atitudes em relação à mudança climática que, se você quisesse envolver as pessoas no assunto, as três coisas que deveria fazer com que elas acreditassem eram (a) que elas se pareceriam a todos os outros, (b) que seriam mais atraentes sexualmente; e (c) que seria mais provável que aparecessem na TV.

(2) **Autonomia** (escolha). As pessoas gostam de sentir que estão no controle de como vivem. Ninguém gosta de ser informado por mim ou por qualquer outra pessoa o que devem fazer para salvar o planeta.

(3) **Competência**. A ideia de que nós, humanos, somos basicamente incompetentes no momento é uma mensagem difícil de ser levada em consideração. Ser informado de que a maneira como você vive não é adequada para o século XXI não é o que qualquer um pode aceitar facilmente, a menos que tenhamos pelo menos uma ideia do que poderíamos fazer de diferente.

20 Dados sobre o coeficiente de Gini do The Standardized World Income Inequality Database. (SWIID). Disponível em: https://fsolt.org/swiid/. Para uma pilha de estatísticas e gráficos interessantes sobre desigualdade de renda, recomendo navegar em Our World in Data. Disponível em: https://ourworldindata.org/income-inequality.

21 WeAll, uma organização startup interessante focada na Economia do Bem-Estar. Site em breve. "O objetivo da economia deveria ser alcançar o bem-estar sustentável - o bem-estar de todos os seres humanos e do planeta. Para atingir esse objetivo, precisamos de uma grande transformação de nossa visão de mundo, sociedade e economia para:

1. Ficar dentro dos limites biofísicos planetários - um tamanho sustentável da economia em nosso sistema ecológico de suporte à vida.

2. Atender a todas as necessidades humanas fundamentais, incluindo comida, abrigo, dignidade, respeito, igualdade de gênero, educação, saúde, segurança, voz e propósito, entre outros.

3. Criar e manter uma distribuição justa de recursos, renda e riqueza - dentro e entre nações, gerações atuais e futuras de seres humanos e outras espécies.

4. Uma alocação eficiente de recursos, incluindo ativos comuns de capital natural e social, para permitir prosperidade inclusiva, desenvolvimento humano e crescimento. Todos reconhecemos que a felicidade, o significado e o desenvolvimento dependem de muito mais coisas do que do consumo material."

22 As diretrizes de aquisições da BT em relação à mudança climática podem ser encontradas aqui: https://groupextranet.bt.com/selling2bt/working/climaChange/default.html. Eles também descrevem seus princípios am-

bientais aqui: https://www.btplc.com/Purposefulbusiness/Ourapproach/Ourpolicies/Environmental_Policy.pdf.

6. *Pessoas e trabalho*

1 Ver, por exemplo, as divertidas e impressionantes palestras TED do falecido estatístico sueco Hans Rosling sobre população, saúde e tendências de riqueza. Altamente recomendadas, se você ainda não as assistiu. Infelizmente, ele morreu em 2017. Disponível em: https://tinyurl.com/roslinghans.

2 Stewart Wallis, ex-chefe da New Economics Foundation e, antes disso, Diretor Internacional da Oxfam, estima que este item por si só pode reduzir a taxa de fertilidade em 60%, tornando-o, na sua opinião, um dos investimentos mais críticos do mundo em três frentes simultâneas: moral, social e ambiental. Stewart também escreve: "Um estudo publicado em 2014 por Wolfgang Lutz, diretor do Instituto de Demografia de Viena, destaca por que a educação das mulheres é tão importante. Em Gana, por exemplo, as mulheres sem educação têm uma média de 5,7 filhos, enquanto as mulheres com ensino médio têm 3,2 e as mulheres com ensino superior, apenas 1,5." Lutz, W. A population policy rationale for the twenty-first century. *Population and Development Review*, v. 30, n. 3, pp. 527-544, 2014.

3 Esta lista é adaptada de uma fornecida por Stewart Wallis (mais uma vez obrigado Stewart), por sua vez elaborada pelo Dr. Malcom Potts, Universidade de Berkeley, Escola de Saúde Humana.

4 Veja a nota 19 do capítulo anterior para o trabalho de Deci e Ryan. Também relevante é o conceito de "dados humanos" como propulsores da natureza humana: definidos como nossas necessidades psicológicas e habilidades de pensamento que nos obrigam a agir de maneiras particulares. Quando nossas necessidades ou expectativas não são atendidas, podemos sentir estresse, ansiedade ou raiva. A abordagem por trás dos dados humanos determina que sempre procuramos satisfazer necessidades emocionais (incluindo segurança, atenção, autonomia, intimidade emocional

e significado e propósito) usando nossos "recursos inatos" – habilidades emocionais e sociais que incluem imaginação, empatia, memória e racionalidade. O Instituto Human Givens conclui que a satisfação emocional nos permite funcionar melhor na sociedade, levando a um maior bem-estar físico e mental. Para alcançar a realização emocional, a psicologia humana nos faz querer doar. Ver o livro *Human Givens* de Joe Griffin e Ivan Tyrell.

5 Todas as estatísticas das prisões dos EUA são do relatório do Bureau of Justice Statistics: "Correctional Populations in the United States 2015, NCJ 250374".

6 Todas as estatísticas de prisões do Reino Unido são do Relatório Anual de Igualdade de Criminosos do NOMS 2016. Disponível em: http://www.statistics.gov.uk.

7 "Why are Norway's Prisons So Successful?", UK Business Insider, 2014. Disponível em: https://tinyurl.com/Norwayprisonstats.

8 US National Institute for Justice. Disponível em: https://tinyurl.com/US-recidivism.

9 https://fullfact.org/crime/state-prisons-England-Wales/

10 Ver nota 7.

11 Com base no custo de 4,26 bilhões de libras esterlinas por ano do serviço carcerário do Reino Unido em 2016-2017 (https://tinyurl.com/statisticaUKprisoncosts) e uma população carcerária de 83.620 no momento em que escrevo (https://www.gov.uk/government/statistics/prison-population-figures-2018).

12 The Economics of the American Prison System, Smartasset, 2018. Disponível em: https://tinyurl.com/USprisoncosts; e *New York Times*, "City's Annual Per Inmate Cost is £168,000, study finds". 2013 (referindo-se a Nova York). Disponível em: https://tinyurl.com/y7rje398.

7. Negócios e tecnologia

1 Biorregional (https://www.bioregional.com).

2 O kit de ferramentas One Planet Living: www.oneplanet.com. Você precisa se inscrever, mas é rápido e indolor.

3 A Iniciativa de Metas Baseadas em Ciência (SBTi) é uma colaboração entre o CDP, o World Resources Institute (WRI), o World Wide Fund for Nature (WWF) e o Pacto Global das Nações Unidas (UNGC) e um dos compromissos da We Mean Business Coalition. Disponível em: http://sciencebasedtargets.org/#. Até agora, mais de 400 empresas se comprometeram com as SBTi, incluindo mais de 100 corporações globais.

4 "A IA será a melhor ou a pior coisa que acontecerá à humanidade." Stephen Hawking, falando na abertura do Leverhulme Center for the Future of Intelligence, 2016.

8 Valores, verdade e confiança

1 Para toda a seção sobre valores, baseei-me muito em um documento encomendado pela Bellagio Initiative: Kasser, T. *The future of Philanthropy and development in the pursuit of human welbeing*, 2011. Disponível em: https://tinyurl.com/Belagioinitiative. Também ver: Crompton, T. "Common Cause: The Case for Working with our Cultural Values", 2010. Disponível em: https://tinyurl.com/ccTomCromp.

2 Carl Rogers, pai da abordagem centrada na pessoa do aconselhamento. Por exemplo, seu livro histórico de 1954, *Tornar-se pessoa*. As três condições principais são aquelas necessárias para que um terapeuta seja útil ao seu cliente. Elas se aplicam igualmente bem às condições principais pelas quais as pessoas podem viver bem juntas.

Empatia: a capacidade de ver o mundo do ponto de vista um do outro, entender e se preocupar com isso.

Autenticidade: uma honestidade fundamentada no que estamos pensando e sentindo e como vemos o mundo.

Consideração positiva incondicional: crença no valor inerente de uma pessoa que é totalmente independente de tudo o que ela possa ter feito (assassinato, abuso infantil, terrorismo etc.).

3 Obrigado a David Brazier por me apresentar a esse material há mais de 20 anos, bem como pela fascinante ligação que ele encontrou entre as três principais condições de Carl Roger para o relacionamento terapêutico e os antídotos ao sofrimento, conforme descrito na filosofia zen-budista. Isso agora está articulado em seu livro *Zen Therapy*.

9. Conclusão: Habilidades de pensamento para o mundo de hoje

1 Em parte, o que estou dizendo aqui, como você deve ter percebido, é: "Por favor, não bata em mim forte demais por minhas deficiências – e tentarei tratá-lo da mesma forma!".

2 A segunda edição de *Spiritualise*, de Jonathan Rowson (disponível aqui: https://tinyurl.com/spiritualise), tem uma articulação mais completa da necessidade de uma perspectiva multiangular, e a Perspectiva (https://www.systems-souls-society.com/), a organização que ele cofundou com Tomas Bjorkman em 2015, é um experimento interessante nesse sentido.

3 Uma frase criada por Tom Compton em seu relatório de 2010 para o WWF e outros: "Common Cause: the Case for Working with our Cultural Values". Vale a pena ler. Você não resolve problemas maiores do que si mesmo apelando para motivações individualistas. Portanto, você não pode lidar com a mudança climática apenas configurando as coisas para que o corte de carbono economize dinheiro. Na verdade, você pode piorar as coisas reforçando o valor individualista de que o dinheiro pode ser o que mais importa (https://tinyurl.com/68qrwdo). Desculpe Tom, se é um resumo muito rudimentar. Perdi muitas nuances e havia uma razão pela qual o WWF e outros encomendaram um relatório, não um parágrafo.

4 Agradeço a David Brazier por muitas discussões nos anos 1990 sobre o budismo zen e tibetano e por seu livro acessível e envolvente *Zen Therapy*

(2001), que, entre outras coisas, traçou os paralelos entre a filosofia e a prática zen e as ideias do psicoterapeuta Carl Rogers. Em particular, na filosofia zen, as três principais causas do sofrimento traduzem-se vagamente como ganância, ódio e ilusão. Essas são expressões da perda de visão de uma pessoa da interdependência de toda a existência e, especificamente, da tendência de se tratar como uma ilha independente. Quando isso acontece, somos gananciosos pelas coisas que parecem boas para aquela ilha, detestáveis pelas coisas que não parecem ser e geralmente confundem e iludem nossas perspectivas. Cada uma das raízes do sofrimento tem um antídoto, e essas informações são bem mapeadas no que Carl Rogers descreveu como as três principais condições para o relacionamento terapêutico – as condições necessárias para o terapeuta ajudar. As três principais condições de Rogers e os três antídotos zen para o sofrimento são **empatia, autenticidade e consideração positiva incondicional**. O antídoto para a ganância é uma consideração positiva incondicional; se uma pessoa sofre de ganância, o que mais precisa é ser aceita por quem é e por pior que seja sua ganância. Se uma pessoa está com raiva (odiosa), o que mais precisa é de empatia; ser entendida. E, se uma pessoa está iludida, o que ela precisa é de sua base na realidade e sua veracidade. Extremamente interessante e não sem implicações poderosas para os desafios abordados neste livro. Eu escreveria mais, mas isso deveria ser apenas uma nota. Perceba, finalmente, que as principais condições de Rogers estão muito presentes nas oito habilidades de pensamento que propus.

Apêndice: Fundamentos da mudança climática

1 Berners-Lee, M.; Clark, D. *The Burning Question*. Profile Books, 2012. A maior parte do que escrevemos na época é agora muito mais aceito, especialmente a necessidade de deixar o combustível no solo. Os números avançaram significativamente nos últimos cinco anos desde então, à medida que queimamos boa parte da cota de combustível restante e tivemos que lidar com uma situação mais urgente.

2 IPCC. "Aquecimento Global de 1,5 °C". out. 2018. Disponível em: http://www.ipcc.ch/report/sr15/.

3 Steffen W., et al. Trajectories of the Earth System in the Anthropocene. *Proceedings of the National Academy of Sciences*, v. 115, n. 33, pp. 8252-8559, 2018. Disponível em: http://www.pnas.org/cgi/doi/10.1073/pnas.1810141115.

Os cinco mecanismos de feedback eram:

(1) Permafrost no Ártico degelando e liberando metano, um poderoso gás de efeito estufa que provocaria ainda mais aquecimento e derretimento do permafrost.

(2) O enfraquecimento da capacidade da terra e do mar de agir como um escoadouro de carbono que reduz as emissões atmosféricas e mitiga os impactos climáticos das emissões. Incluídos aqui, por exemplo, estão os incêndios de florestas secas na Califórnia, Portugal e em outros lugares.

(3) Aumento de bactérias nos oceanos produzindo mais CO_2 através da respiração.

(4) Morte da floresta amazônica.

(5) Morte da floresta boreal.

4 Dados do Centro de Análise de Informação sobre Dióxido de Carbono (CDIAC) (http://cdiac.ess-dive.lbl.gov/), 2018.

5 Em uma inspeção mais detalhada, os desvios da linha de tendência exponencial pura não são apenas ruídos aleatórios. Eles tomam principalmente a forma de balanço suave; uma onda senoidal, na verdade. Houve uma queda nas duas Guerras Mundiais e na Grande Depressão, seguidas por um rápido crescimento nos anos pós-guerra de reconstrução e descoberta de petróleo. Depois disso veio uma crise do petróleo, seguida por outra recuperação acima da linha de tendência. Qualquer nerd de matemática e estatística pode estar interessado em observar que o balanço acaba sendo muito parecido com uma onda senoidal com um período de 42 anos. Portanto, a questão realmente interessante é: foi a onda senoidal causada pelas guerras, depressões, descobertas de petróleo e assim por diante, ou esses eventos foram simplesmente os meios pelos quais uma dinâmica mais fundamental de onda senoidal se agitava na curva exponencial ex-

pressada na base? E, se for este último, o que causa essa onda senoidal, e com o que mais ela está conectada? (Obrigado a Andy Jarvis, da Universidade de Lancaster, por me indicar isso.)

6 A média móvel de seis anos ainda está acima da linha de tendência.

7 Millar, R. et al. Emission budgets and pathways consistent with limiting warming to 1.5 °C, *Nature Geoscience*, 2017. Levei as descobertas e as emissões acumuladas extrapoladas do final de 2014 para o final de 2017. No começo de 2018, uma carta em *Nature Geophysics* (Schurer, A. P. et al. Interpretations of the Paris Climate Target. *Nature Geophysics*, 2018.) sugeria uma forma alternativa de alimentar registros de temperaturas históricos nos modelos do que Millar et al. haviam empregado, e isso, alimentado com o método que descrevi anteriormente, resultaria em antecipar a data de superação dos 1,5 °C em cerca de cinco anos. O Carbon Brief tem uma boa discussão sobre as várias estimativas da cota para um aumento de 1,5 °C. Sem surpresa, a incerteza se destaca como um polegar dolorido (https://www.carbonbrief.org/analysis-how-much-carbon-budget-is-left-to-limit-global-warming-to-1-5c).

8 Millar, R. et al. Emission budgets and pathways consistent with limiting warming to 1.5 °C, *Nature Geoscience*, 2017. Informações complementares: A Figura S2 mostra uma linha quase linear de emissões de CO_2 acumuladas contra mudanças de temperatura de 2 °C para 1.200 Gt C ou 1 °C para cada 2.200 Gt de CO_2. O aumento estimado da temperatura por tonelada de carbono foi reduzido em cerca de 20% em relação à modelagem anterior, o que levou à criação do limite de "trilhões de toneladas" – 1 trilhão de toneladas de carbono (3,67 trilhões de toneladas de CO_2), com 66% de chance de um aumento de menos de 2 °C. A partir deste artigo, você pode inferir que estamos a caminho de ultrapassar o limite para o aumento da temperatura de 1,5 °C em 2035 ou, com uma ação muito agressiva sobre os gases de efeito estufa não CO_2, talvez 2040.

9 *SMARTer2030: ICT Solutions for 21st Century Challenges.* Este relatório de 2015 da Global e-Sustainability Initiative https://tinyurl.com/smarter2030 deixa os rebotes fora de sua análise, exceto no apêndice e em um comentário claro "... os formuladores de políticas precisam fornecer as condições certas para garantir que as economias nas emissões decorren-

tes da inovação nas TIC não levem a efeitos rebote na macroeconomia, como foi o caso no passado". O tratamento dos rebotes no apêndice trata, penso eu, apenas dos efeitos de rebote mais óbvios. Uma análise muito mais abrangente do rebote pode ser encontrada no Conselho de Pesquisa de Energia do Reino Unido de 2007 *The Rebound Effect Report* (https://tinyurl.com/UKERCrebound), embora isso não atinja algumas das maiores consequências a longo prazo.

10 Contra isso, é possível argumentar que, sem os ganhos de eficiência, as curvas de crescimento teriam sido muito mais acentuadas. No entanto, um argumento mais fácil de acreditar é que a eficiência permite o crescimento nos serviços a uma taxa ligeiramente superior à melhoria da eficiência. Portanto, o efeito líquido é um aumento na demanda por recursos.

11 Novamente, eu me baseei em Millar, R. et al. Emission budgets and pathways consistent with limiting warming to 1.5 °C, *Nature Geoscience*, 2017.

Breve vocabulário

1 Eu e Duncan Clark usamos o exemplo a seguir em *The Burning Question*. Se você compra um carro novo que percorre o dobro de quilômetros por galão, a economia de carbono se perde por meio dos seguintes mecanismos: (1) você avança um pouco mais, sentindo-se menos culpado e, por ser mais barato, (2) gasta o dinheiro economizado em outra coisa com pegada de carbono, (3) a cadeia de suprimentos de petróleo ajusta seus preços e marketing, para aumentar vendas a terceiros e (4) a facilidade de quilometragem extra permite que você viva mais longe do centro da cidade, em uma casa maior com mais demandas de energia. Isso também gera mais custos de carbono na manutenção de estradas.

2 Creating a Sustainable Food Future, Installment 8, do World Resources Institute, cobre o gerenciamento da água com mais detalhes. Disponível em: https://tinyurl.com/globalriceGHG.

3 Ver https://tinyurl.com/RSPBfarmbirds e https://tinyurl.com/GermanInsects

4 O especialista em pesca Paul Danley e George Monbiot conversam sobre mudanças nos pontos de referência. Disponível em: https://tinyurl.com/shiftingbaselines. A analogia do sapo é de Charles Handy, *The Age of Unreason*, 1989.

5 Segundo uma pesquisa da Universidade de Glasgow, analisando os benefícios de saúde do ciclismo para o trabalho. Celis-Morales, C. A.; Lyall, D. M.; Welsh, P.; Anderson, J., Steell Lewis, G. Y. et al. Association between active commuting and incident cardiovascular disease, cancer, and mortality: prospective cohort study. *BMJ*, v. 357, n. j1456, 2017.

6 Estatísticas de óbitos de Our World In Data. Disponível em: https://ourworldindata.org/causes-of-death#causes-of-death-over-the-long-run.

7 Agradeço à postagem de Roberto Muehlenkamp no Quora, que coloca as mortes do século XX por Guerra e Opressão em uma porcentagem de 3,7%. Adicionei um pouco por homicídio. Disponível em: https://www.quora.com/What-was-is-the-most-violent-century-recorded-in-history.

8 Thilsted, S. H.; Thorne-Lyman, A.; Webb, P.; Bogard, J. R.; Subasinghe, R.; Phillips, M. J. et al. Sustaining healthy diets: The role of capture fisheries and aquaculture for improving nutrition in the post-2015 era. *Food Policy*, v. 61, pp. 126-31, 2016.

Notas sobre unidades

1 Baseado em uma piscina olímpica contendo 2.500.000 kg de água, a partir de 25 °C, a capacidade térmica específica é de 4.200 kJ/kg e o calor latente de vaporização é de 2.265 kJ/kg.

2 Cru, porque todos os gases diferentes contribuem para o efeito estufa com intensidades diferentes e também têm diferentes vidas úteis. Usamos a aproximação de que 1 kg de metano tem um potencial de aquecimento global de 25 kg de CO_2e durante um período de 100 anos. Mas, como o metano é poderoso, mas de curta duração, enquanto o dióxido de carbo-

no dura mais ou menos para sempre, se você usar um período de 50 anos, seu potencial de aquecimento global é mais parecido a 50 kg de CO_2e. Uma aproximação melhor ainda é dizer que economizar uma tonelada de metano por ano para sempre tem o mesmo efeito que economizar 2.700 toneladas de dióxido de carbono.

3 Muito mais sobre isso, claro, em meu primeiro livro: *How Bad Are Bananas? The Carbon Footprint of Everything.*

Índice remissivo

Localizadores em **negrito** referem-se a tabelas; aqueles em *itálico*, a figuras.

abordagens de sistemas
  empresas 190-193, *192*
  perspectiva geral 230
  princípios de One Planet Living 192-194, *193-194*
  sentimentos de insignificância nos sistemas globais 24
  trabalho/emprego 183
  valores 207
  viagens aéreas 139-140
acidificação do oceano 77, 249
acidificação do oceano 77-78, 249
ações e efeitos pessoais 233-234, 250
  crescimento populacional 181
  distribuição de riqueza 168-169
  energia 122
  mudança climática 77
  mudanças tecnológicas 199
  promovendo a cultura da verdade 210-211
  questões alimentares/agrícolas 49, 54-55, 60, 64, 71
  resistência a antibióticos 40
ações individuais *ver* ações e efeitos pessoais
acordar 250
acordo climático de Paris 197
acordos globais 195
  combustíveis fósseis 111-115, 244-245
  desigualdade 246
África
  energia 82, 93
  crescimento populacional 180
  desigualdade/distribuição de riqueza 161-163
  desperdício de alimentos 58
agricultura interior 66-67, 90

agricultura *ver* alimentos e agricultura

agricultura *ver* alimentos e agricultura

Alemanha, sistema tributário 175

alimentação excessiva 35

alimentos e agricultura 29, 71, 250

ações pessoais 50, 54-55, 60, 64, 71

alimentar populações em crescimento 67-68

biocombustíveis 64

cadeias de suprimentos 69

criação de frangos 44-45

desnutrição e desigualdades de distribuição 33-34

empregos na agricultura 65-66, 250

excedente global em comparação com as necessidades 31, *32*

excessos/obesidade 35

investimentos em sustentabilidade 69-71, 171

lavouras de arroz 49

lavouras de soja 40, *41*

necessidade de pesquisa 70

necessidades calóricas humanas 30

pecuária 35-40, 48

pegadas de carbono 41-44, *42-44*, 47

peixes 52-53

tecnologia na agricultura 66-67

vegetarianismo/veganismo 45-49

ver também desperdício de alimento

analogia com gás da distribuição da riqueza 164-169

analogia molecular da distribuição da riqueza 166-168

Anderson, Kevin 140

animais sencientes, tratando decentemente 30, 36

Antropoceno 20, 83, 229-232, 251

aparências, supervalorização 215

apreciação, prazeres simples 152, 222, 225

A riqueza das nações (Smith) 158

armazenamento de energia renovável 94-96

armazenamento digital de informações, e eficiência energética 108-109

armazenamento hidrelétrico 95

atenção plena 206-207, 225, 227

atividades locais, apreciação de 152, 222, 225

atrasos, mudança climática 240-241

aumento da temperatura global 236-237

Austrália 92-93, *93*, 114

autenticidade 204

autoconsciência

de simples/pequeno/local 152, 222, 225

e confiança 214, 217

autonomia/estar no controle 311-312

autorreflexão, habilidades de pensamento do século XXI 222

Bangladesh *93*, 93-94, 246

barcos/transporte 141-143, 281

baterias, armazenamento de energia renovável 95-96

Bélgica *93*, 93

bem-estar 253

benefícios do crescimento 152

e salário do cidadão 184

empresas, papel das 191

métricas de crescimento saudável 155

trabalho/emprego 181-182

Berners-Lee, Mike

Burning Question (com Clark) 23, 116, 254

How Bad Are Bananas? 51, 178, 271

biocombustíveis de algas 102

biodiversidade 66, 76-77, 127-129, *128*, **130**, 254

perspectiva geral 229-230

pressão sobre a terra 101-103, 115

Bioregional, One Planet Living 192-194, *193-194*

bobagem 211, 254; *ver também* notícias falsas; verdade
Brasil 92-93, *93*
Brexit 254
budismo 227, 244
Burning Question (Berners-Lee e Clark) 23, 116, 254

CAC *ver* captura e armazenamento de carbono
cadeias de suprimentos
  alimentos e agricultura 69
  consumismo ético 177-178
  metas baseadas na ciência 196-197
call centers, efeito negativo das métricas de desempenho 154-155
capacitação, empresas 194-195
captura direta de ar, dióxido de carbono 246, 273
captura e armazenamento de carbono (CAC) 116, 171, 246-247, 255
carboidratos, pegada de carbono 42-44, *44*
carne cultivada em laboratório 66-67, 89-90
carros autônomos 136-137
carros sem motorista 136-137
carvão, 256 *ver também* combustíveis fósseis
celebridades 216
cenários futuros
  objetivos e visões 27
  pensar/se preocupar com 221, 225, 265
  períodos de atraso das mudanças climáticas 240
  planejando com antecedência 240-241
  uso de energia 118-119
  viagens e transportes 126-127, 136-137
"Chaves para o Desempenho" (O'Connor) 213
China 256
  distribuição global de reservas de combustíveis fósseis 114
  luz solar/energia radiante 92-93, *93*
choque 256
ciclismo 23, 126-129, 143, 257
cidades, planejamento urbano e transporte 130-132
Clark, Duncan: *Burning Question* (com Berners-Lee) 23, 116, 254
coeficiente Gini de desigualdade de renda *174*
coisas simples, apreciação das 152, 222, 225
combustíveis fósseis 85-86, 256, 257
  distribuição global de reservas *114*, 114-115
  evidência contra o uso de 87-89
  impostos sobre carbono 172-173
  limites do uso de eletricidade em vez de 109-110, *111*
  negócios globais 112-113, *192*, 241, 244
  precisa ser deixado no solo 111-115, *192*, 241, 244, 257-258
  preços de carbono 175-177, 245
  usar energias renováveis em vez de ou como 105-106
  viagens marítimas 142
comida local, prós e contras 50-52, 258
comida para viagem 258
companhias *ver* empresas
compartilhamento 177
competência 312
complexidade 223, 225, 266; *ver também* pensamento simplista
confiança 213-217
consciência *ver* apreciação; autoconsciência
consideração positiva incondicional 204
consumismo ético 177-178, 200
consumo de carne *ver* fontes de alimentação animal
consumo/consumismo 259
  ações pessoais 207
  ético 177-178, 200

riscos de crescimento futuro 149
valores 206
contribuições dos leitores 28
Coreia do Sul, luz solar/energia radiante 93, *93*
cota de carbono 74, 112, 176, 202, 237, 240
cotas cumulativas de carbono 74, 237
crescimento 259; *ver também* crescimento do uso de energia; crescimento econômico; crescimento exponencial
crescimento do uso de energia 19-20, 83-84, *84*, 259
e eficiência energética 108
e energias renováveis 105-106
estimativas futuras 118-119
limites ao crescimento 90-92, *91*, 119-120
crescimento econômico 147, 263
distribuição de riqueza *160-165*, 160-170
gotejamento de riqueza 159-160
impostos sobre o carbono 172-173
investimento 170-172 forças do mercado 157-159
necessidade de nova métrica de crescimento saudável 153-156
perspectiva geral 231
PIB como métrica inadequada 15-153, 155-156
poder do consumidor por meio de seus gastos 177-178
preço do carbono 175-177
riscos e benefícios do crescimento 148-151, *150*
crescimento exponencial 149, *150*, 179, 238-239, 259
crescimento populacional 179-180, 278
ações e efeitos pessoais 180-181
alimentando populações em crescimento 67-68, 278
investimento em medidas de controle 171, 180-181
riscos de crescimento adicional 150
Crompton, Tom (relatório "Common Cause") 158
cruzeiros 142-143
cruzeiros de luxo 142-143
cultivo de arroz 49, 67, 252
culturas da verdade 210-212
curativos (band-aids) 260

democracia 171, 260, 283; *ver também* voto
Desai, Pooran 193
desigualdade 261
crescimento populacional 181
distribuição da riqueza *160*, 160-170, *162*, *164*
distribuição de alimentos 33-34
e salário do cidadão 184
e valores 201-203
gotejamento de riqueza 159-160, *160*
negócios globais 246
prisões/presos 186
sistema tributário 172-175, *174*
uso de energia 83, 115, 160
desinformação 267
e confiança 214-215, 217
e valores 202
e verdade 207
desnutrição 33-34
desperdício de alimento 57-64, 261
como proporção de alimentos cultivados 31-34, *33*
mitigação 62-64, *43*
por região/tipo/estágio de processamento **57**, *59*
determinismo 120, 261
dieta sustentável 262; *ver também* vegetarianismo/veganismo
diminuindo a velocidade 222, 230
Dinamarca, distribuição de riqueza *134*, *135*
dióxido de nitrogênio 134, 245

distância, unidades de 286
distribuição de riqueza
  economia *160-165*, 160-170
  sistema tributário 168, 172-175, *174*
  ver também desigualdade
distribuição global de riqueza *160-165*, 161, 175
distribuição global, combustíveis fósseis 114, *114*
distribuição global, energia eólica 97, *98*
distribuição global, energia solar 92-94, *93*, *114*
distribuição Maxwell-Boltzmann 166-167, 262, 310
diversão 263

Economia do Bem-Estar 312
economias de mercado 157-159
economias intervencionistas 156-159
economias planejadas 157-159
educação 206, 264
efeito do aperto do balão *ver* efeitos de rebote
efeitos de rebote 251, 264
  eficiência energética 108, 242
  estratégias de negócios 195
  mudança climática 74, 157, 196-198, 241-242, *243*
  reuniões virtuais 140-141
eficiência 264
  armazenamento de informações digitais 108-109
  comer carne/ração animal 251
  efeitos de rebote 108, 242
  limites de eletricidade 109-111, *111*
  uso de energia 106-109 investimento 170
eletricidade, limites de uso 109-111, *111*; *ver também* fontes de energia renováveis
emissões de dióxido de carbono, crescimento exponencial 238-239, *238*, 259; *ver também* emissões de gases de efeito estufa
emissões de gases de efeito estufa 245
  alimentos e agricultura *42*
  curvas de crescimento exponencial 238-239, *238*, 259
  fatos científicos 73-75
  forças de mercado 157
  medidas 156
  mitigação de desperdícios de alimentos 63, *63*
  riscos de crescimento adicional 148
  unidades 287
  ver também emissões de dióxido de carbono; dióxido de nitrogênio; metano; pegadas de carbono
empatia 204, 220, 225
emprego *ver* trabalho/emprego
empresas 189, 265
  abordagens sistêmicas 191-193, *192-194*
  empresas de combustíveis fósseis 265-266
  estratégias ambientais 195-196
  metas baseadas em ciência 196-197
  mudanças tecnológicas 198-200
  organizações úteis/benéficas 189-190
  papel na distribuição de riqueza 168
  perspectivas/visão 190-191
  valores 190, 206
  ver também varejistas de alimentos
empresas de combustíveis fósseis 257-258
energia cinética em uma analogia de gás 166-168
energia em um gás, analogia da distribuição da riqueza 164-169
energia eólica 96-97
energia hidrelétrica 98
energia nuclear (fusão) 99-100
energia solar 266
  aproveitando 89-90

distribuição global de energia radiante 92-94, *93*
em relação às reservas de combustíveis fósseis *114*
lidando com a luz solar intermitente 95
países com maior energia radiante 92-93
países com menos energia radiante 93-94
quantidade que incide na terra 89
erosão das rochas, captura e armazenamento de carbono 117
escolha/estar no controle 311
escravidão
e emprego 181
e salário do cidadão 184
indústria da pesca 52, 54-55
Espanha, distribuição de riqueza 163, *164-165*
Estados Unidos
distribuição de riqueza 161-164, *164-165*
distribuição global de reservas de combustíveis fósseis 114
luz solar/energia radiante 92, *93*
prisões/presos 186
sistema tributário 175
estilos de vida 23; *ver também* ações e efeitos pessoais
estratégias ambientais, empresas 194-195
metas baseadas na ciência 196-197
estratégias de mitigação, empresas 195
estruturas de apoio social e valores 206
ética *ver* valores
excedente global de alimentos 30-31, *32*
expectativa de vida, benefícios do crescimento 151

fast food 258
fatos 267
mudança climática 73-75, 235-247, *238*, *243*
papéis da mídia na promoção de 212-213
significado de 208-209
ver também desinformação; verdade
fatos científicos *ver* fatos
fazendas de aves 44-45
ferro
desnutrição e desigualdades de distribuição 33-34
fontes de alimentação animal 37-39
filhos 25-26, 221, 225, 268
flexibilidade *ver* mente aberta
fontes de alimentação animal 35-39
carne cultivada em laboratório 66-67, 90-91
ineficiência da alimentação animal 251
micronutrientes 38-39
proteínas 36-37, *37*
riscos de crescimento futuro 149
fontes de energia renováveis 86, 243, 266
energia eólica 96-97
energia hidrelétrica 98
investimentos 170
limites relativos dos combustíveis fósseis 109-110, *111*
usando em vez de/assim como combustíveis fósseis 105-106
ver também captura e armazenamento de carbono; energia solar
fracking 103-104, *105*, 268
fundamentalismo 208, 226
fundamentalismo científico 208
fusão nuclear 100, 268

ganância 269; *ver também* individualismo
gás (gás natural) 269; *ver também fracking*; metano
gás natural 269; *ver também fracking*; metano
gelo 269
gotejamento de riqueza 159-160, *160*, 270
governança global 157-159, 171, 270

greenwash 265, 271

habilidades de pensamento
  perspectiva geral 232
  século XXI 219-226, *224*
habilidades de pensamento crítico 223, 225
habilidades de pensamento do século XXI 219-226, *224*, 231
habilidades de pensamento global 220
Handy, Charles 257
Hardy, Lew 173
Hawking, Stephen 21, 198
hidrocarbonetos/hidrogênio 95
Holanda *93*, 93-94, 180
Hong Kong, crescimento populacional 180
How Bad Are Bananas? (Berners-Lee) 51, 178, 271

importação de alimentos e crescimento populacional 180
imposto de renda *ver* sistema tributário
impostos sobre o carbono 172-173
Índia, distribuição global de reservas de combustíveis fósseis 114
Índice do Planeta Feliz 155
individualismo 148, 269, 272
indústria de apostas 169-170, 182, 310
indústria de armamentos e emprego 182
indústria de armas 182
indústria de laticínios 255; *ver também* fontes de alimentação animal
indústria pesqueira 52-56, 277
Iniciativa de Metas Baseada em Ciência (SBTi) 196-197
insegurança 205-206
inteligência artificial 199
interdependências, global/social 223-224
intervalos de descanso, métricas de desempenho 153-156
investimento 170-172, 272
  agricultura sustentável 70-71
  fontes de energias renováveis 96, 112
iodo, desnutrição 33
IPCC *ver* Painel Intergovernamental sobre Mudanças Climáticas
Iraque, distribuição global de reservas de combustíveis fósseis 113-115
Irlanda, sistema tributário 175
Itália, distribuição de riqueza 162, *164-165*

Japão
  energia nuclear 100
  luz solar/energia radiante *93*, 93-94
jornalistas *ver* papéis da mídia

Kennedy, Bobby: discurso sobre o PIB 152

lavagem do carbono 246, 273
liderança 274
"limite seguro" de 2 graus para aumento de temperatura 74, 235-236, 240, 263
limites ao crescimento 259
  e valores 203
  habilidades de pensamento do século XXI 221-223
  perspectiva geral 229
  uso de energia 90-92, *91*, 119-120, 243-244
livre mercado 157, 204, 272
livre-arbítrio 120, 199
lucros para acionistas 190, 206
luz solar *ver* energia solar

Maldivas 246, 274
Marine Stewardship Council, 52
maturidade, necessidade de 118, *150*
mecanismos de feedback 318; *ver também* efeitos de rebote
mecanismos de feedback positivo, mudança climática 235-236, 263

medição *ver* métricas
melhora da erosão das rochas 117
mensagens, sociais 205-207; *ver também* valores
mentalidade de crescimento físico 148
mente aberta
  e confiança 214-215, 217
  neurociência 276
  respeito à 212
  sistemas de espiritualidade/crença 226
mercados de alimentos 159
merluza-negra da Patagônia 53-54
metáfora da fotocópia 268
metáfora da fotocópia frente e verso 268
metano 103-104, 245, 274
métodos de autoflagelo 253, 252, 263
métodos de resolução de problemas 24
métricas
  crescimento econômico saudável 153-156
  e valores 206
  prisões/presos 186
  trabalho/emprego 182
micronutrientes
  desnutrição 33
  fontes de alimentação animal 37-39
Microsoft, esquema de precificação de carbono 177
minutos de vida por pessoa perdidos, veículos a diesel *136*
modelos, mudança climática 236-237, 240
modificação genética 66-67
Monbiot, George 257
mortes violentas 275
motivação
  e confiança 214, 217
  extrínseca/intrínseca 173, 205
motivação e valores extrínsecos 173-175, 202-206
motivação e valores intrínsecos 173-175, 202-205
motivação pelo lucro 191, 206
mudança climática 21-22, 73, 77, 275
  abordagens sistêmicas 191-193, *192*
  acidificação do oceano 77
  efeitos de rebote 74, 157, 196-197, 242, *243*
  fatos científicos 74-76, 235-247, *238*, *243*
  impactos na biodiversidade 76
  metas baseadas na ciência 196-197
  perspectiva geral 229
  produção/poluição de plásticos 78-80, *78-79*
  provas contra o uso de combustíveis fósseis 86-90
  valores 201-202
mudança, abraçar a *ver* mente aberta
mudanças tecnológicas 281
  agrícolas 66-67
  e crescimento econômico 151
  estratégias de negócios 198-199
  perspectiva geral 229-230
Musk, Elon 199

necessidades calóricas 30, 285-286
negação 233, 276
negócios como de costume 27, 157, 239
neoliberalismo 65, 158, 160, 204, 272, 276; *ver também* livre mercado
neurociência 276
normas culturais
  perspectiva geral 232
  valores 203-204
normas culturais globais 203-204, 231
Noruega *134*, *135*, 168, 186
notícias falsas 202, 207, 267; *ver também* desinformação

O'Connor, Tim: "Chaves para o Desempenho" 213
obesidade 35
opinião de especialistas 266

Painel Intergovernamental sobre Mudanças Climáticas 273
países desenvolvidos 277
  desperdício de alimentos 31, 60, 261
  uso de energia 118
papéis da mídia 274
  confiança 215
  promoção da cultura da verdade 212
papéis governamentais
  agricultura sustentável 48-49, 66
  distribuição de riqueza 168
  indústria pesqueira 56
  mudanças tecnológicas 199
  perspectiva geral 230
  políticas de uso de energia 81, 122
  políticas para a mudança climática 73-75, 235-247
  promovendo a cultura da verdade 210-213
  ver também governança global
papel dos restaurantes
  desperdício de comida 60
  vegetarianismo/veganismo 47
paradoxo de Jevons, eficiência energética 106-107
parentesco/pertencimento 311
partículas atômicas, analogia da distribuição da riqueza 166-168
pegadas de carbono
  agricultura 41-44, *42*, 48-49
  carboidratos *44*
  comida local/quilômetros do alimento 50-52
  crescimento populacional 179
  proteína *43*
  vegetarianismo/veganismo 46
  viagens marítimas 141-143
pensamento simplista 215; *ver também* complexidade
pequena escala, apreciação da 152, 222, 225
perguntas e respostas, contribuições dos leitores 228
perspectiva geral 220, 225, 229-232
perspectivas
  conectadas 223-226, 266
  empresas 190
  quadro geral 220, 225, 229-231
perspectivas conectadas 223-226, 266
pertencimento 311
peso, unidades de 287
petróleo 278; *ver também* combustíveis fósseis
PIB
  como métrica inadequada de crescimento saudável 152-153, 155-156
  perspectiva geral 231
  riscos de crescimento futuro 149-150
pico de estabilidade, emissões de dióxido de carbono 239, 264
piscicultura 53
planejamento urbano 130
planejamento urbano 130
planejando com antecedência, cenários futuros 240
Planeta B, falta de 144-145, 229, 282
plásticos 78-80, *78-79*, 278
poder, unidades de 285-286
políticos *ver* papéis governamentais; voto
poluição atmosférica particulada 134-135
poluição do ar 133-136, 257
poluição, criação de frangos 44-45; *ver também* poluição do ar
pontos de gatilho, mudanças radicais no clima 20, 237
pontos de inflexão *ver* pontos de gatilho

práticas de gastos, consumismo ético 177-178, 200
preço do carbono 175-177, 245
princípios da One Planet 192-194, *193*
prisões/presos 185-188, *187*, 206, 279
proteínas
  fontes animais 36-37, *37*
  pegadas de carbono 42-44, *43*
psicologia 279

quilocalorias 30, 285-286
quilômetros percorridos pelo alimento 50-52, 258

realismo crítico 209
reducionismo 223-224, 227
reducionismo científico 223-224, 227
reequilíbrio evolutivo 24, 267
reequilíbrio, evolucionário 24, 267
refeições prontas 258
refugiados 279
Reino Unido
  crescimento populacional 180
  distribuição de riqueza 166
  energia de acordo com a utilização final 84, *84*
  energia nuclear 100
  indústria do jogo 169-170
  luz solar/energia radiante 93-94, *93*
  prisões/presos 186
relatório "Common Cause" (Crompton) 158
religião 226-227
requisitos de terra, viagens sustentáveis 127-129, *128*, **130**
resistência a antibióticos 39-40, 45
respeito 204, 212, 231
responsabilidade
  corporativa 268
  pais 277
  super-ricos 163
responsabilidade corporativa 268; *ver também* empresas
responsabilidade dos pais 277
robalo chileno (merluza negra da Patagônia) 53-54
robalo, renomeando a merluza-negra da Patagônia como 53-54
Rogers, Carl 204
Ruanda 93, *93*, 205
Rússia 246, 280
  distribuição global de reservas de combustíveis fósseis 114-115
  luz solar/energia radiante 92, *93*

sabedoria, necessidade de 118, *150*
salário do cidadão 166-169, 184-185
salários 205; *ver também* distribuição de riqueza
sapo em uma panela de água, analogia 250, 257
serviço comunitário 206
serviço público 206
símbolos de status 206
simplificação excessiva 215; *ver também* complexidade
síndrome do padrão de valor móvel 257
sistema tributário 272
  distribuição da riqueza 168, 172-173
  impostos sobre o carbono 172-173
sistemas de crenças 226-227, 267
sistemas de espiritualidade/crenças 226-227, 267
sistemas globais 23-25, 262
Smith, Adam: *A riqueza das nações* 158
soja 40, *41*, 271
soluções de geoengenharia 269-270
soluções globais, perspectiva geral 230
suficiência 280; *ver também* limites ao crescimento

supermercados *ver* varejistas de alimentos
super-ricos
  distribuição de riqueza 167
  responsabilidades 163
  tributação 175

Taiwan, sistema tributário 175
TCI (tecnologia de comunicação e informação), impactos 108-109, 140-141
tecnologia de irrigação 66-67
tecnologia de uso da água, na agricultura 66
tecnologia fotovoltaica 85-86, 89; *ver também* energia solar
trabalho/emprego 265
  ações e efeitos pessoais 183
  e salário do cidadão 184-185
  investimento em sustentabilidade 70-71
  trabalho agrícola 65-66, 250
  úteis/benéficos 181-182
  valores 183
transmissão de energia renovável 96
transporte 141-143, 281
transporte elétrico
  aviões elétricos 138
  barcos elétricos 142
  bicicletas elétricas 127-129, 143-144
  carros elétricos 128, 132-133, 255
  investimento 171
transporte para o trabalho 261; *ver também* viagens e transportes
transporte urbano 130-132
tsunami, dezembro de 2004 20
turismo espacial 119, 127

unidades imperiais 285-287
unidades métricas 285-287
unidades, métricas/imperiais 285-287
urbanismo 130
usinas de dessalinização, uso de energia 119
uso de energia 81, 111-112, 120
  ações e efeitos pessoais 122
  eficiência 106-109
  energia do Reino Unido por uso final 84, *85* unidades de 285-286
  fissão nuclear 99-100
  fontes 85-86
  fornecidas por alimentos 30
  fracking 103-105, *105*
  fusão nuclear 100
  limites ao crescimento 90-92, *91*, 119-120, 243
  limites da eletricidade 109-111, *111*
  riscos de crescimento futuro 148-149
  taxas de crescimento ao longo do tempo *ver* crescimento do uso de energia
  desigualdade 82, 115, 160
  uso atual 83
  valores 201-202
  viagens interestelares 144-145
  ver também combustíveis fósseis; fontes de energia renováveis

valor da vida humana 281
valores 25-26, 201
  base de evidências para escolhas de valores 201-203
  distribuição de riqueza 161-162
  e economia 147
  empresas 190, 206
  extrínsecas/intrínsecas 202-206
  mudanças tecnológicas 199-200
  mudar para melhor 205
  normas culturais globais 203-204
  perspectiva geral 231
  prisões/presos 186-187
  trabalho/emprego 183
  ver também consumismo ético
valores de pagamento 205; *ver também* distribuição de riqueza

valores materialistas 206; *ver também* consumo/consumismo
varejistas de alimentos
arroz 49
desperdício de alimentos 60-62
peixes 56
vegetarianismo/veganismo 47
varejo, alimentos *ver* varejistas de alimentos
vegetarianismo/veganismo 45-49
veículos a diesel 133-136, *136*
veículos de uso compartilhado 131-132
veículos elétricos *ver* transporte elétrico
Venezuela, distribuição global de combustíveis fósseis 114-115
verdade 208-209, 282
e confiança 213-217
importância da busca pela 210
papéis da mídia 212
perspectiva geral 231
promoção da cultura 210-212
respeito pela 203
"verdades pessoais" 209
"verdades pessoais" 209
viagem interestelar, impraticabilidade da 144-145, 229, 282
viagens aéreas 23, 252-253
ações pessoais 139-140
baixo carbono 137-139
impacto de reuniões virtuais 140-141
quilômetros percorridos pelo alimento 49-52
riscos de crescimento futuro 151
viagens e transportes 125
carros autônomos 136-137
carros elétricos 132-133
ciclismo 143
demandas futuras 126-127, 136-137
deslocamento para o trabalho 261
quilômetros percorridos pelo alimento 50-52
taxas atuais 125-126, *126*
terras necessárias para sustentabilidade 127-129, *128*, *130*, **130**
urbano 130-132
veículos a diesel 133-136, *136*
veículos de uso compartilhado 131-132
viagens aéreas 137-141
viagens marítimas 141-143
voos espaciais 144-145
viagens globais, por modo de transporte *126*
viagens marítimas 141-143, 281
viagens virtuais 140-141
viés de otimismo 282
vingança, presos 186
visões de futuro 27-28
empresas 190
vitamina A 33, 37-38, **292**
voar *ver* viagens aéreas
voos espaciais, impraticabilidade da viagem interestelar 144-145, 229, 282
voto, poder do 283
políticas de energia 81-82, 122
políticas para a mudança climática 73-75, 235-247
promover a cultura da verdade 211-213
ver também democracia

Wallis, Stewart 175
watts 30, 286

zinco 33, 37-38

GRÁFICA PAYM
Tel. [11] 4392-3344
paym@graficapaym.com.br